JN001168

図解

シーケンス図を学ぶ人のために

改訂2版

大浜 庄司 著
オーエス総合技術研究所・所長

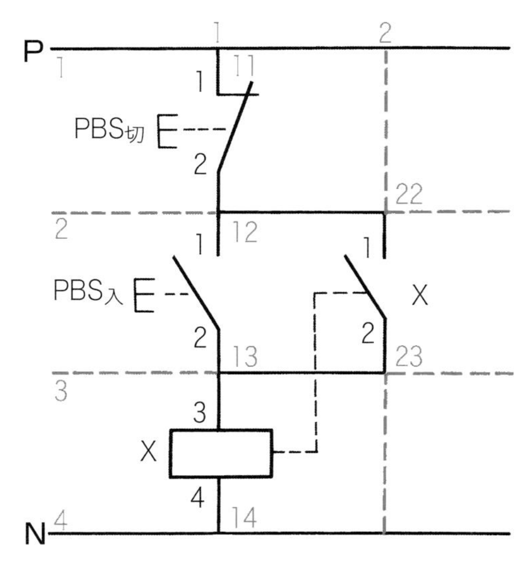

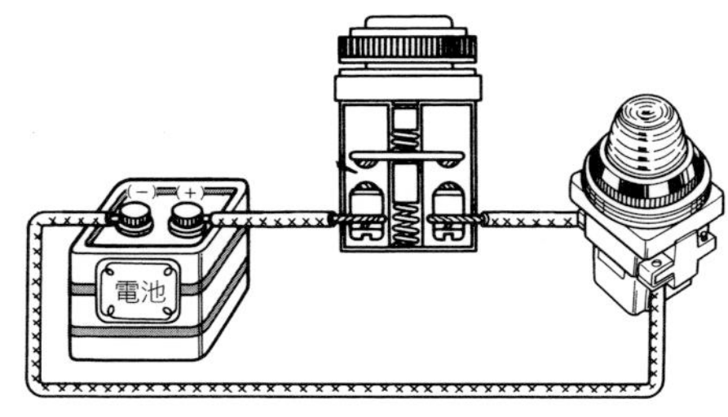

本書を発行するにあたって，内容に誤りのないようできる限りの注意を払いましたが，本書の内容を適用した結果生じたこと，また，適用できなかった結果について，著者，出版社とも一切の責任を負いませんのでご了承ください．

本書は，「著作権法」によって，著作権等の権利が保護されている著作物です．本書の複製権・翻訳権・上映権・譲渡権・公衆送信権（送信可能化権を含む）は著作権者が保有しています．本書の全部または一部につき，無断で転載，複写複製，電子的装置への入力等をされると，著作権等の権利侵害となる場合があります．また，代行業者等の第三者によるスキャンやデジタル化は，たとえ個人や家庭内での利用であっても著作権法上認められておりませんので，ご注意ください．

本書の無断複写は，著作権法上の制限事項を除き，禁じられています．本書の複写複製を希望される場合は，そのつど事前に下記へ連絡して許諾を得てください．

出版者著作権管理機構
（電話 03-5244-5088，FAX 03-5244-5089，e-mail: info@jcopy.or.jp）

JCOPY ＜出版者著作権管理機構 委託出版物＞

改訂2版発行にあたって

本書は2001年に第1版が発行されて以来，現在まで長年にわたって，現場技術者を含む多くの皆様にご愛読をいただいたことに深く感謝し，御礼申し上げます.

発行から20年が経過する間に，制御技術はめざましく進歩しておりますので，これに伴い，本書の内容を細部にわたり全面的に見直し，さらに新しい章を加筆するなどして，いっそうの充実を図るとともに，紙面のデザインを一新して，より見やすくし，装を新しくて「改訂2版」といたしました.

現在，シーケンス図に用いる電気用図記号には，国際規格のIEC 60617に準拠した日本産業規格（旧 日本工業規格）JIS C 0617が規定されています.

また，日本で従来から用いられてきた電気用図記号にJIS C 0301がありましたが，現在，この規格は廃止されています.

第1版を出版したときにはJIS C 0617と旧JIS C 0301の電気用図記号が混在して使用されていた時期でしたので，すべての回路図を両規格の電気用図記号を用いて併記することにしておりました．しかし，現在では，すでにJIS C 0617が定着しているため，旧JIS C 0301の電気用図記号を用いた回路図をすべて削除することを行いました.

ただし，主な制御機器の図記号をJIS C 0617と旧JIS C 0301での電気用図記号の表し方を2章に併記し，第1版からの本書の特徴として継承しております.

そして，あらたに「ガレージシャッタ設備の制御回路」「給水設備の制御回路」を18章，19章として加筆し，さらなる内容の充実をはかりました.

2022年9月

オーエス総合技術研究所　所長　大浜　庄司

は し が き

この本は，シーケンス制御をやさしく，そしてかつ，実務的に解説するという新しい試みのもとに，“シーケンス制御を学ぶ人のために”とくにつくられた学習書です．

従来，シーケンス制御技術の習得に際しては，長年にわたる経験の積み重ねを要してきました．それは，系統だって，順序よくシーケンス制御技術を学習するための適切な“教科書”がなく，ただ単に断片的な知識の集積にのみによったものと思われます．

そこで，この本では，シーケンス制御技術の習得に必要な基本的な事項を体系化し，その学習の順序に特別な考慮をはらって編さんしましたので，短期日のうちに十分な成果が得られるようになっております．

そして，さらに学習の成果を高めるために，この本では，多色刷にして“目で見てすぐわかる”をモットーにしているとともに，次のような工夫がされています．

(1) シーケンス制御の主体をなすボタンスイッチ，電磁リレー，電磁接触器，タイマなどの開閉接点を有する機器については，とくにその動作が明確にわかるように，内部の機構的な動きを，色別して詳細に示してありますので，自分で操作したのと同じ状態になるようにしてあります．

(2) 配線用遮断器，熱動過電流リレー，表示灯などの制御機器については，実物を見たことがない人でも，容易に理解できるように，立体図により内部構造を具体的に示し，電気用図記号と機器そのものとが，実感として結びつくようにしてあります．

(3) 制御回路の機器および配線を，まったく実際と同じように立体的に描いた実体配線図を示すことにより，シーケンス図と実際の配線の方法とが対比できるようにしてあります．

(4) シーケンス図の書き方として，“地番制”による線番号方式を採用してありますので，実際の配線個所とシーケンス図中の回路とが，すぐに照合できるようになっております．

(5) シーケンス図中には，動作の順に従って番号が記載してありますので，その番号を本文と対比しながら追ってゆくことにより，シーケンス動作の順序がすみやかに理解できるようになっております．

(6) シーケンス図における制御機器の動作により形成される回路は，他と区別するため，色別した矢印で示してありますので，その矢印の回路を順にたどってゆけば，おのずから動作した回路が理解できるようになっております．

この本は“カラー版シーケンス図を学ぶ人のために”として1978年に第1版を，そして1991年に改訂2版をそれぞれ発行し，シーケンス制御を学ぶ人の定本として好評を得てきましたが，新しく制定されたJIS C 0617規格の電気用図記号に，すべて対応させて改題・改訂したものです．

各国の規格・基準の国際的整合化と透明性の確保は，貿易上の技術的障害を除去または低減し，世界的な貿易の自由化と拡大のためには必要不可欠といえます．

わが国においても，国内規格が非関税障壁とならないように，国際規格との整合性を図るため，日本工業規格（JIS）の国際規格との整合化が図られております．

わが国の電気用図記号の規格としては，JIS C 0301（電気用図記号）規格が制定されておりましたが，これが廃止され，新しくJIS C 0617（電気用図記号）規格が，IEC 60617（graphical symbols for diagrams）規格を翻訳し，技術的内容を変更することなく，JISとして制定されました．

この本は，新しく制定されたJIS C 0617規格の電気用図記号に，すべて整合させて改訂いたしました．

この本では，IEC 60617規格に準拠したJIS C 0617規格の電気用図記号を使用しておりますが，旧JIS C 0301規格の系列2図記号も，現場などで用いられておりますことから，系列2図記号をJIS旧図記号として併記し，より理解しやすいように，解説してあるのを，特徴としております．

また，この本では，開閉接点の呼称を，JIS C 0617規格で規定されているメーク接点，ブレーク接点，切換え接点としております．

旧JIS C 0301規格の呼称であるa接点がメーク接点，b接点がブレーク接点，c接点が切換え接点に該当いたします．

このように，この本はシーケンス制御の学習書としてつくられたものですから，独学で初めてシーケンス制御を学ぼうとする人のみならず，講習会あるいは企業内のサークル学習のテキストとして，また，工業高校在校生の副読本として利用していただければ，きっと満足いただけるものと思います．

この本により，数多くの人々が一日も早くシーケンス制御技術を習得され，これからの技術者に課せられた重責を十二分に果たすための一助となるならば，筆者の最も喜びとするところであります．

おわりに，この本の執筆に際し，先輩諸賢が寄稿されました貴重な文献，資料を参考にさせていただきましたことに対し，厚くお礼申し上げます．また，この本の出版にあたり，ひとかたならぬご指導ならびにご協力をいただきましたオーム社の方々に，心から謝意を表すものです．

2001 年 5 月

著者しるす

目　次

1章　シーケンス制御とはどういう制御か

2章　シーケンス制御に用いる電気用図記号の表し方

3章　ナイフスイッチ（手動操作開閉器接点）の動作と図記号

4章　ボタンスイッチ（手動操作自動復帰接点）の動作と図記号

5章　電磁リレー（電磁リレー接点）の動作と図記号

6章　電磁接触器（電磁接触器接点）の動作と図記号

7章　タイマ（限時接点）の動作と図記号

19章　給水設備の制御回路の読み方

1章 シーケンス制御とはどういう制御か

1・1 シーケンス制御ということ

シーケンスとは

シーケンスとは，“複数の動作を関連させるもので，ある条件が成立したとき，動作を進行させること（JEMA 1115の1060）”をいいます．つまり，シーケンスとは，事象の起こる順序をいい，その順序を人があらかじめ定めることにより，一連の動作目的が達せられるようにする制御を**シーケンス制御**といいます．

〈シーケンス制御の意味〉

シーケンス制御とは，あらかじめ定められた順序，または，一定の論理によって，定められた順序に従って，制御の各段階を逐次進めていく制御をいいます．

シーケンス制御は，次の段階で行うべき制御動作があらかじめ定められていて，前段階における制御動作を完了した後，または動作後一定時限を経過した後に，次の動作に移行する場合や制御結果に応じて，次に行うべき動作を選定して，次の段階に移行する場合などが組み合わさっていることが多いといえます．

ちょっと，ややこしい表現になりましたが，いいかえれば，機械や装置に行わせる各動作とその順序，さらに事故や誤操作の際の対策などを制御装置に記憶させておいて，制御装置から出される各命令信号に従って，運転を進める制御であるといえます．

シーケンス的な事象にはどんなものがあるか

毎日，繰り返されている生活環境の中にも，順序の定められた事柄が多くあります．

たとえば，列車の運転ダイヤ，エレベータの運行（**図 1·1**），劇場における公演プログラム，電光掲示板によるニュース速報などがあります．

これらはすべてあらかじめ定められた手順によって事象が起こり，終了して，次の事象に移っていることから，シーケンス的な事象といえます．

図 1・1　シーケンスの例（エレベータ）

1·2 シーケンス制御の実際例

私達は，何気なしに毎日行動していますが，視点を変えれば，こんなところにもと思われるような箇所にも，シーケンス制御が活用されています．

そこで，次にシーケンス制御が用いられている装置の具体例を紹介しましょう．

《給　水　設　備》

ビルの衛生設備としての給水設備の一つである高置タンク方式給水制御に，シーケンス制御が用いられています（**図 1·2**）．

高置タンク方式給水制御とは，水道本管あるいは井戸揚水ポンプから，水を一度受水槽へ貯水した後，ビル内最高位の水栓または器具に必要な圧力が得られる

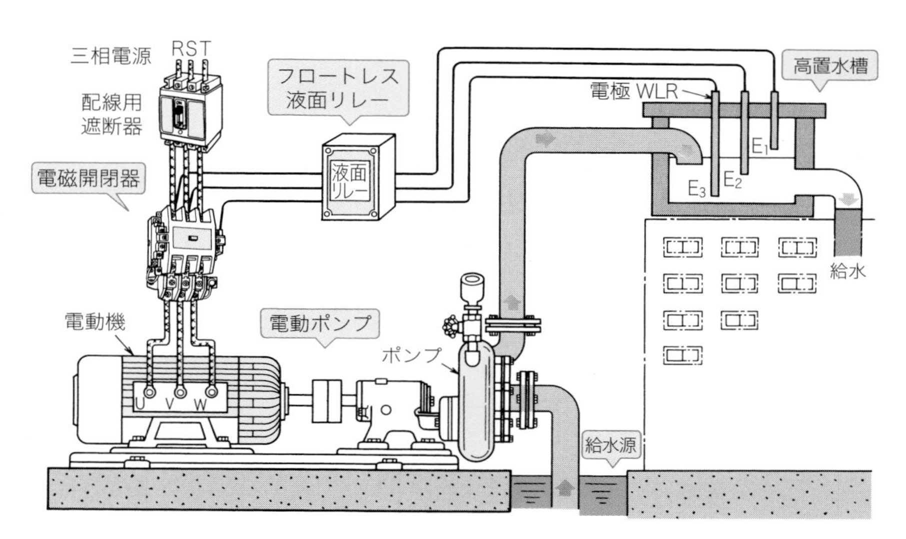

図 1・2　フロートレス液面リレーを用いた給水設備

高さに設置した高置水槽へ電動ポンプで揚水し，高置水槽から重力により，ビル内必要箇所へ給水する方式をいいます．

この給水方式では，高置水槽の水位が下限水位電極 E_2 まで低下すると，電動ポンプが自動的に始動，運転して，受水槽（給水源）から水を高置水槽にくみ上げます．また，高置水槽の水位が上限水位の電極 E_1 まで上昇すると，電動ポンプは，自動的に運転を停止して，高置水槽への水のくみ上げを止めます．

《1 階から 3 階までの荷上げリフト設備》

喫茶店，食堂，倉庫など物の上げ下げを要する場所では，荷上げリフト設備が設置されていることがありますが，これにもシーケンス制御が用いられています（**図 1・3**）．

荷上げリフト設備では，荷物を載せるかごは，ロープで巻上電動機の巻胴に連結され，レールに案内されながら昇降します．

各階には，かごの呼出し，行先指示ボタンスイッチおよび各階位置検出用のリミットスイッチが取り付けてあります．

操作としては，各階の上昇・下降の行先指示ボタンを押せば，自動的にかごは指定の階に運転されるようになっています．

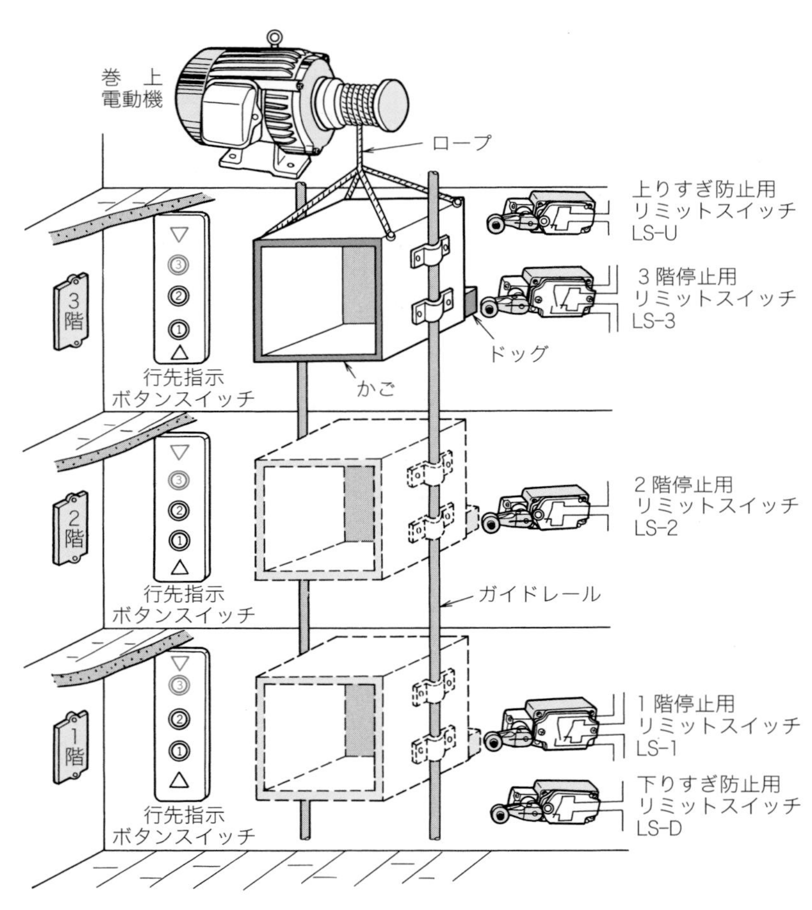

図1・3　1階から3階までの荷上げリフト設備

1・3 シーケンス制御を展開して表すシーケンス図

シーケンス図とは

シーケンス制御は，別名，**順序制御**とも呼ばれるとおり，それぞれの動作を決められたとおりに順序よく制御していく方法ですから，それに用いられる接続図には，**展開接続図**が最もよくマッチしています．そのため，この展開接続図のことを，一般に**シーケンス図**といっています．

《展開接続図の意味》

展開接続図とは，装置およびこれに関連する機器の動作を，機能を中心に示した接続図をいいます．

《シーケンス図の意味》

シーケンス図とは，配電盤およびその配電盤に関連する電気機器の動作を，その動作順序に従って表すため，各機器の相互の関連が容易に把握できるようにした図面をいいます．

シーケンス図では，制御機器をその機構的関連部分を省略して，接点，コイルなどで表し，各接続線に分離して示すとともに，制御電源母線をいちいち詳細に示さず，電源導線として図の上下の横線あるいは左右の縦線で示すなど，その表現方法が通常の接続図とは，大いに異なっています（詳しくは10章参照）．

シーケンス制御に用いる電気用図記号の表し方

2・1 電気用図記号とはどういう記号か

電気用図記号とは

シーケンス制御回路に用いるいろいろな機器をシーケンス図に表すのに，いちいち実際の形を書いたのでは，大変に手数がかかります．

そこで，これら機器をなるべく簡潔な表現で一目見れば，それが何であるか理解でき，また，簡単に書けるような記号を定めると便利です．

この記号を**電気用図記号**といい，通常，**シンボル**ともいいます．

電気用図記号の規格

シーケンス図は，これを利用する人のために書くのですから，書く人が自分勝手に決めた図記号を用いると，見る人は何のことかわからないし，また，これを勝手に推量すれば，まちがいのもとになります．

ですから，読む人にも，容易に理解できるように，共通の表現を定め，これに基づいてシーケンス図を正しく書くようにする必要があります．

電気用図記号の規格としては，日本産業規格（旧日本工業規格）JIS C 0617（電気用図記号）があり，一般にシーケンス図には，この図記号が用いられています．

電気用図記号は，電気機器の機械的な関連を省略し，電気回路の一部の要素を簡略化して，その動作状態がすぐわかるようにしてあります．

したがって，シーケンス図を理解するには，まず，この電気用図記号を記憶する必要があります．

IEC規格に整合した図記号

各国の規格・基準の国際的整合化と透明性の確保は，貿易上の技術的障害を除去または低減し，世界的な貿易の自由化と拡大のためには，必要不可欠です．

わが国の経済社会を国際的に開かれたものとし，自己責任原則と市場原理に立つ自由な経済社会としていくことを基本とする規制緩和推進計画の具体策の一つとして，JISの国際的整合化，すなわち，IEC規格への整合の推進がはかられています．

電気用図記号の規格である日本産業規格JIS C 0617は，IEC規格である“IEC 60617 Graphical symbols for diagrams”を翻訳し，技術的内容を変更することなく作成されています．

IECとは

IECとは，International Electrotechnical Commission（国際電気技術会議）と呼ばれる機関の略称で，この機関は電気に関する世界各国間の規格を調整し，統一することを目的として1908年に創立され，日本も加盟しています．加盟国は国情の許す範囲で，各国が規格を制定したり，改正したりする場合には，できる限りIEC規格を尊重し，調和させるよう努力することを原則としています．

JIS C 0617の図記号

シーケンス制御を理解するには，それを構成する機器の機能を，まず，知ることが大切です．

シーケンス制御回路には，いろいろな機器が用いられていますが，主な機器について，機器とその機能をシーケンス図に表すための，JIS C 0617規格による電気用図記号について，2·2節以降で具体的に説明してあります．

旧JIS C 0301系列2図記号

わが国には，日本産業規格JIS C 0617(電気用図記号)が制定される前に，旧JIS C 0301があり，開閉接点，開閉器，保護継電器などについて，IEC規格に準拠した系列1図記号と，従来から，わが国で用いられていた系列2図記号がありました．

現在のJIS C 0617にも，附属書Aとして旧JIS C 0301系列2図記号を**JIS旧図記号**として，参考に示してあります．

したがって，本書でもシーケンス制御を構成する主な機器の図記号の表し方については，特に，本章の最後にJIS C 0617の図記号と旧JIS C 0301の系列2図記号をJIS旧図記号と明示して，対比し記してあります．

実務において，旧JIS C 0301の系列2図記号を用いて記載されたシーケンス図を含む電気回路図を読む機会がある場合には，本章末の一覧を活用されることを推奨します．

2・2 抵抗器の図記号の表し方

抵抗器とはどういう機器か

抵抗器とは，回路に流れる電流を制限したり，調整したりするために，電気抵抗を得る目的でつくられた機器をいいます．

図2・1は，巻線形抵抗器の外観および内部構造の一例を示した図です．

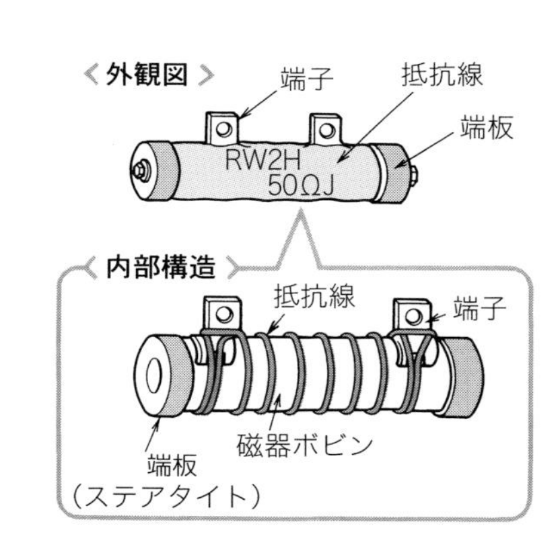

図2・1　巻線形抵抗器の構造図〔例〕

抵抗器の図記号

抵抗器の図記号は，**図2・2**のように表します．

この図記号は巻線形抵抗器のほか，炭素皮膜抵抗器など，その種類に関係なく用いられます．

しかし，無誘導形抵抗器は，JIS C 0617にはありませんが，JIS旧図記号では，**図2・3**のように，上側および下側に，それぞれ2個ずつの正方形が並ぶ図記号が用いられていました．

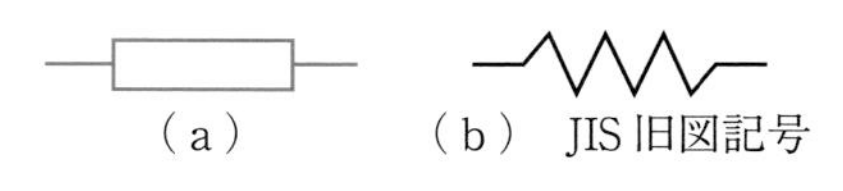

図2・2　抵抗器の図記号

図2・3　無誘導形抵抗器の図記号

2·3 コンデンサの図記号の表し方

コンデンサとはどういう機器か

コンデンサとは，誘電体（絶縁物）を金属導体ではさんで電荷を蓄える性質をもたせるようにした機器をいいます．

図 2·4 は，紙コンデンサの外観および内部構造の一例を示した図です．

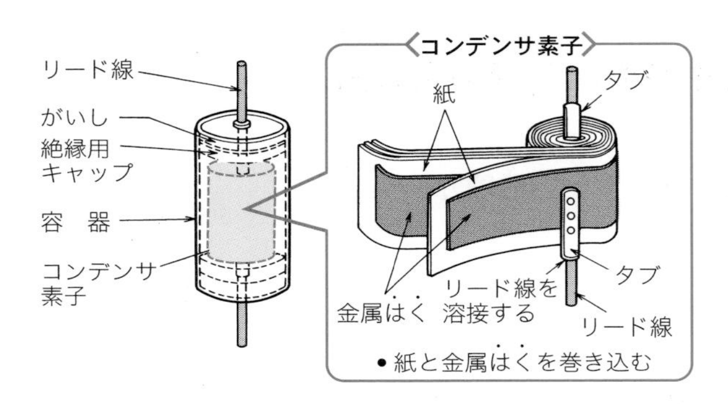

図 2・4　紙コンデンサの構造図〔例〕

コンデンサの図記号

コンデンサの図記号は，**図 2·5** のように，コンデンサの極板を平行な 2 線で表し，極板の長さと間隔の割合は 4：1 になるように書くのを原則とします．

図 2・5　コンデンサの図記号

この図記号は，コンデンサの種類に関係なく用いられますが，電解コンデンサなど有極性コンデンサは，**図 2·6** のように極性を示す符号を付ける場合には，図（a）のように上を（+）極とし，JIS 旧図記号では，さらに図（b）のように極間に線を 5 本引きます．

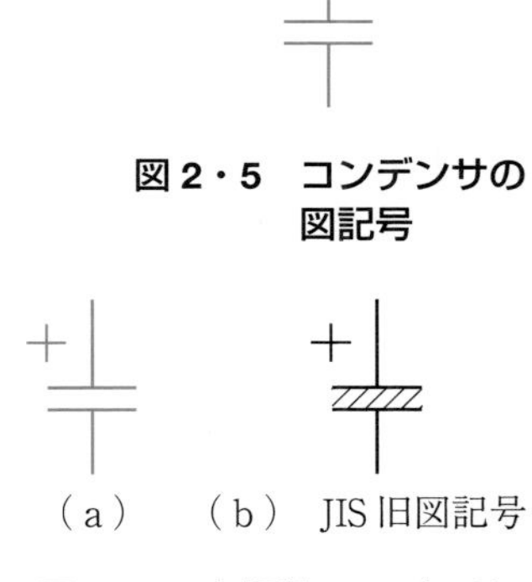

図 2・6　有極性コンデンサの図記号

2・4 配線用遮断器の図記号の表し方

配線用遮断器とはどういう機器か

配線用遮断器とは，一般に，**ノーヒューズブレーカ**ともいい，負荷電流の開閉はもとより，過負荷および短絡などの事故の場合には，自動的に回路を遮断する機能を有する機器をいいます．

配線用遮断器の正常負荷状態における開閉操作は，**図2・7**(a) のように，操作ハンドルを「入」・「切」することにより行います．

また，過電流および短絡時には，熱動引はずし機構（または電磁引はずし機構）と連動して，回路を自動的に遮断します．

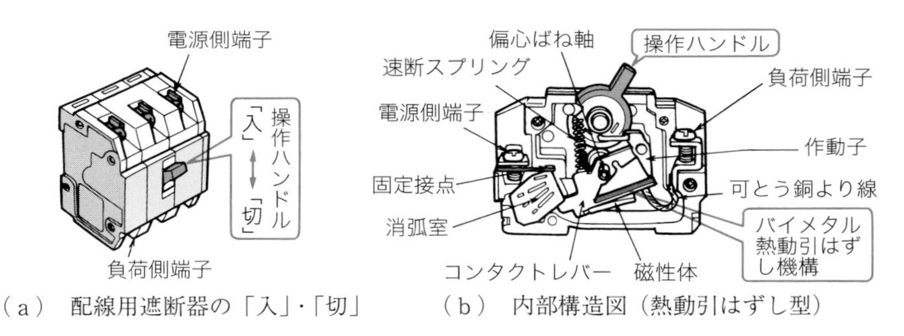

（a） 配線用遮断器の「入」・「切」　（b） 内部構造図（熱動引はずし型）

図2・7 配線用遮断器の操作と内部構造図

配線用遮断器の図記号

配線用遮断器の図記号は，**図2・8**(a)(b) のように，固定接点を垂直な線分（縦書きの場合）とし，それに対して，操作ハンドルに連動して開閉動作を行う作動子（可動接点）を左側に斜めの線分（電力用接点のメーク接点の図記号，**表2・1**（23ページ参照））で表します．そして，遮断機能図記号（図記号：×，**表2・2**（24ページ参照））を固定接点の先端に付します．

また，JIS旧図記号（図2・8(c)(d)）は，固定接点を2個の小円で表し，操作ハンドルに連動して，開閉動作を行う作動子（可動接点）を円弧で表します．

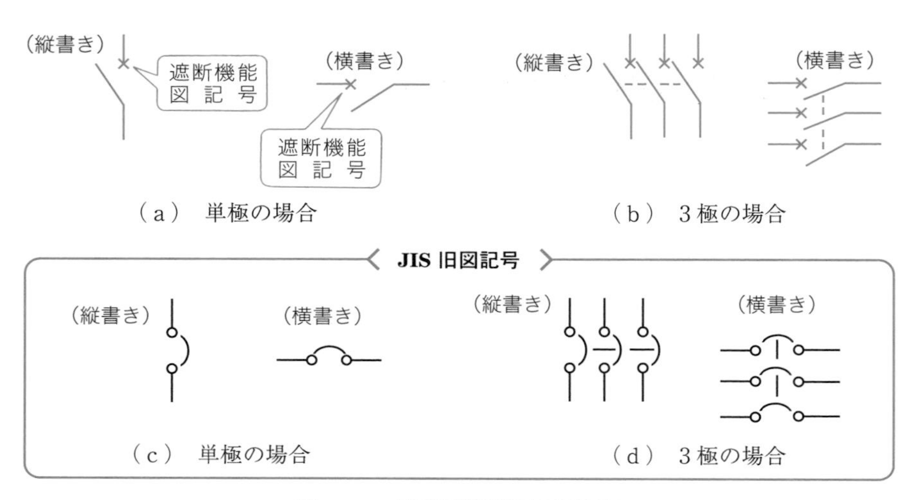

図2・8 配線用遮断器の図記号

2·5 ヒューズの図記号の表し方

ヒューズとはどういう機器か

ヒューズとは，鉛やすずなど熱で溶けやすい金属（**可溶体**という）でできていて，短絡事故などで，決められた以上の大きな電流が回路に流れると，可溶体自身の電気抵抗により発生するジュール熱［電気抵抗×(電流)^2］で溶断して，回路を自動的に遮断し保護する機器をいいます.

ヒューズには，**図2·9**のように，爪付ヒューズのような開放形ヒューズと，可溶体をファイバまたは合成樹脂などの絶縁物でおおった包装ヒューズとがあります.

（a） 開放形ヒューズ（爪付ヒューズ） （b） 包装ヒューズ（筒形ヒューズ）

図2・9 ヒューズの構造図〔例〕

ヒューズの図記号

ヒューズの図記号は，種類に関係なく，**図 2·10** のように，長方形に短辺の二等分線を引いて表します．

JIS 旧図記号では，開放形ヒューズを**図 2·11**(a) のように，両端の爪を二つの小円とし，可溶体はその間にうねった線で表し，また包装ヒューズは，図 (b) のように，長方形に対角線を 1 本引いて表します．

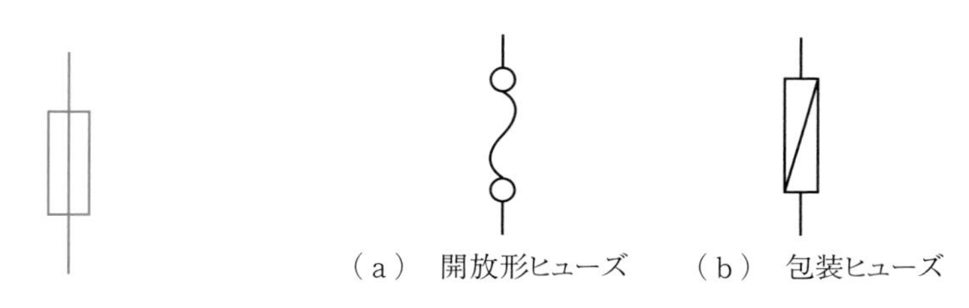

図 2・10 ヒューズの図記号

図 2・11 ヒューズの JIS 旧図記号

2·6 熱動過電流リレーの図記号の表し方

熱動過電流リレーとはどういうリレーか

熱動過電流リレーとは，一般に**サーマルリレー**ともいい，**図 2·12** のように，短冊形のヒータとバイメタルを組み合わせた熱動素子と操作回路の早入・早切機構の接点部から構成されています．

熱動過電流リレーは，一般に電磁接触器と組み合わせて用いられます．

たとえば，電動機に過負荷または拘束状態などで異常な電流が流れると，熱動過電流リレーのヒータがその電気抵抗によるジュール熱で加熱されて，バイメタルが一定量以上わん曲すると，これに連動する接点機構が動作し，組み合わせて用いた電磁接触器の操作コイルの回路を切って，異常電流による電動機の焼損を防止する働きをします．

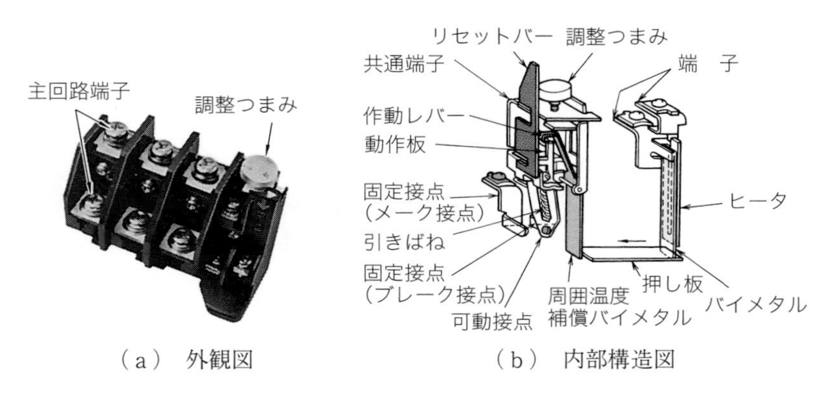

（a）　外観図　　（b）　内部構造図

図2・12　熱動過電流リレーの構造図

熱動過電流リレーの図記号

熱動過電流リレーの図記号は，**図2·13**のように，**表2·1**（23ページ参照）の非自動復帰接点のブレーク接点の図記号（2·13節参照）とヒータの図記号（熱継電器による操作：25ページ**表2·3**参照）とを組み合わせて表します．

非自動復帰接点のブレーク接点のJIS C 0617の図記号は規定されておりませんが，一般に，図2·13のように，固定接点を垂直な線分（縦書きの場合）で示し，その先端に非自動復帰機能図記号（図記号：○，JIS規定なし，24ページ**表**

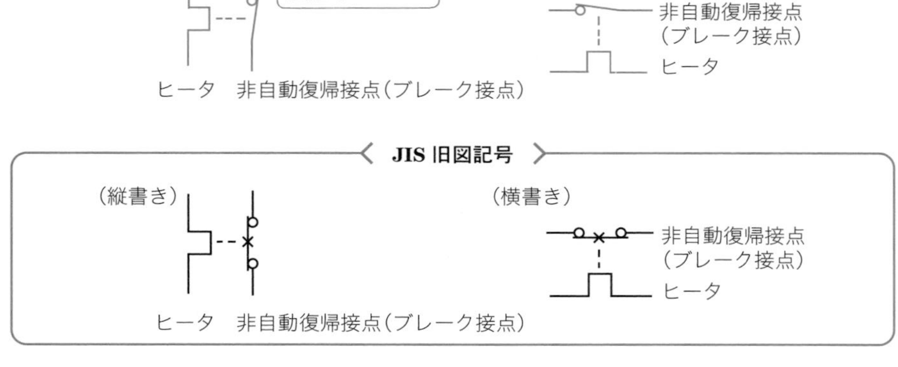

図2・13　熱動過電流リレーの図記号

2·2 参照）を付し，これに可動接点を右側に斜めの線分で表します．

ヒータの図記号（表 2·3（25 ページ）参照）は，正方形の一辺を取り除いた形で表します．

また，JIS 旧図記号（図 2·13）は，固定接点を示す二つの小円に，可動接点を示す線分（縦書きの場合）を，左側に接して書き，その線分の中央に×印を付します．

また，ヒータの図記号は，正方形の一辺を取り除いた形で表すのは同じです．

2·7 電池・直流電源の図記号の表し方

電池とはどういう装置か

電池とは，電解液の中に浸した異なる 2 種の金属のもっている化学的エネルギーを電気的エネルギーに変えて，直流の電力を取り出す装置をいいます．

図 2·14 は鉛蓄電池の外観および内部構造の一例を示した図です．

電池・直流電源の図記号

電池と直流電源の図記号は，**図 2·15** のように，同じ図記号を用い，具体的な表現の場合には電池を示し，抽象的には直流電源を示します．

（a）外観図（鉛蓄電池）

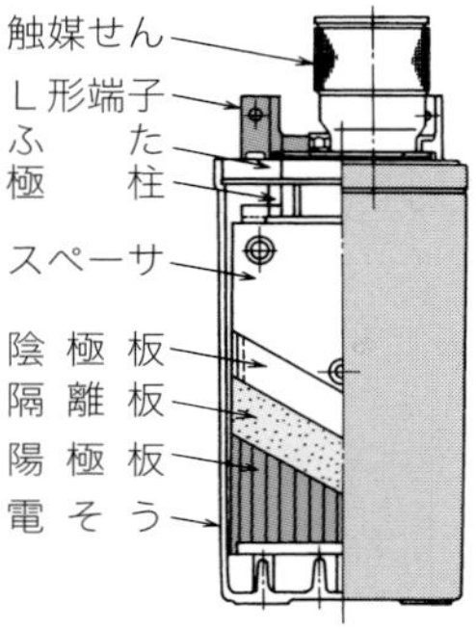

触媒せん
L 形端子
ふた
極柱
スペーサ
陰極板
隔離板
陽極板
電そう

（b）内部構造図

図 2・14　電池の構造図〔例〕

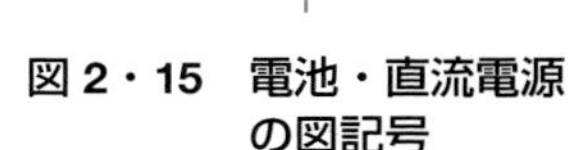

図 2・15　電池・直流電源の図記号

2·8 計器の図記号の表し方

計器とはどういう機器か

計器とは，電気回路における電気的な量を測定する機器で，電流を測定する計器を**電流計**，電圧を測定する計器を**電圧計**といいます．また，直流電圧を測定するのが**直流電圧計**で，交流電圧を測定するのが**交流電圧計**です．

一般に，配電盤用交流電圧計，電流計には，**図 2·16**(a)(b)(c) のような可動鉄片形があり，最近では図 (d) のようなディジタル形も用いられています．

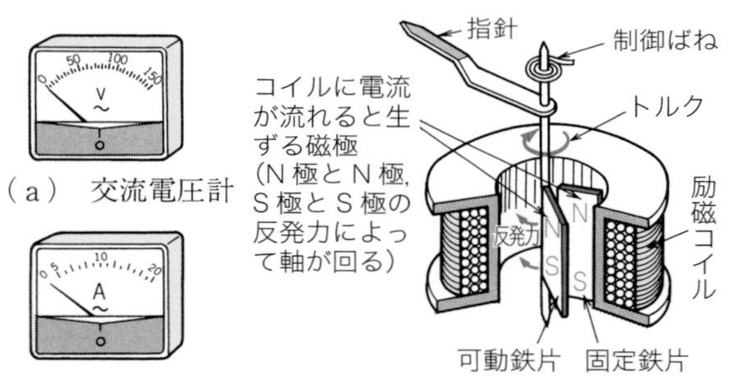

（a） 交流電圧計

（b） 交流電流計

（c） 内部構造図(可動鉄片形)

（d） ディジタル形

図 2・16　電圧計・電流計の構造図

計器の図記号

計器の図記号は，**図 2·17** のように，丸の中に種類を表す文字または記号を入れて表します．

たとえば，A の文字記号を丸の中に入れれば，電流計を表します．

特に，直流用，交流用の区別をする場合は，種類を表す文字のほかに，**図 2·18** のような記号を付して表します．

（a） 電圧計

（b） 電流計

（c） 電力計

図 2・17　計器の図記号〔例〕

（a） 直流用

（b） 交流用

図 2・18　計器の直流・交流の区別のしかた

2･9 電動機・発電機の図記号の表し方

電動機とはどういう回転機か

電動機とは，電源から電力を受けて，機械動力を発生する回転機をいいます．直流電力を受けて機械動力を発生するのを**直流電動機**といい，交流電力を受けて機械動力を発生するのを**交流電動機**といいます．

一般に，機械や装置の動力源としては，**図2･19**のような，交流電動機の一種である誘導電動機が，最も多く用いられています．

（a）　外観図

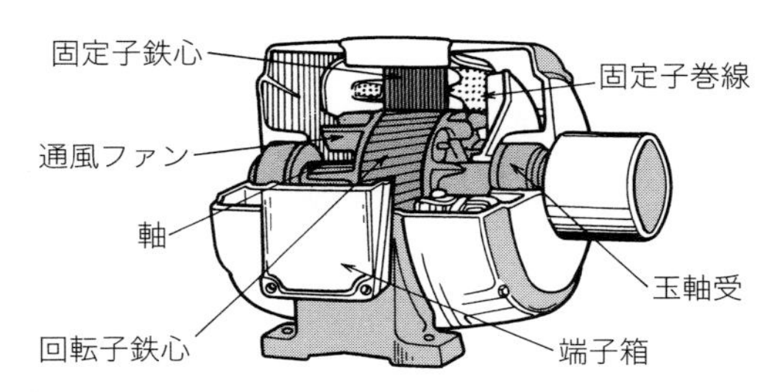

（b）　内部構造図

図2・19　誘導電動機の構造図〔例〕

発電機とはどういう回転機か

発電機とは，機械動力を受けて，電力を発生する回転機をいいます．

このうち，機械動力を受けて，直流電力を発生するのが**直流発電機**であり，交流電力を発生するのが**交流発電機**です．

電動機・発電機の図記号

電動機と発電機の図記号は，**図2･20**のように，たとえば，丸の中に電動機ならmotorの頭文字Mを，発電機ならgeneratorの頭文字Gを大文字で入れます．

（a）　電動機　　（b）　発電機

図2・20　電動機・発電機の図記号〔例〕

2·10 変圧器の図記号の表し方

変圧器とはどういう機器か

変圧器とは，二つ以上のコイルをもち，それぞれの間の電磁誘導作用によって，一次側に加えた電圧と異なる電圧が二次側に発生するようにした電圧変換装置をいい，通称**トランス**といっています．

図2·21 は小形変圧器の構造の一例を示した図です．

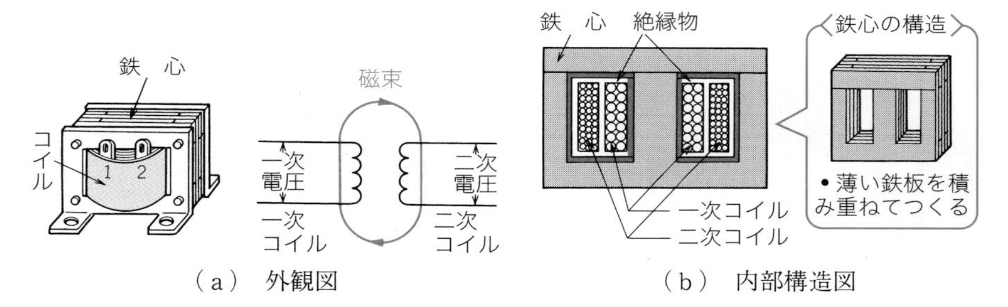

図2・21　変圧器の構造図〔例〕

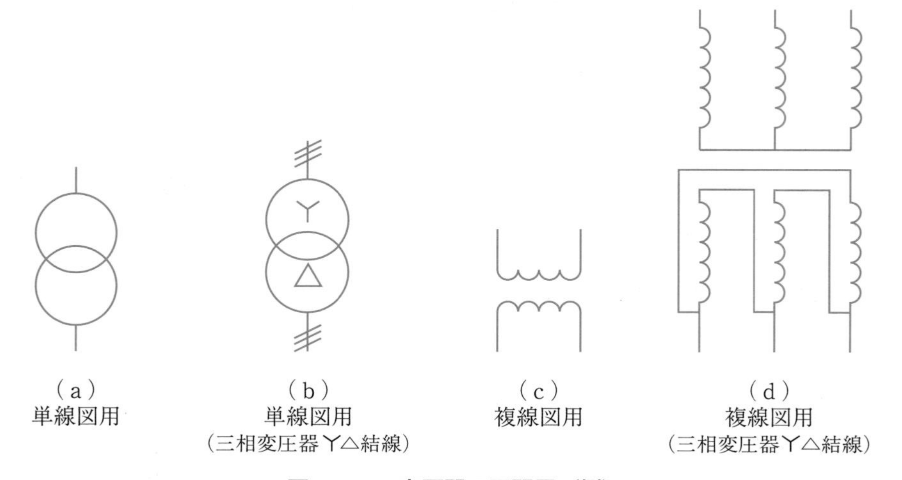

図2・22　変圧器の図記号〔例〕

変圧器の図記号

変圧器の図記号の例を示したのが，**図 2・22** です．図（a）（b）は単線図用図記号で，図（c）（d）は複線図用図記号です．

2・11 表示灯の図記号の表し方

表示灯とはどういう機器か

表示灯とは，ランプの点灯または消灯によって，運転・停止・故障表示など機械，装置および回路の制御の動作状態を配電盤，制御盤などに表示する機器をいい，**パイロットランプ**または**シグナルランプ**ともいいます．

表示灯には，**図 2・23**(a）のように，ランプと色別レンズからなる照光部とソケット部より構成されている従来形と，最近多く用いられている図（b）のような発光ダイオードによる表示灯などがあります．

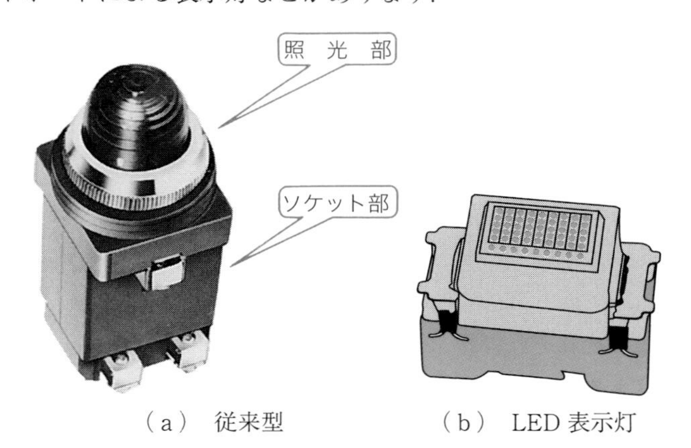

（a） 従来型　　（b） LED 表示灯

図 2・23　表示灯の外観図〔例〕

表示灯の図記号

表示灯の図記号は，**図 2・24** のように，丸の中に×印を書いて表します．

丸の大きさは，JIS 旧図記号の電磁リレーなどのコイルの図記号と混同しない

色を区別する場合は，次の記号を用いる.

	〈JEM 1115〉	〈JIS C 0617〉
赤（Red）	R	RD
緑（Green）	G	GN
青（Blue）	B	BU
黄（Yellow）	Y	YE
白（White）	W	WH

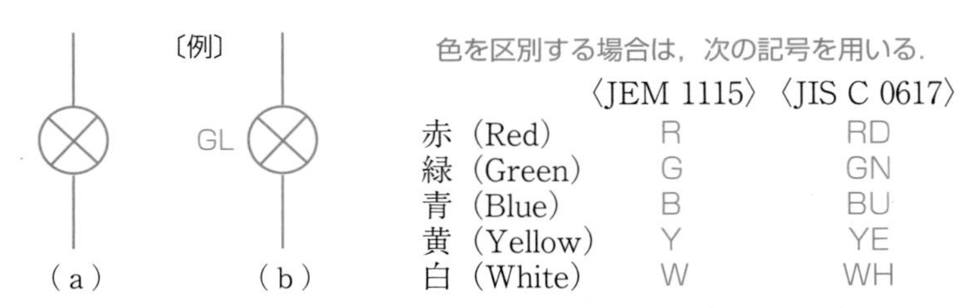

図 2・24　表示灯の図記号

ように，電磁コイルよりも小さく書きます.

特に，ランプの色を区別する場合は，赤色はRL（red lamp），緑色はGL（green lamp），青色はBL（blue lamp），白色はWL（white lamp）のような文字記号を付記します．この他に，JIS C 0617に規定する記号もあります.

本書では，ランプの色表示は慣用されている上記の日本電機工業会規格JEM 1115に規定される図2･24の文字記号を用います.

2･12　ベル・ブザーの図記号の表し方

ベル・ブザーの役割

ベルとブザーは機器および装置に故障が生じたときに，その発生を知らせる警報器として用いられています.

一般に，ベルは故障発生とともに機器および装置の運転を停止しなくてはならないような重故障の場合に，また，ブザーは機器および装置の運転継続が可能な軽故障の場合に，それぞれ警報を発するように使い分けられています.

図 2･25 はベルの外観を，また**図 2･26** はブザーの外観の例を示した図です.

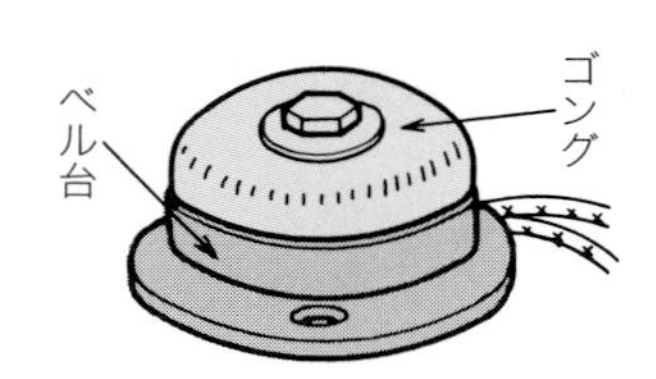

図 2・25　ベルの外観図〔例〕

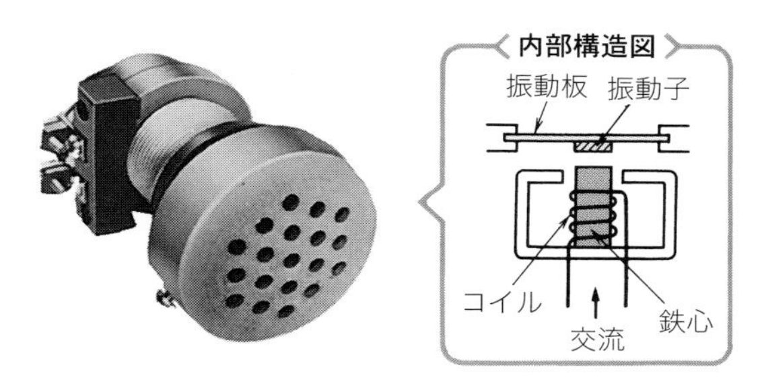

図 2・26　ブザーの外観図〔例〕

ベル・ブザーの図記号

ベルの図記号は，**図 2·27** のように，上向の半円（横書きの場合）に，直径の部分から二本の線を垂直に書きます．

また，ブザーの図記号は，**図 2·28** のように，下向きの半円（横書きの場合）に，円周部から二本の線を垂直に書きます．

図 2・27　ベルの図記号　　図 2・28　ブザーの図記号

2·13 開閉接点の図記号の表し方

おもな接点図記号

開閉接点の接点図記号は，JIS C 0617-7（第 7 部：開閉装置，制御装置および保護装置）に規定されているが，わが国，固有の図記号である JIS 旧図記号（旧 JIS C 0301 系列 2 図記号）も先に記したように用いられていました．

そこで，おもな開閉接点の接点図記号について，JIS C 0617 の図記号と JIS 旧図記号を対比し参考として示したのが，**表 2·1** です．

表 2·1 で，図記号下部の（　　）内の数字は，JIS C 0617 規格内の図記号番号

で，番号の記載のない図記号はJISに規定されていないが参考として示します．

この接点図記号は，シーケンス図を書くのにも，また，読むのにも基礎となるので，しっかり覚えましょう．

接点機能図記号と操作機構図記号

開閉接点を有する器具の図記号は，接点図記号（表2·1参照）に接点機能図記号（限定図記号ともいう）または操作機構図記号を組み合わせて表します．

おもな接点機能図記号（限定図記号）を示したのが**表2·2**です．おもな操作機構図記号を示したのが**表2·3**です．

表2·2，表2·3の図記号下部の（　　）内数字は，JIS C 0617規格内の図記号番号を示します．

2·14 電気用図記号の書き方

よく用いられる機器の図記号の書き方

シーケンス制御によく用いられる機器の図記号の書き方を使いやすいように，図表にまとめたのが，**表2·4**です．

JIS C 0617の図記号の書き方をコンピュータ支援製図システムのグリッドを図記号の背景に表示し，わかりやすい大きさで示してあります．

図記号の背景に表示してあるグリッドの基本単位寸法は，M=2.5 mmを使用しています．

また，図記号の下部の（　　）内数字は，JIS C 0617規格内の図記号番号を示します．

図記号番号が表示されていない図記号は，使用されていますが，JIS C 0617規格では，規定されていない図記号です．

表2·4では，JIS C 0617の図記号とJIS旧図記号（旧JIS C 0301系列2図記号）を対比し，参考として示してあります．

図2·29（30ページ参照）に電磁リレーを例として，電気用図記号の書き方を示します．

表2・1　おもな開閉接点の図記号

開閉接点名称		JIS 図記号 (JIS C 0617) メーク接点(a 接点)	JIS 図記号 (JIS C 0617) ブレーク接点(b 接点)	JIS 旧図記号 (旧 JIS C 0301 系列 2) メーク接点(a 接点)	JIS 旧図記号 (旧 JIS C 0301 系列 2) ブレーク接点(b 接点)	説明 ●図記号下部( )内数字は JIS C 0617 規定内図記号番号を示す ●数字が示されていない図記号は JIS に規定されていない
手動操作開閉器接点	電力用接点	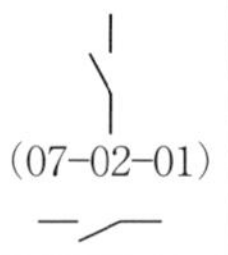 (07-02-01)	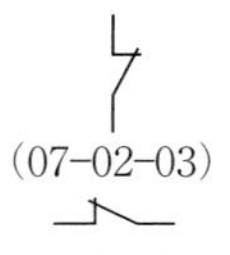 (07-02-03)	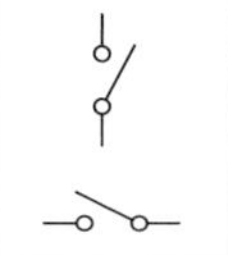	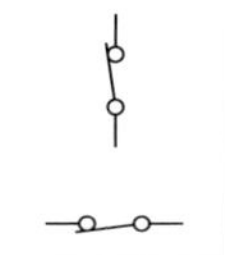	●接点の操作を開路も閉路も，手動で行う接点をいう．
手動操作開閉器接点	自動復帰する接点	例：押しボタンスイッチ 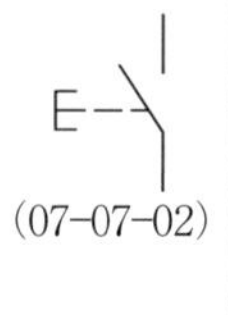 (07-07-02)	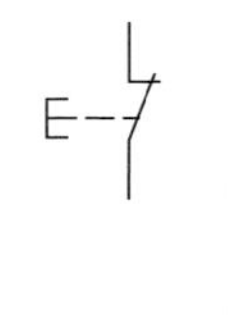	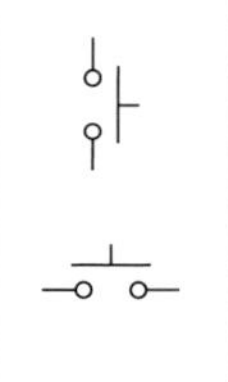	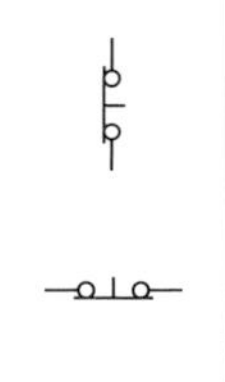	●自動復帰する接点とは，手動で操作すると，開路または閉路するが，手を離すとばねなどの力で自動的に元の状態に戻る接点をいう． JIS 規格では，例として押しボタンスイッチが示されている．
電磁リレー接点	継電器接点	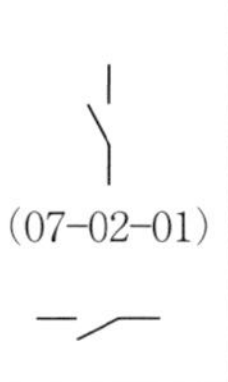 (07-02-01)	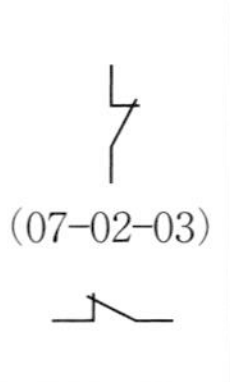 (07-02-03)	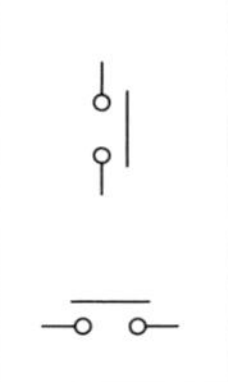	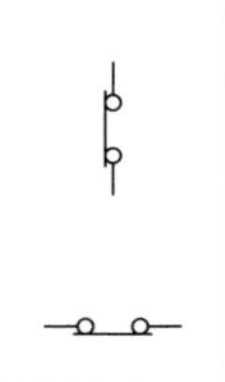	●電磁リレーが付勢（電磁コイルに電流を通す）されると，メーク接点（a 接点）は閉じ，ブレーク接点(b 接点)は開き，消勢(電磁コイルの電流を切る)されると，元の状態に復帰する接点をいう．一般の電磁リレー接点がこれに該当する．
電磁リレー接点	非自動復帰接点	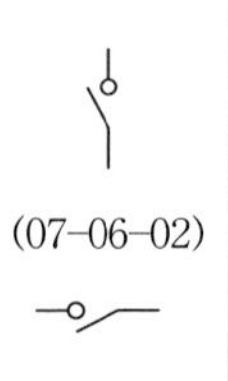 (07-06-02)	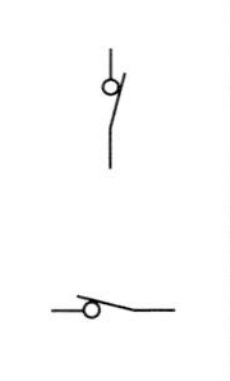	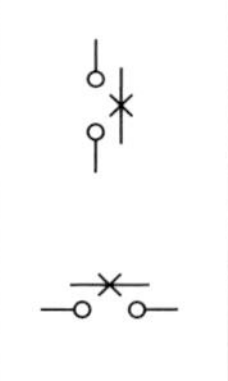		●非自動復帰接点とは，付勢されると，閉じあるいは開くが，消勢しても機械的あるいは磁気的に保持して，再び手動で復帰操作をするか，電磁コイルを付勢しないと，元の状態に戻らない接点をいう． 例：熱動過電流リレー接点．
限時リレー接点	限時動作接点	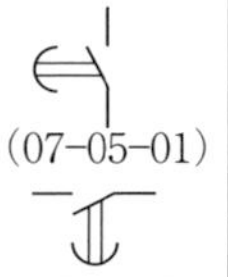 (07-05-01)	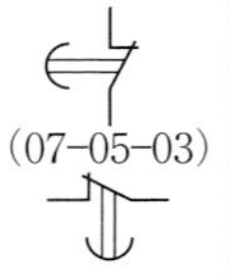 (07-05-03)	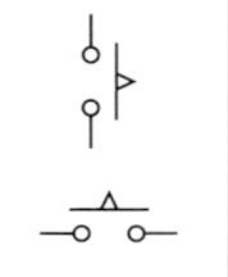		●電磁リレーのうち所定の入力が与えられてから，接点が閉路または開路するのに，とくに時間間隔を設けたリレーを限時リレー（タイマ）という． ●限時動作接点：限時リレーが動作するとき，時間遅れ（時限）を生ずる接点をいう． ●限時復帰接点：限時リレーが復帰するとき，時間遅れ（時限）を生ずる接点をいう．
限時リレー接点	限時復帰接点	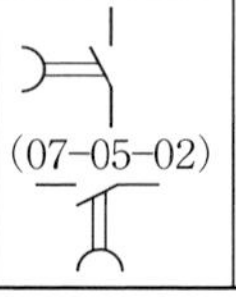 (07-05-02)	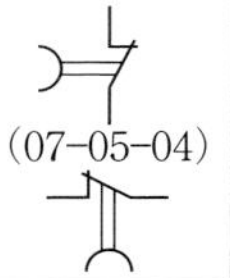 (07-05-04)	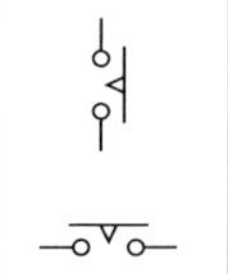	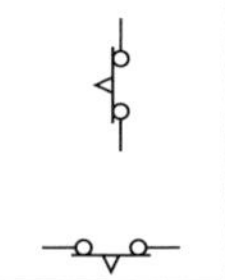	

表2・2　開閉接点の接点機能図記号（限定図記号）—JIS C 0617—

機　能	図記号
接点機能	(07-01-01)
遮断機能	(07-01-02)
断路機能	(07-01-03)
負荷開閉機能	(07-01-04)
自動引外し機能	(07-01-05)
位置スイッチ機能	(07-01-06)
遅延機能	(02-12-05)
	(02-12-06)
自動復帰機能	
非自動復帰（残留）機能	

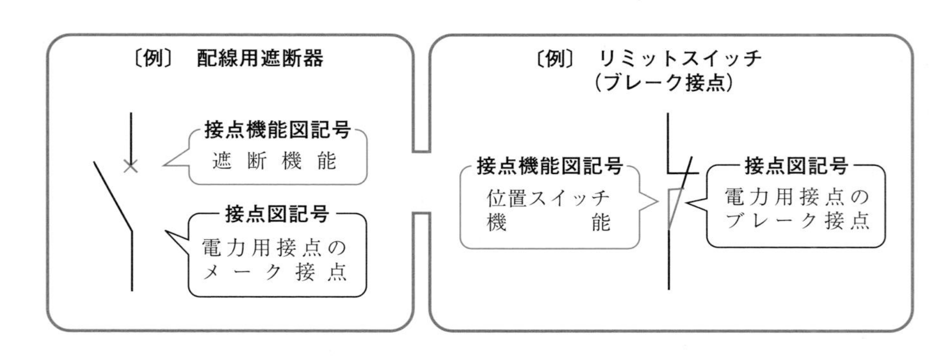

表２・３　開閉接点の操作機構図記号

名　称	図記号	名　称	図記号
手動操作（一般）	(02-13-01)	てこ操作	(02-13-11)
引き操作	(02-13-03)	かぎ操作	(02-13-13)
回転操作	(02-13-04)	クランク操作	(02-13-14)
押し操作	(02-13-05)	ローラ操作	(02-13-15)
近隣効果操作	(02-13-06)	カム操作	(02-13-16)
非常操作	(02-13-08)	電磁効果による操作	(02-13-23)
ハンドル操作	(02-13-09)	熱継電器による操作	(07-15-21)
足踏操作	(02-13-10)	電動機操作	(02-13-26)

〔例〕 押しボタンスイッチ（メーク接点）

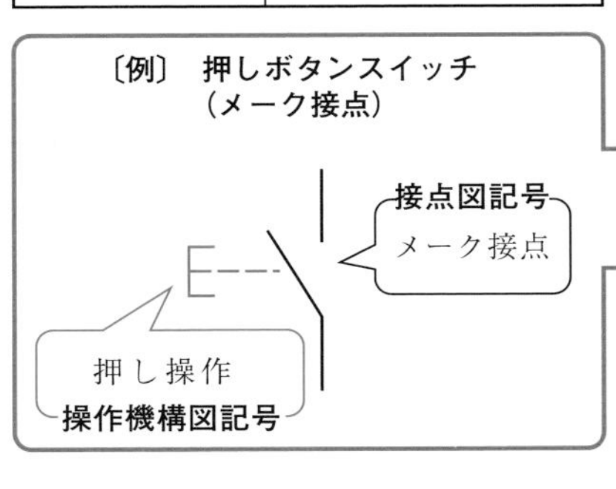

〔例〕 電磁リレー（ブレーク接点）

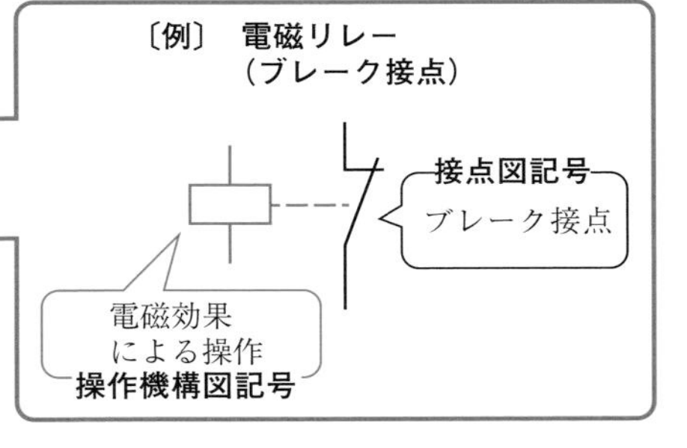

表2・4　シーケンス制御機器の電気用図記号の書き方

機器名	JIS図記号 (JIS C 0617)	JIS旧図記号 (旧JIS C 0301)	図記号の書き方 (JIS C 0617)
押しボタンスイッチ 	(a)　(b)  (07-07-02) メーク接点(a接点)　ブレーク接点(b接点)	(a)　(b) 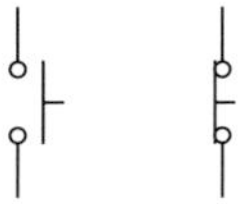 メーク接点(a接点)　ブレーク接点(b接点)	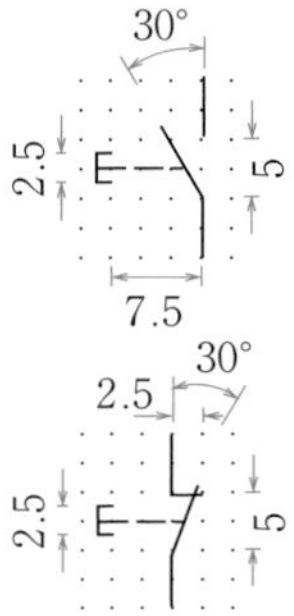 30°　2.5　5　7.5 30°　2.5　2.5　5
電池 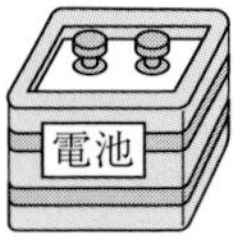	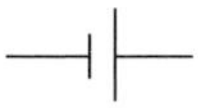 (06-15-01)		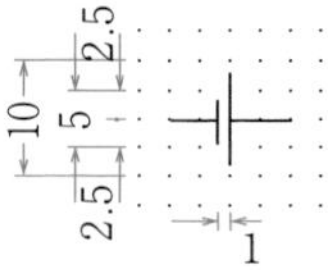 2.5　2.5　10　5　2.5　1
ナイフスイッチ 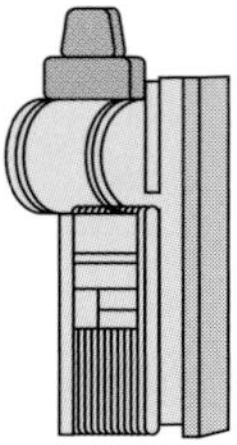	(a) 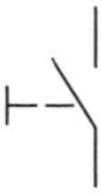 (07-07-01) (手動操作スイッチ) (b) 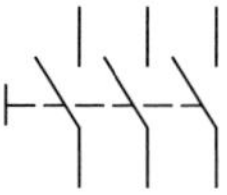	(a)  (b) 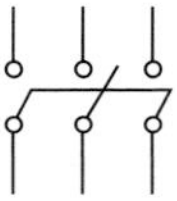	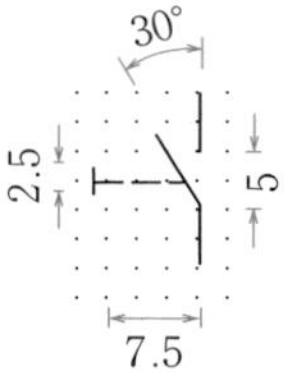 30°　2.5　5　7.5
リミットスイッチ 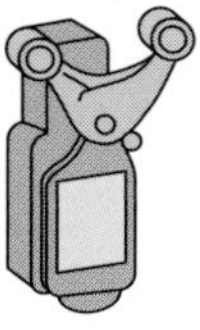	(a)　(b)  (07-08-01)　(07-08-02) メーク接点(a接点)　ブレーク接点(b接点)	(a)　(b) 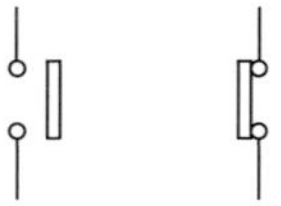 メーク接点(a接点)　ブレーク接点(b接点)	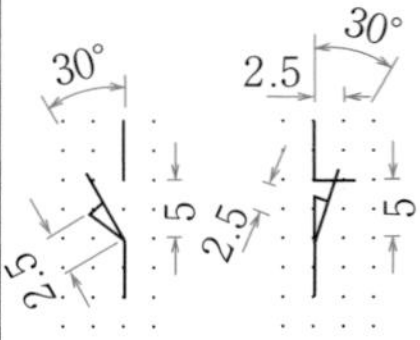 30°　5　2.5 30°　2.5　5　2.5

表2・4 つづき

機器名	JIS 図記号 (JIS C 0617)	JIS 旧図記号 (旧 JIS C 0301)	図記号の書き方 (JIS C 0617)
電磁接触器 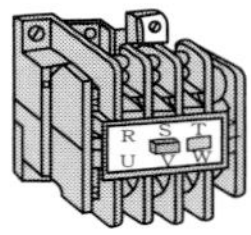	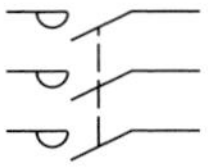 (07-13-02) 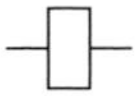 (07-15-01) メーク接点(a 接点)	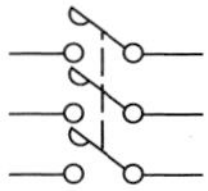 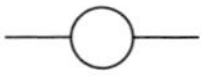 メーク接点(a 接点)	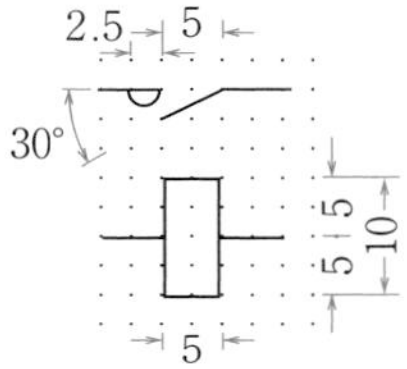 2.5 5 30° 5 5 10 5
電磁リレー 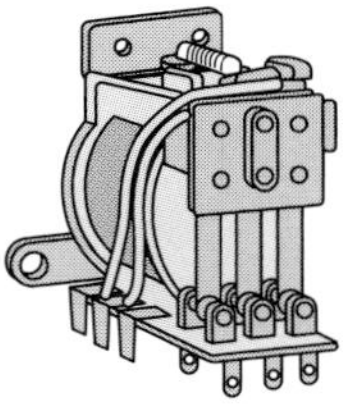	(a)  (07-02-01) 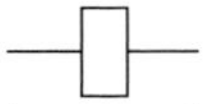 (07-15-01) メーク接点(a 接点) (b)  (07-02-03) 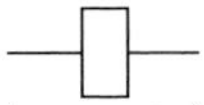 (07-15-01) ブレーク接点(b 接点)	(a)  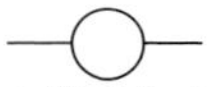 メーク接点(a 接点) (b)  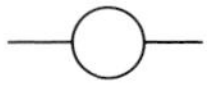 ブレーク接点(b 接点)	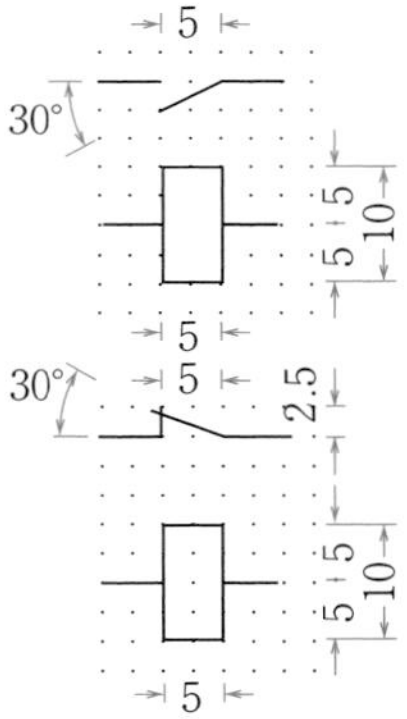 5 30° 5 5 10 5 30° 5 2.5 5 5 10 5
電動機 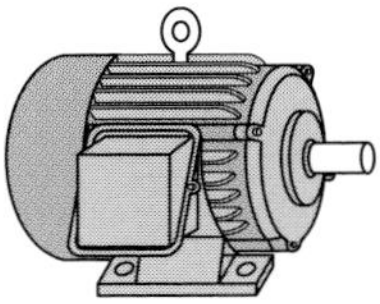 発電機	 * (06-04-01)	〔例〕 電動機  M 発電機  G	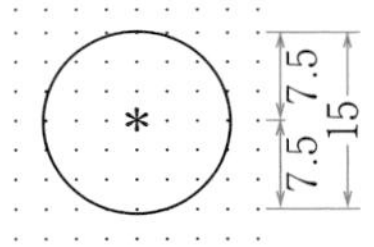 * 7.5 7.5 15 ・アスタリスクは回転機の種類を示す文字記号に置き換える
計器(一般) 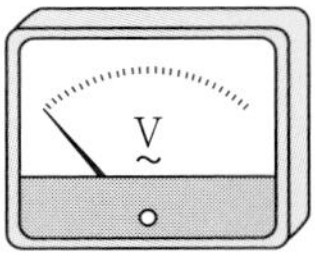	 * (08-01-01)	〔例〕  V (08-02-01)   A W	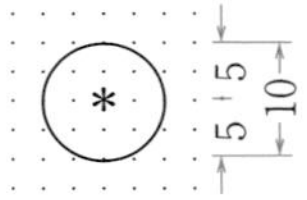 * 5 5 10 ・アスタリスクは測定する量または測定量の単位を表す文字記号に置き換える

表2・4　つづき

機器名	JIS図記号（JIS C 0617）	JIS旧図記号（旧JIS C 0301）	図記号の書き方（JIS C 0617）
作動装置 継電器コイル 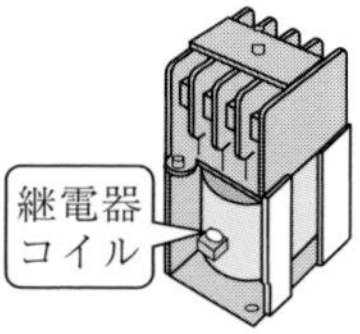 継電器コイル	（a） 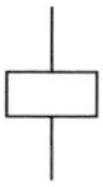 (07-15-01)	（a）（b）（c） 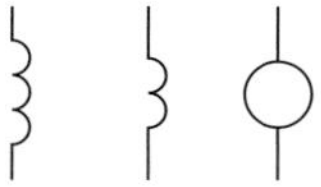	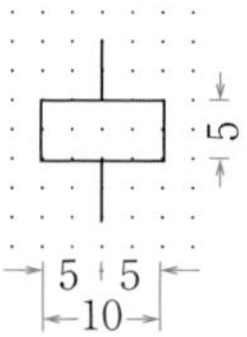 5 5 5 10
コンデンサ 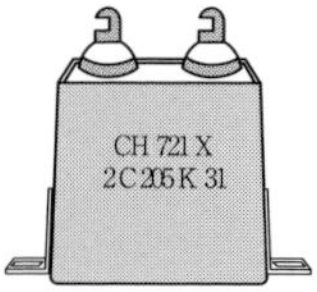 CH 721 X 2C 205 K 31	（a） 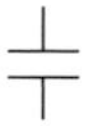 (04-02-01) （c） 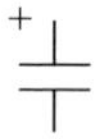 + (04-02-05) (有極性)	（b）  (04-02-07) (可変) （d）  (04-02-09) (半固定)	（a） 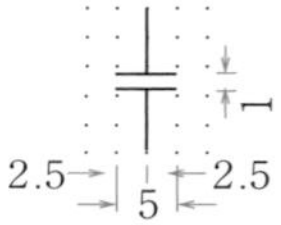 1 2.5 2.5 5 （b） 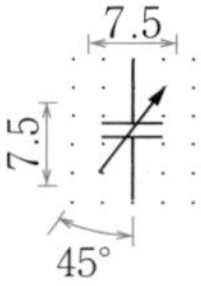 7.5 7.5 45°
ベル	(08-10-06)		5 2.5 2.5 5 5 10
ブザー	(08-10-10)		5 2.5 2.5 5 5 10
ランプ 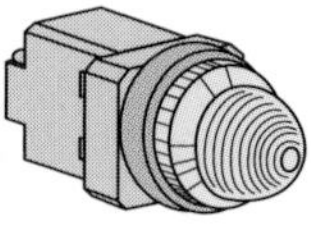	（記号）(08-10-01) 〈JIS C 0617〉 RD-赤 GN-緑 BU-青 YE-黄 WH-白 〈JEM 1115〉 R-赤 G-緑 Y-黄 B-青 O-黄赤 W-白		5 45° 45° 2.5

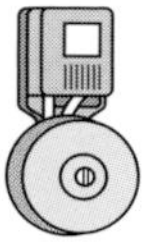

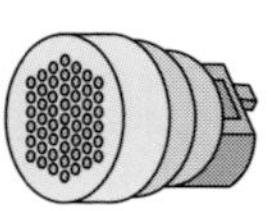

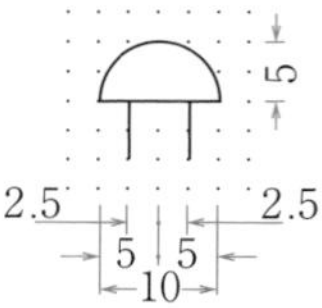

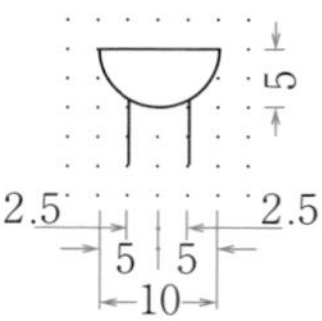

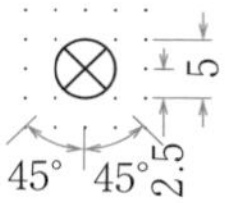

表2・4 つづき

機器名	JIS 図記号(JIS C 0617)	JIS 旧図記号(旧 JIS C 0301)	図記号の書き方(JIS C 0617)
変圧器 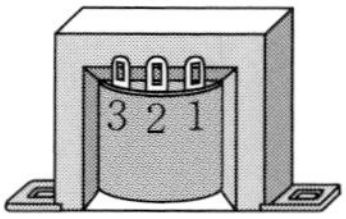	(a) 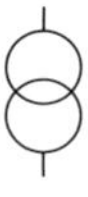 (06-09-01)	(b) 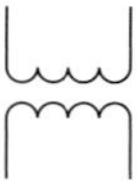 (06-09-02)	(a) 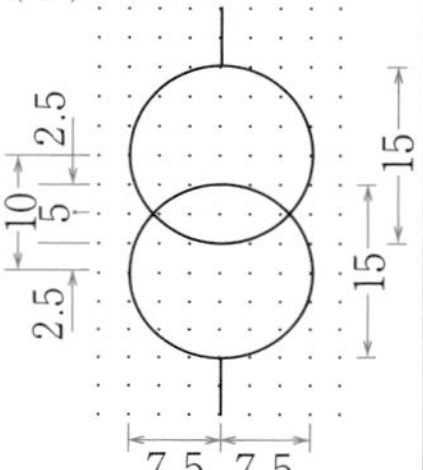 2.5 10 5 2.5 15 15 7.5 7.5
整流器 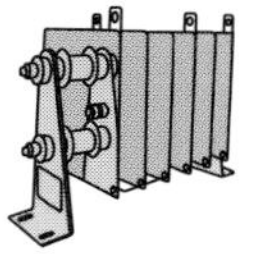	(a) 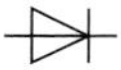 (05-03-01)		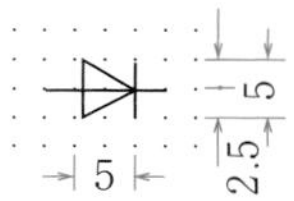 5 5 2.5
抵抗器 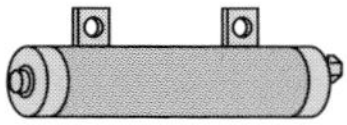	(a) 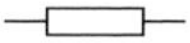 (04-01-01) (c)  (JIS 旧図記号)	(b)  (JIS 旧図記号)	(a) 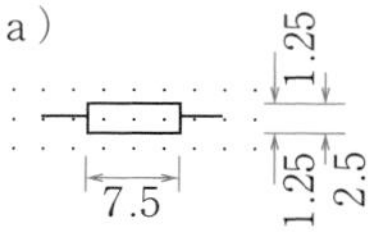 1.25 1.25 2.5 7.5 (b)(JIS 旧図記号) 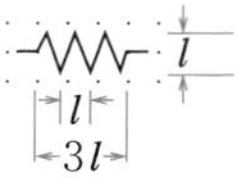 l l $3l$
ヒューズ(開放形)	(a) (07-21-01)		(a) 7.5 1.25 1.25 2.5
(包装形)	(b) (JIS 旧図記号)	(c) (JIS 旧図記号)	(b)(JIS 旧図記号) l $1.5l$ $3l$ $4l$ l

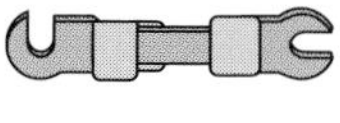

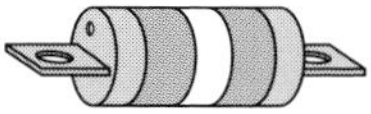

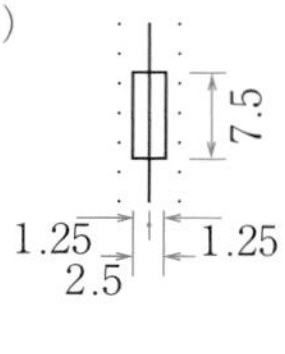

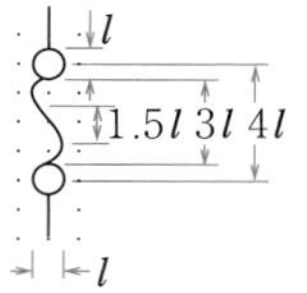

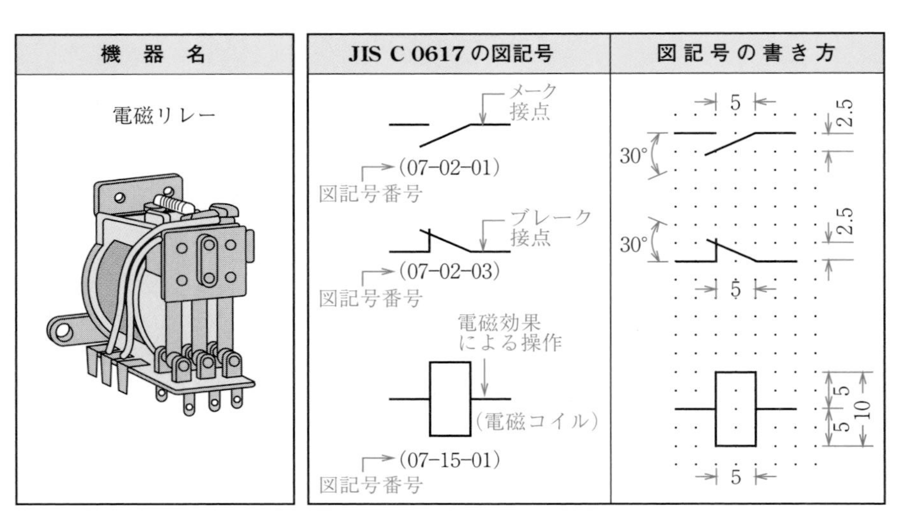

図 2・29　電気用図記号の書き方（例：電磁リレー）

3章 ナイフスイッチ（手動操作開閉器接点）の動作と図記号

3・1 ナイフスイッチの構造と動作

ナイフスイッチと手動操作開閉器接点

ナイフスイッチとは，**図 3・1** のように，ハンドルを手動で操作することにより，電路を「開路」または「閉路」し，その操作する手を離しても，そのままの開閉状態を維持する操作スイッチをいいます．

ナイフスイッチのように，電路の開路も閉路も手動で行う接点を**手動操作開閉器接点**といいます．

そこでナイフスイッチを例として，手動操作開閉器接点の動作と図記号を説明することにします．

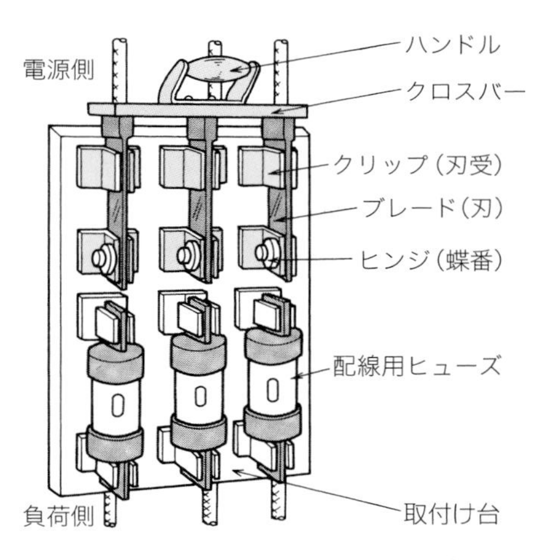

図 3・1 ナイフスイッチ（3 極用）の外観図

ナイフスイッチの構造

ナイフスイッチは，クリップ（刃受），ブレード（刃），ヒンジ（蝶番），配線端子などを取付け台に取り付けたスイッチで，ハンドルを手で握って開閉操作を行います．

ナイフスイッチは，主として低圧回路の断路および負荷電流の開閉に用いられるとともに，配線用ヒューズと組み合わせて過電流保護の目的に使用されます．

ナイフスイッチの開閉動作

ナイフスイッチは，**図3·2**(a) のように，ハンドルを握って手前に引き開放すると，ブレードがクリップより離れて開路しますので，端子Aと端子Bとの間の電路は開き，電流が流れません．

また，図 (b) のように，ハンドルを前方に押して投入すると，ブレードがクリップにさし込まれますので，端子Aと端子Bとの間の電路は閉じ，電流が流れるようになります．

そして，ハンドルから手を離しても，そのまま閉じた状態を維持します．

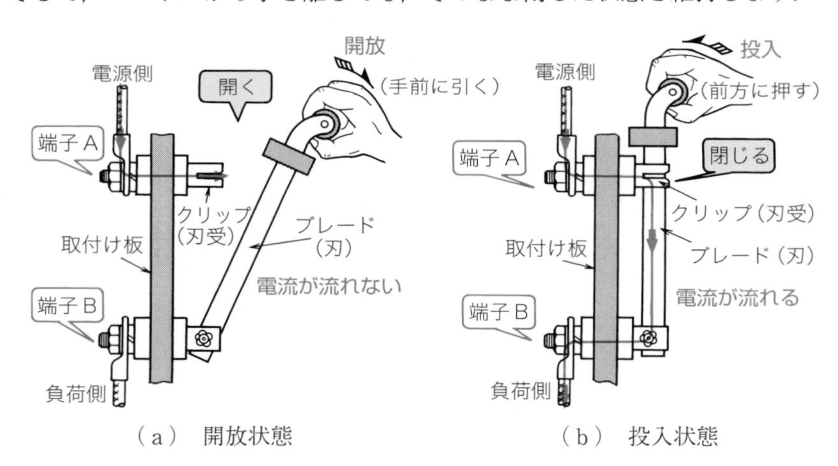

図3・2　ナイフスイッチの開放状態と投入状態

3·2　ナイフスイッチの図記号の表し方

ナイフスイッチの図記号

ナイフスイッチの図記号は，機械的関連部分をすべて省略して，手で操作しない開いた状態で表します．

ナイフスイッチの図記号は，**図3·3**のように，実際に電流が流れるクリップを垂直な線分（縦書きの場合）とし，それに対して，ブレードを左側に斜めの線

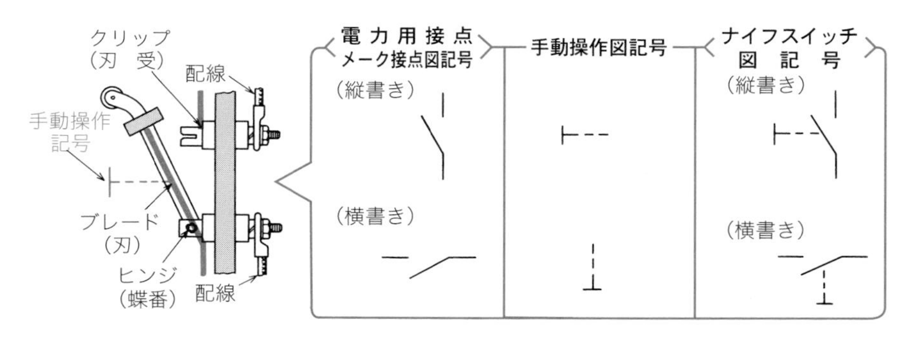

図 3・3　ナイフスイッチ（手動操作開閉器接点）の図記号の表し方

分として，表 2·1（23 ページ参照）の電力用接点のメーク接点図記号で示します．

そして，手動でハンドルを操作することから，表 2·3（25 ページ参照）の手動操作図記号（図記号：⊢−−）を，ブレードを示す斜めの線分の左側に付します．

2 極ナイフスイッチの図記号

二つの回路を同時に開閉する 2 極ナイフスイッチの図記号は，**図 3·4** のように，2 極のクリップとブレードを，それぞれ垂直な線分および斜めの線分とする独立した表 2·1（23 ページ参照）の電力用接点のメーク接点図記号で示します．

そして，ハンドルの操作により，2 極のブレードが同時に開閉することから，表 2·3 の手動操作図記号（図記号：⊢−−）の破線を延長して，ブレードを示す斜めの線分につなぎます．

そして，2 極のブレード間を結ぶ破線を連動図記号といいます．

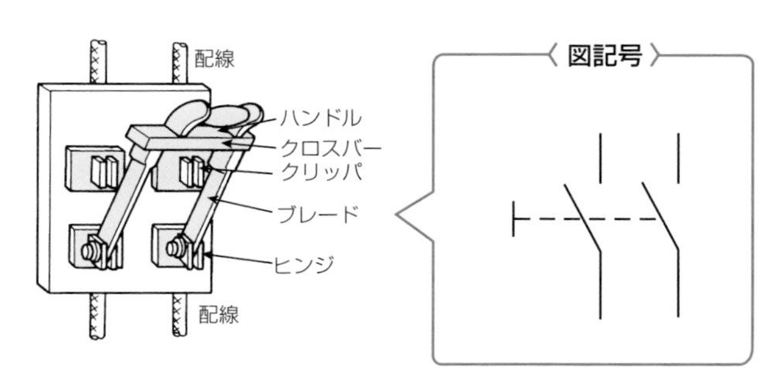

図 3・4　2 極ナイフスイッチの図記号の表し方

3極ナイフスイッチの図記号

三相交流回路など，三つの回路を同時に開閉する3極ナイフスイッチの図記号は，**図3·5**のように書きます．

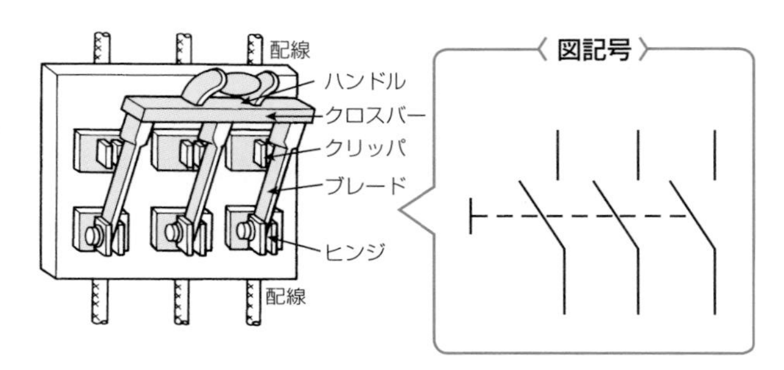

図3・5　3極ナイフスイッチの図記号の表し方

4章 ボタンスイッチ（手動操作自動復帰接点）の動作と図記号

4・1 メーク接点，ブレーク接点，切換え接点とその呼び方

ON，OFF 信号をつくる開閉接点

シーケンス制御では，「**ON**」（閉じている）か「**OFF**」（開いている）かの二つの信号（この信号を2値信号という）を用いて制御が進められています．

このONとOFFの信号をつくり出すのが，押しボタンスイッチや電磁リレーなどの開閉接点を有する制御機器ということになります．

押しボタンスイッチは人の力（指で押すこと）により動作し，電磁リレーはコイルに電流が流れることにより発生する電磁力により動作するが，これらの力が作用したときの接点の開閉状態により，**表4・1**のように，**メーク接点**，**ブレーク接点**，**切換え接点**の三つの種類に分けることができます．

JIS C 0617規格では，開閉接点を**メーク接点**，**ブレーク接点**，**切換え接点**と呼称しています．

また，わが国で慣用されている**a接点**，**b接点**，**c接点**という呼び方もあります．

この場合，メーク接点がa接点，ブレーク接点がb接点，切換え接点がc接点に対応します．

本書では，開閉接点をJIS C 0617規格の呼称であるメーク接点，ブレーク接点，切換え接点の呼称を用いて説明します．

表4・1　主な開閉接点の種類とその呼び方

接点の種類（JIS C 0617）		別の呼び方
メーク接点	・**make contact**（メーク コンタクト） 動作すると回路をつくる接点	・**a 接点** arbeit contact ・**常開接点（no 接点）** normally open contact いつも開いている接点
ブレーク接点	・**break contact**（ブレーク コンタクト） 動作すると回路を遮断する接点	・**b 接点** break contact ・**常閉接点（nc 接点）** normally closed contact いつも閉じている接点
切換え接点	・**change-over contact**（チェンジ オーバー コンタクト） 動作すると回路を切り換える接点	・**c 接点** change-over contact ・**ブレーク・メーク接点** break make contact ・**トランスファ接点** transfer contact

メーク接点

メーク接点とは，入力が加わらず復帰していると開いており，入力が加わり動作すると閉じる接点をいいます．

このように，メーク接点は開いていて動作すると閉じ，回路をつくることから，make contact（メーク コンタクト）（回路をつくる接点）といいます．

メーク接点は，別名，**a 接点**ともいい，これは arbeit contact（アルバイト コンタクト）（働く接点）の頭文字の a（小文字）で表した名称です．

ブレーク接点

ブレーク接点とは，入力が加わらず復帰していると閉じており，入力が加わり動作すると開く接点をいいます．

このように，ブレーク接点は閉じていて動作すると開き，回路を遮断することから，break contact（ブレーク コンタクト）（回路を遮断する接点）といいます．

ブレーク接点は，別名，**b 接点**ともいい，これは break contact（ブレーク コンタクト）（遮断する接点）の頭文字のb（小文字）で表した名称です.

切換え接点

切換え接点とは，可動接点部を共通としたメーク接点とブレーク接点とを組み合わせ，入力が加わらず復帰していると，メーク接点は開いており，ブレーク接点は閉じていますが，入力が加わり動作すると，メーク接点は閉じ，ブレーク接点は開いて，回路を切り換える接点をいいます.

切換え接点は，別名，**c 接点**ともいい，これは change-over contact（チェンジ オーバー コンタクト）（切り換える接点）の頭文字の c（小文字）で表した名称です.

4·2 ボタンスイッチの実際の構造

押しボタンスイッチと手動操作自動復帰接点

押しボタンスイッチとは，**図 4·1** のように手動，つまり指先でボタンを押すことにより，接点機構部が開閉動作を行い，電路を開路または閉路するが，手を離すと自動的にばねの力により，もとの状態に戻る制御用操作スイッチをいいます.

押しボタンスイッチの接点のように，操作するときは手動で行い，手を離すと自動的に復帰して，もとの状態に戻るような接点を**手動操作自動復帰接点**といいます.

そこで押しボタンスイッチを例として，手動操作自動復帰接点の動作と図記号を説明することにしましょう.

図 4・1 押しボタンスイッチの外観図〔例〕

押しボタンスイッチの構造

押しボタンスイッチは，**図 4·2** のように，直接，指によって操作される**ボタン機構部**とボタン機構部から受けた力によって，電気回路を開閉する**接点機構部**から構成されています.

ボタン機構部は，ボタンとボタンに加えられた力を接点機構部に伝達するボタン軸およびこれらを支持するボタン台からできています．

また，接点機構部は回路の開閉を直接行う**可動接点**と**固定接点**および接点をもとに戻す働きをする**接点戻しばね**，配線用の端子，そして接点機構を収納する合成樹脂製のケースからできています．

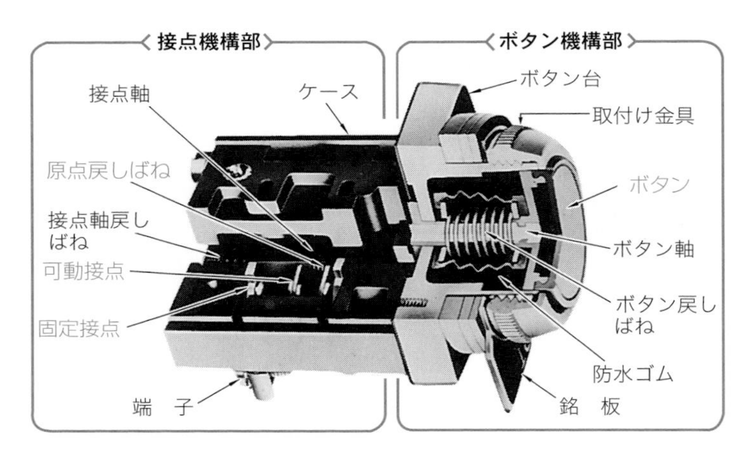

図4・2　押しボタンスイッチの内部構造図（メーク接点の場合）〔例〕

4・3 ボタンスイッチのメーク接点の動作と図記号

押しボタンスイッチのメーク接点とは

押しボタンスイッチのメーク接点とは，**図4・3**(a) のように，ボタンに指を触れずに押さない状態（これを**復帰状態**という）では，可動接点と固定接点とが離れていて開路しているが，ボタンを指で押すと（これを**動作状態**という），図(b) のように，可動接点が固定接点に接触して閉路する接点をいいます．

つまり，押しボタンスイッチが復帰しているときに「**開いている接点**」が**メーク接点**といえます．

それでは，メーク接点を有する押しボタンスイッチの開閉動作が，どのように行われるかを，まず説明しましょう．

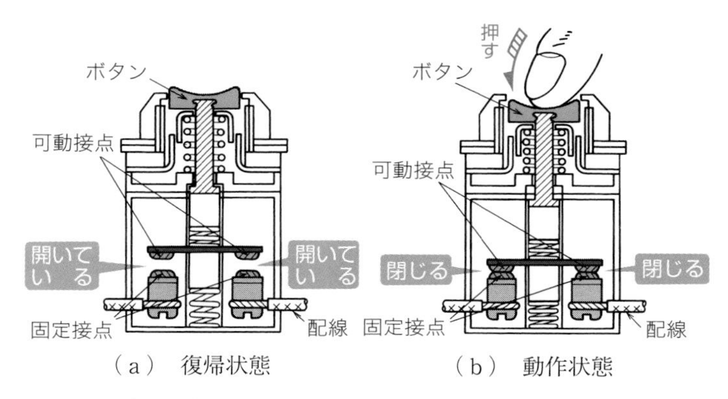

図 4・3　押しボタンスイッチのメーク接点の復帰状態と動作状態

C ボタンを押したときの動作のしかた

図 4·4 のように，メーク接点を有する押しボタンスイッチにおいて，指でボタン①を押すと，ボタン機構部のボタン戻しばね②が押されて縮むと同時に，ボタン軸③が押されて下方に移動します．

ボタン軸③が下方に移動すると，接点機構部の接点軸④が押されて下方に移動すると同時に，接点戻しばね⑤と接点軸戻しばね⑥が縮みます．

接点軸④が下方に移動すると，④と一体になっている可動接点⑦，⑧も下方に

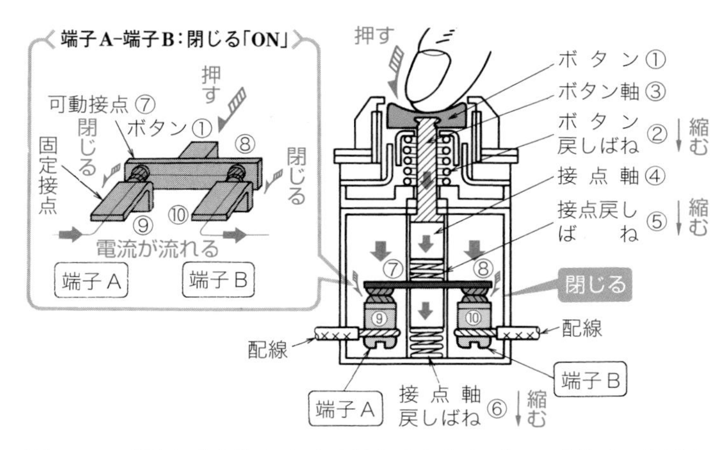

図 4・4　ボタンを押したときの動作のしかた（メーク接点の場合）

動いて固定接点⑨と⑩に接触します．

したがって，電流は

端子 A ⇨ 固定接点⑨ ⇨ 可動接点⑦ ⇨ 可動接点⑧ ⇨ 固定接点⑩ ⇨ 端子 B

の順に流れます．

つまり，端子 A と端子 B との回路が閉（ON）じたことになります．このような動作をする接点を**メーク接点**といいます．

ボタンを押す手を離したときの復帰のしかた

図 4·5 のように，ボタンを押している指を離すと，ボタン機構部では，ボタン戻しばね②の押されている力がなくなり，②は上方の力を発生して，ボタン軸③およびボタン①を押し上げて，もとの位置に戻します．

また，接点機構部では接点戻しばね⑤，接点軸戻しばね⑥に加わる力がなくなるため，接点軸④および可動接点⑦，⑧を上方にもち上げる力を発生するので，可動接点⑦，⑧は固定接点⑨，⑩と離れます．

つまり，端子 A と端子 B との回路が開（OFF）くことになります．

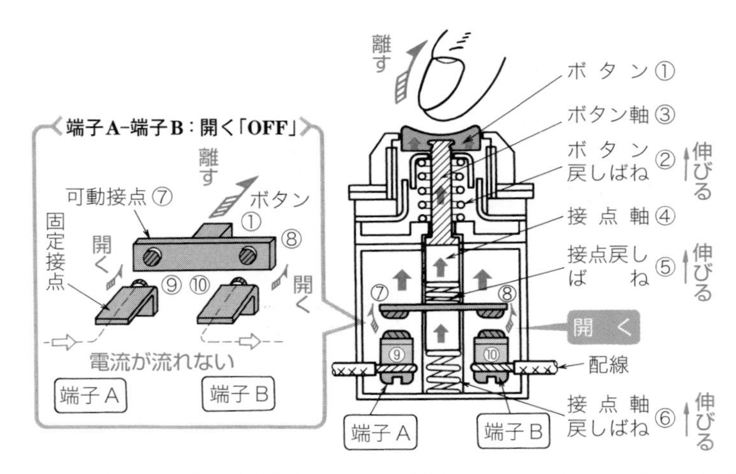

図 4・5　ボタンを押す手を離したときの復帰のしかた（メーク接点の場合）

押しボタンスイッチのメーク接点の図記号

押しボタンスイッチのメーク接点は，ボタンを押さない復帰状態で開いているので，その図記号は「**開いている接点**」として表します．

押しボタンスイッチのメーク接点の図記号は，**図 4·6** のように，実際に電流が流れる固定接点を水平な線分（横書きの場合）とし，それに対して可動接点を下側に斜めの線分として，表 2·1 の電力用接点のメーク接点の図記号で示します．

そして，ボタンを押して操作することから，表 2·3 の押し操作図記号（図記号：E--）を可動接点を示す斜めの線分の下側に付して表し，その他の機構的関連部分はすべて省略します．

特に，本書では，ボタンスイッチのメーク接点が動作したときの過程を示す図記号を色線と組み合わせて，図 4·6 のように表します．

この方法は，シーケンス図において，動作の過程を容易に理解してもらうために考えた表し方で，本書の特徴とするところです．

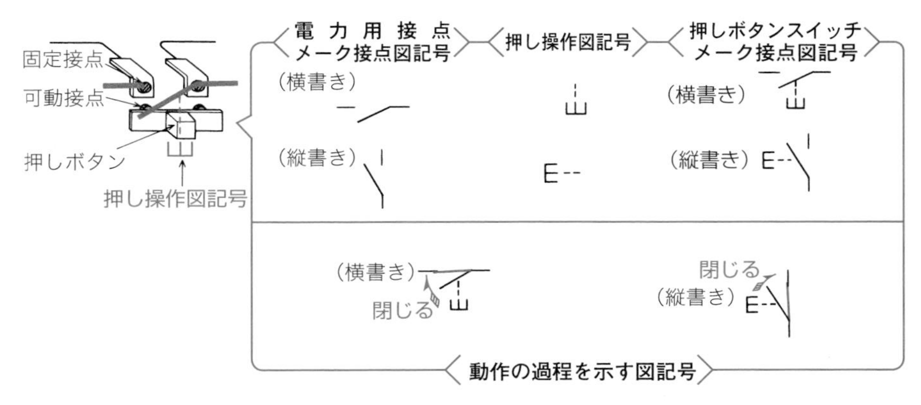

図 4・6　押しボタンスイッチのメーク接点の図記号の表し方

押しボタンスイッチのメーク接点のシーケンス動作

メーク接点を有する押しボタンスイッチにランプを接続してボタンを押すと，ランプが点灯し，押す手を離すと，ランプが消灯するシーケンス動作について説明しましょう．

《実際配線図》

電池を電源として，メーク接点を有する押しボタンスイッチとランプとを直列に接続した回路の実際配線図の一例を示したのが，**図 4·7** です．

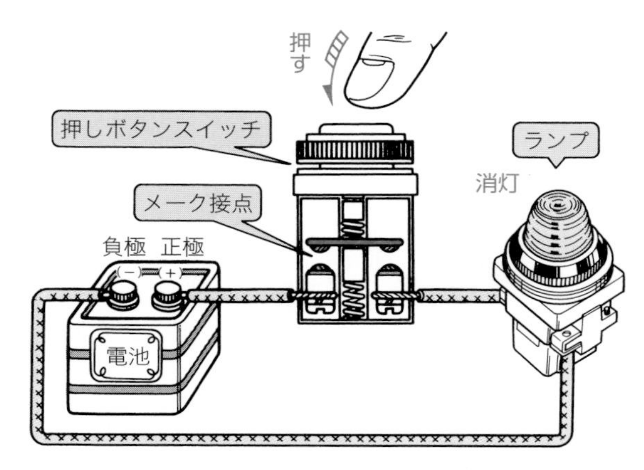

図 4・7 押しボタンスイッチのメーク接点によるランプ点滅回路〔例〕

《実体配線図》

実際の配線図は，図というよりもむしろ絵ですから，これを機器の電気用図記号（2 章参照）を用いて表し，機器の配置をそのままにして示したのが，**図 4·8** の実体配線図です．

《シーケンス図》

図 4·8 の実体配線図をシーケンス図に書き直した例が，**図 4·9** です．

シーケンス図では，電源回路をいちいち詳細に示さず，たとえば，上下の横線で電源母線として示し，機器を結ぶ接続線は上下の電源母線の間にまっすぐな縦線で示します（10 章参照）．

直流電源の場合，正極の電源母線は，正の英文字である Positive の頭文字をとって P で表し，負極の電源母線は，負の英文字 Negative の頭文字 N をとって N と表します．

この電源母線の間に機器を接続することが，シーケンス図の特徴といえます．図 4·8 の実体配線図と比べると，大分おもむきが違うことがわかると思います．

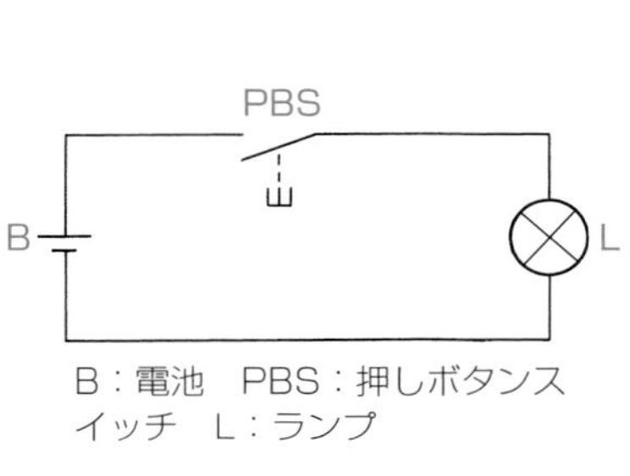

図 4・8　実体配線図

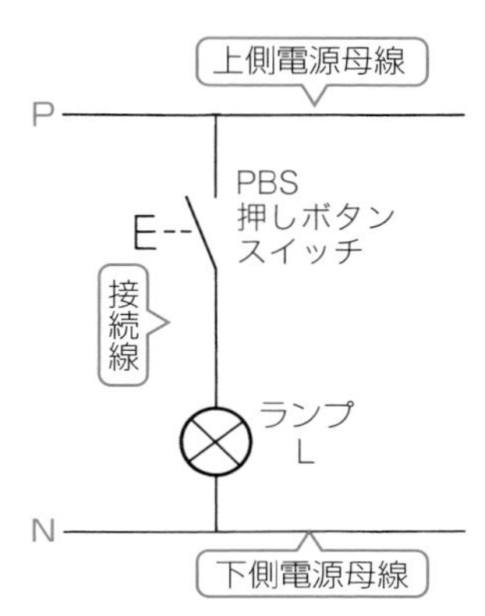

図 4・9　シーケンス図

《書　き　方〔例〕（図 4·9）》

① 電源母線（電池に接続されている配線）として，直流電源を示す正極 P を上側に，負極 N を下側に横線で示す．

② 上側電源母線にメーク接点を有する押しボタンスイッチ PBS を書く．

③ 下側電源母線にランプ L を書く．

④ PBS と L を，まっすぐな縦線の接続線で直列に結ぶ．

《押しボタンスイッチのメーク接点の動作の順序》

押しボタンスイッチ PBS を押して動作してから，ランプ L が点灯するまでの動作順序をシーケンス図に示したのが，**図 4·10** です．

《動 作 順 序（図 4·10）》

順序〔1〕：押しボタンスイッチ PBS を押すと，そのメーク接点が閉じる．

順序〔2〕：PBS のメーク接点が閉じると，ランプ回路に電流が流れる．

順序〔3〕：ランプ回路に電流が流れると，ランプ L が点灯する．

《押しボタンスイッチのメーク接点の復帰の順序》

押しボタンスイッチを押している手を離して復帰してから，ランプ L が消灯するまでの動作順序をシーケンス図に示したのが，**図 4·11** です．

《復帰の動作順序（図 4·11）》

順序〔1〕：押しボタンスイッチ PBS を押す手を離すと，そのメーク接点が開く．

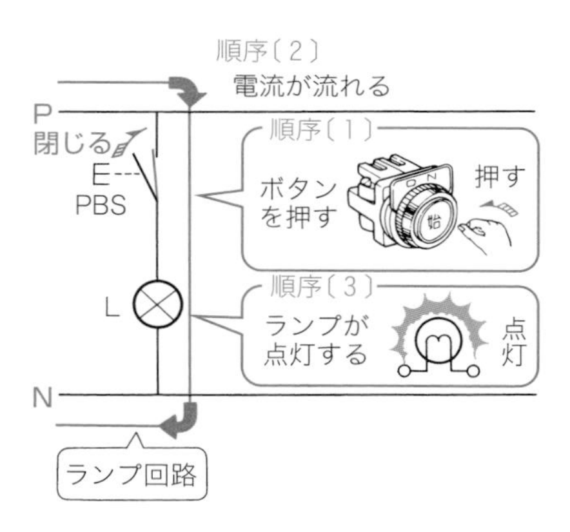

図 4・10　押しボタンスイッチのメーク接点の動作の順序

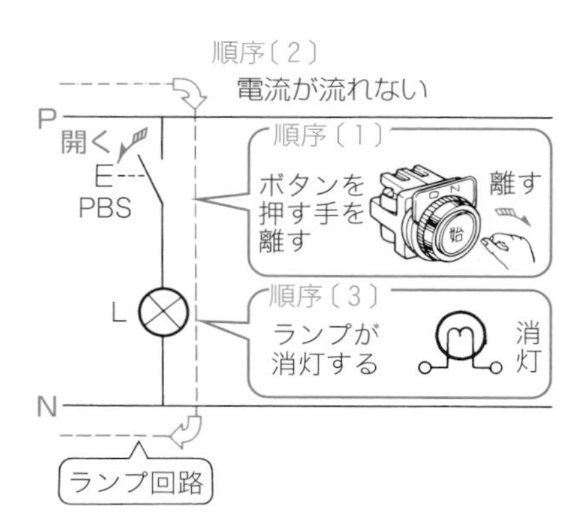

図 4・11　押しボタンスイッチのメーク接点の復帰の動作順序

順序〔2〕：PBS のメーク接点が開くと，ランプ回路に電流が流れなくなる．

順序〔3〕：ランプ回路に電流が流れないので，ランプ L は消灯する．

《フローチャートとタイムチャート》

図 4·9 のメーク接点を有する押しボタンスイッチにおいて，ボタンを押すと，ランプが点灯し，押す手を離すと，ランプが消灯する場合のシーケンス動作を，フローチャートで示したのが，**図 4·12** です．

また，押しボタンスイッチのボタンを押すと同時に，ランプが点灯し，ボタンから手を離すと同時に，ランプが消灯す時限的変化を，縦軸に制御機器を制御の順序に並べて書き，横軸にそれらの時限的な変化を示すタイムチャートで表したのが，**図 4·13** です．

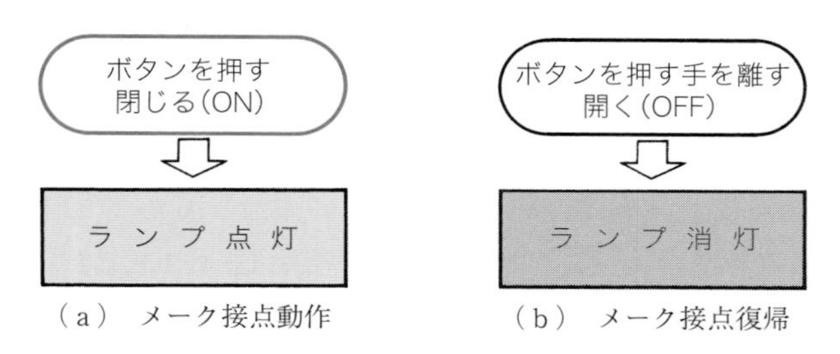

図 4・12　押しボタンスイッチのメーク接点による点滅回路のフローチャート

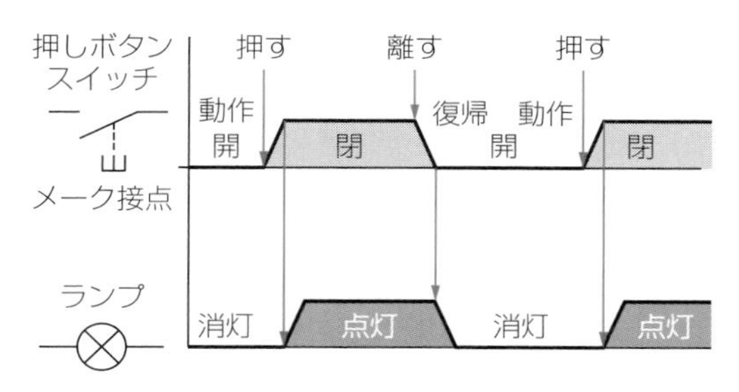

図 4・13　押しボタンスイッチのメーク接点による点滅回路のタイムチャート〔例〕

4・4 ボタンスイッチのブレーク接点の動作と図記号

押しボタンスイッチのブレーク接点とは

押しボタンスイッチのブレーク接点とは，**図 4・14**(a) のように，ボタンに指を触れずに押さない状態（これを**復帰状態**という）では，可動接点と固定接点とが接触していて閉路していますが，ボタンを指で押すと（これを**動作状態**という），図 (b) のように，可動接点が固定接点と離れて開路する接点をいいます．つまり，押しボタンスイッチが復帰しているときに「**閉じている接点**」が**ブレー**

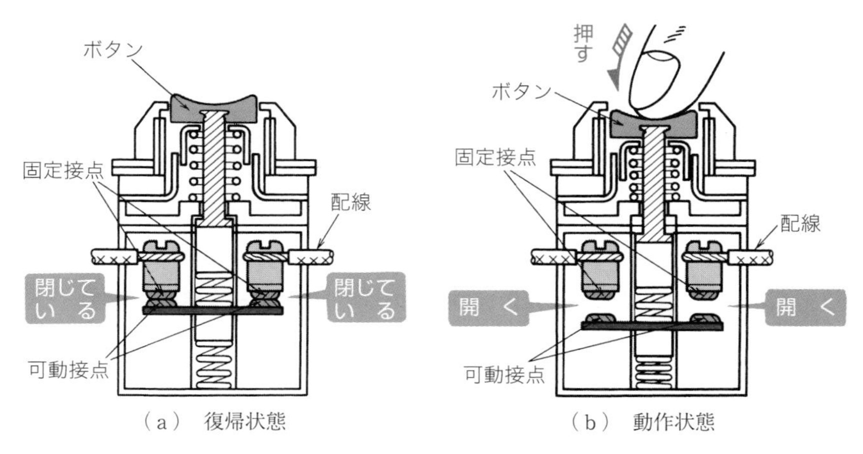

図 4・14　押しボタンスイッチのブレーク接点の復帰状態と動作状態

ク接点といえます．

それでは，ブレーク接点を有する押しボタンスイッチの開閉動作が，どのように行われるかを説明しましょう．

ボタンを押したときの動作のしかた

図4·15のように，ブレーク接点を有する押しボタンスイッチにおいて，指でボタン①を押すと，ボタン機構部のボタン戻しばね②が押されて縮むと同時に，ボタン軸③が押されて下方に移動します．

ボタン軸③が下方に移動すると，接点機構部の接点軸④が押されて下方に移動すると同時に，接点戻しばね⑤と接点軸戻しばね⑥が縮むことは，メーク接点の場合と全く同じです．

接点軸④が下方に移動すると，④と一体になっている可動接点⑦，⑧も下方に動いて固定接点⑨，⑩と離れます．つまり，端子Aと端子Bとの回路が開（OFF）いたことになります．

このような動作をする接点を**ブレーク接点**といいます．

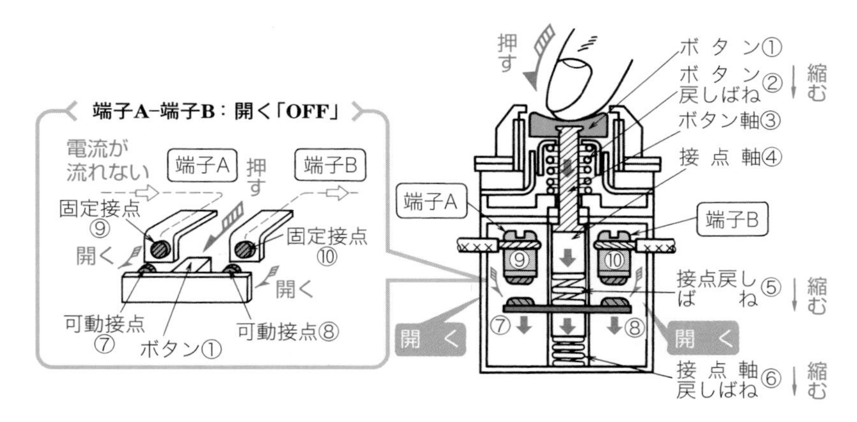

図4・15　ボタンを押したときの動作のしかた（ブレーク接点の場合）

ボタンを押す手を離したときの復帰のしかた

図4·16のように，ボタンを押している指を離すと，ボタン機構部では，ボタン戻しばね②の押されている力がなくなるため，②は上方の力を発生して，ボタ

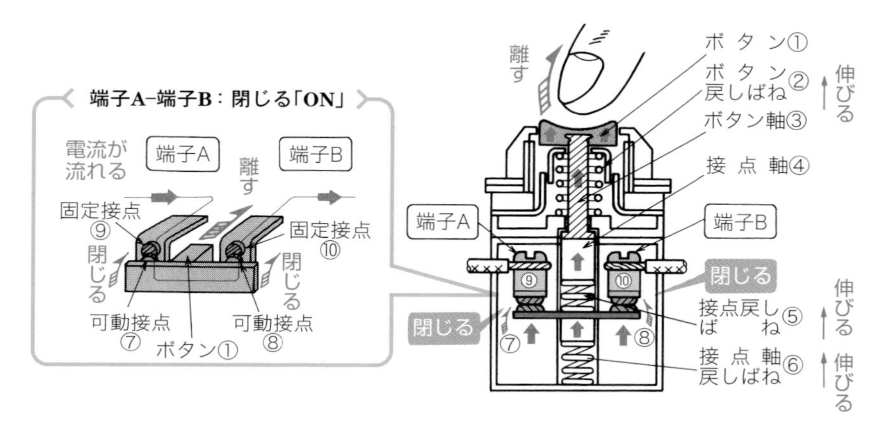

図 4・16　ボタンを押す手を離したときの復帰のしかた（ブレーク接点の場合）

ン軸③およびボタン①を押し上げて，もとの位置に戻します．

また，接点機構部では接点戻しばね⑤，接点軸戻しばね⑥に加わる力がなくなるため，接点軸④および可動接点⑦，⑧を上方にもち上げる力を発生するので，可動接点⑦，⑧は固定接点⑨，⑩と接触します．

つまり，端子 A と端子 B との回路が閉（ON）じることになります．

押しボタンスイッチのブレーク接点の図記号

押しボタンスイッチのブレーク接点は，ボタンを押さない復帰状態で閉じているので，その図記号は「**閉じている接点**」として表します．

押しボタンスイッチのブレーク接点の図記号は，**図 4·17** のように，実際に電流が流れる可動接点を斜めの線分（横書きの場合）とし，固定接点を└（鉤状）にして交差させ閉じているように示します．

そして，ボタンを押して操作することから，表 2·3（25 ページ参照）の押し操作図記号（図記号：E--）を可動接点を示す斜めの線分の下側に付して表し，その他の機構的関連部分はすべて省略します．

特に，本書では，ボタンスイッチのブレーク接点が動作したときの過程を示す図記号を色線と組み合わせて，図 4·17 のように表します．

この方法は，シーケンス図において，動作の過程を容易に理解してもらうために考えた表し方で，本書の特徴とするところです．

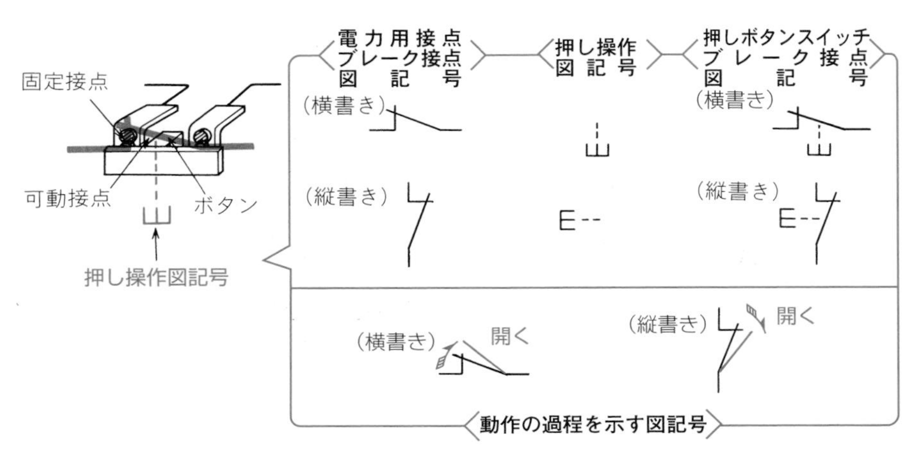

図 4・17 押しボタンスイッチのブレーク接点の図記号の表し方

押しボタンスイッチのブレーク接点のシーケンス動作

ブレーク接点を有する押しボタンスイッチにランプを接続して，ボタンを押すとランプが消灯し，押す手を離すと，ランプが点灯するシーケンス動作について説明しましょう．

《実 際 配 線 図》

電池を電源として，ブレーク接点を有する押しボタンスイッチとランプとを直列に接続した回路の実際配線図の一例を示したのが，**図 4・18** です．

《実 体 配 線 図》

図 4・18 の実際配線図において，機器の配置をそのままにして，電気用図記号を用いた実体配線図に書き替えたのが，**図 4・19** です．

《シーケンス図》

図 4・19 の実体配線図をシーケンス図の書き方によって表したのが，**図 4・20** です．

《書 き 方〔例〕（図 4・20）》

① 電源母線（電池に接続されている配線）として，直流電源を示す正極 P を上側に，負極 N を下側に横線で示す．

② 上側電源母線にブレーク接点を有する押しボタンスイッチ PBS を書く．

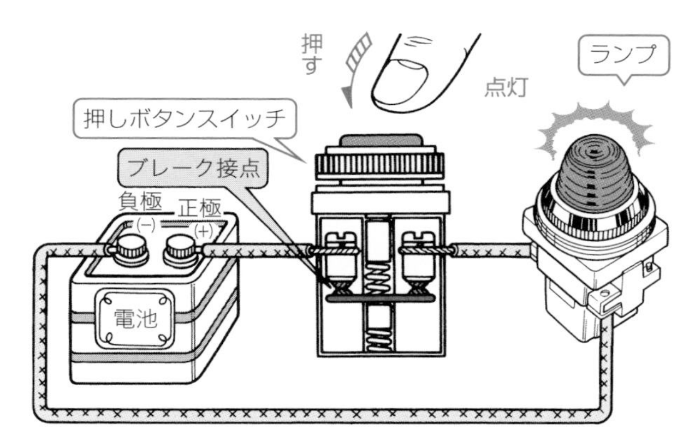

図 4・18　押しボタンスイッチのブレーク接点によるランプ点滅回路〔例〕

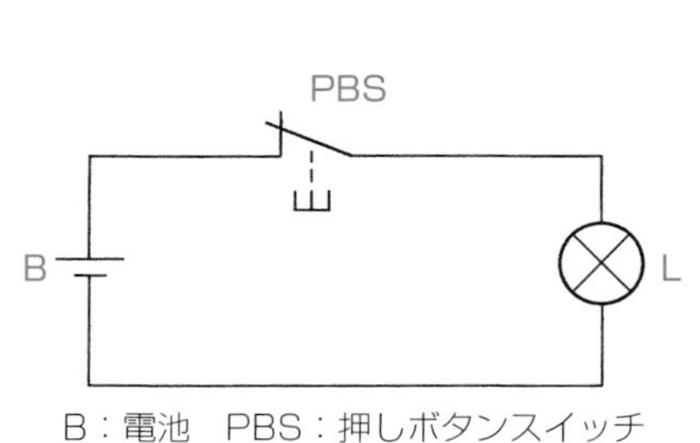

図 4・19　実体配線図

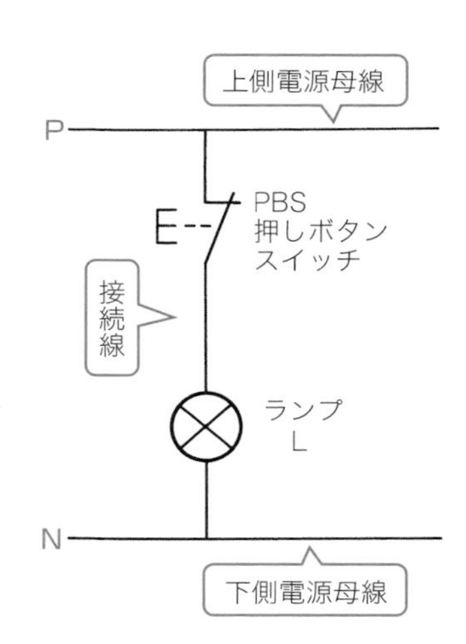

図 4・20　シーケンス図

③　下側電源母線にランプLを書く.

④　PBSとLをまっすぐな縦線の接続線で直列に結ぶ.

《押しボタンスイッチのブレーク接点の動作の順序》

押しボタンスイッチPBSを押して動作してから, ランプLが消灯するまでの動作順序をシーケンス図に示したのが, **図4・21**です.

《動 作 順 序（図 4・21）》

順序〔1〕：押しボタンスイッチPBSを押すと, そのブレーク接点が開く.

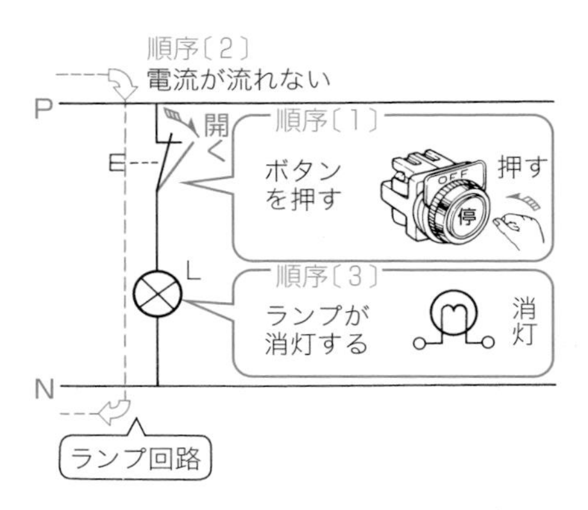

図 4・21　押しボタンスイッチのブレーク接点の動作の順序

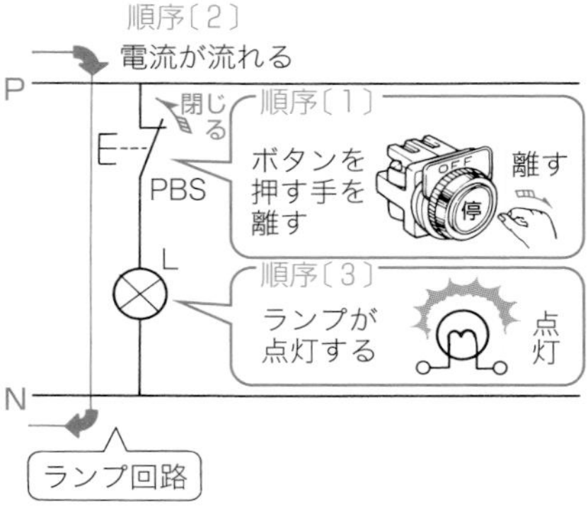

順序〔2〕
電流が流れる
P
閉じる
順序〔1〕
ボタンを押す手を離す
離す
E
PBS
L
順序〔3〕
ランプが点灯する
点灯
N
ランプ回路

図 4・22　押しボタンスイッチのブレーク接点の復帰の動作順序

順序〔2〕：PBS のブレーク接点が開くと，ランプ回路に電流が流れなくなる．

順序〔3〕：ランプ回路に電流が流れないので，ランプ L は消灯する．

《押しボタンスイッチのブレーク接点の復帰の順序》

押しボタンスイッチ PBS を押している手を離して復帰してから，ランプ L が点灯するまでの動作順序をシーケンス図に示したのが，**図 4･22** です．

《復帰の動作順序（図 4･22)》

順序〔1〕：ボタンを押す手を離すと，そのブレーク接点が閉じる．

順序〔2〕：押しボタンスイッチ PBS のブレーク接点が閉じると，ランプ回路に電流が流れる．

順序〔3〕：ランプ回路に電流が流れると，ランプ L は点灯する．

《フローチャートとタイムチャート》

図 4･19 のブレーク接点を有する押しボタンスイッチにおいて，ボタンを押す

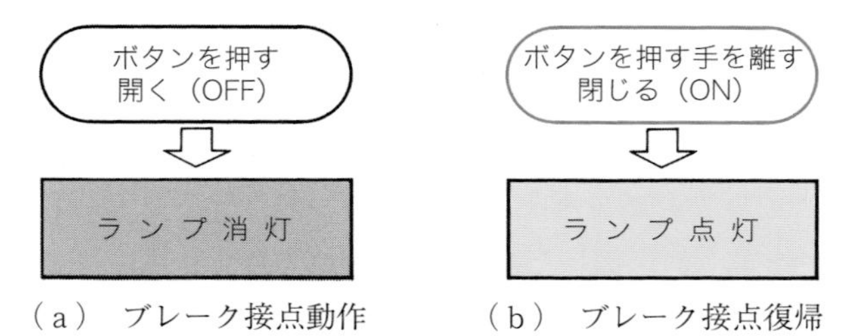

（a）ブレーク接点動作　　（b）ブレーク接点復帰

図 4・23　押しボタンスイッチのブレーク接点による点滅回路のフローチャート

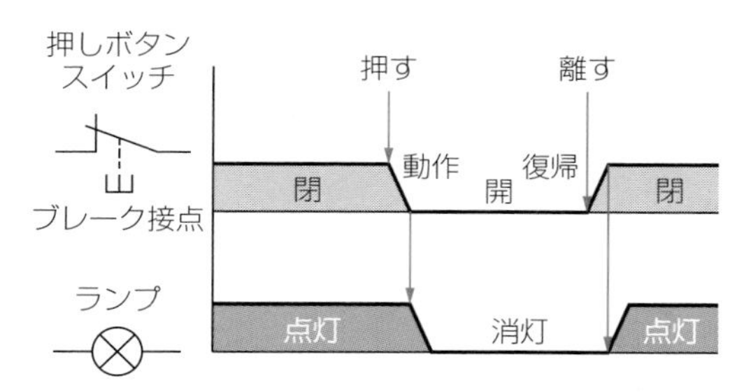

図 4・24 押しボタンスイッチのブレーク接点による点滅回路のタイムチャート〔例〕

とランプが消灯し，押す手を離すと，ランプが点灯する場合のシーケンス動作を，フローチャートで示したのが，**図 4·23** です．

また，ボタンを押すと同時にランプが消灯し，ボタンから手を離すと同時にランプが点灯する時限的な変化をタイムチャートで表したのが，**図 4·24** です．

押しボタンスイッチの NOT（論理否定）回路

押しボタンスイッチのブレーク接点で形成される回路は，「入力信号がない」（ボタンを押さない）ときに，「出力が得られる」（ランプが点灯する），また，「入力信号がある」（ボタンを押す）ときに，「出力が得られない」（ランプが消灯する）回路であることがわかります．

これは「入力」に対して，「出力」が否定されたかたちになるので，**NOT（ノット）回路**といい，かなりヘソまがりな回路といえます．

NOT は，日本語に訳すと，「～でない」と否定の意味を表すことから，この回路を**論理否定回路**ともいいます．

つまり，開閉接点のうちブレーク接点で形成される回路を論理否定回路ともいうのです．

4·5 ボタンスイッチの切換え接点の動作と図記号

押しボタンスイッチの切換え接点とは

押しボタンスイッチの切換え接点とは，**図 4·25**(a) のように，ボタンを指で

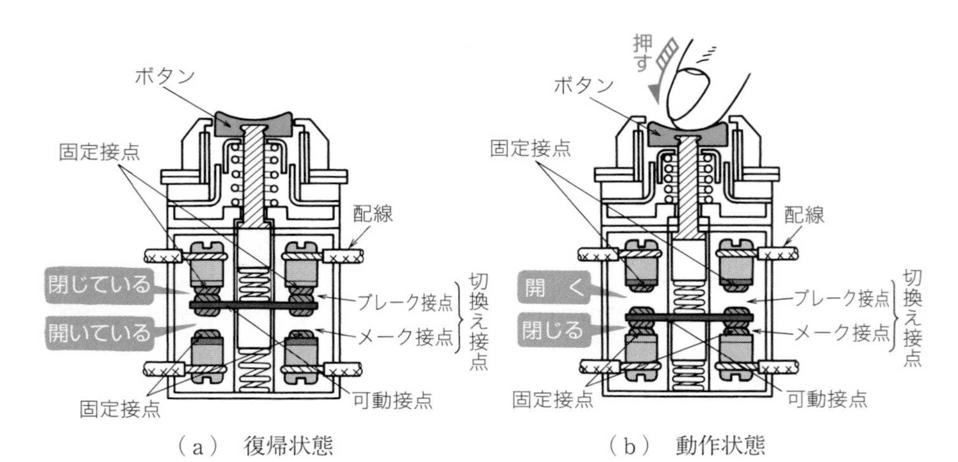

（a） 復帰状態　　（b） 動作状態

図 4・25 押しボタンスイッチの切換え接点の復帰状態と動作状態

押さない状態（これを**復帰状態**という）で，固定接点と可動接点とが接触して閉路しているブレーク接点部と，固定接点とブレーク接点部と共有する可動接点とが離れて開路しているメーク接点部からなり，図 4·25(b) のように，ボタンを指で押すと（これを**動作状態**という），ブレーク接点部は開路し，メーク接点部は閉路する接点をいいます．

それでは，切換え接点を有する押しボタンスイッチの開閉動作がどのように行われるかを説明しましょう．

ボタンを押したときの動作のしかた

図 4·26 のように，切換え接点を有する押しボタンスイッチにおいて，指でボタン①を押すと，ボタン機構部のボタン戻しばね②が押されて縮むと同時に，ボタン軸③が押されて下方に移動します．

ボタン軸③が下方に移動すると，接点機構部の接点軸④が押されて下方に移動すると同時に，接点戻しばね⑤と接点軸戻しばね⑥が縮みます．

接点軸④が下方に移動すると，④と一体になっている可動接点⑦，⑧も下方に動いて固定接点⑨，⑩と離れるとともに，固定接点⑪，⑫に接触します．

つまり，端子 A と端子 B との回路が開（OFF）いて，端子 C と端子 D との回路が閉（ON）じたことになります．

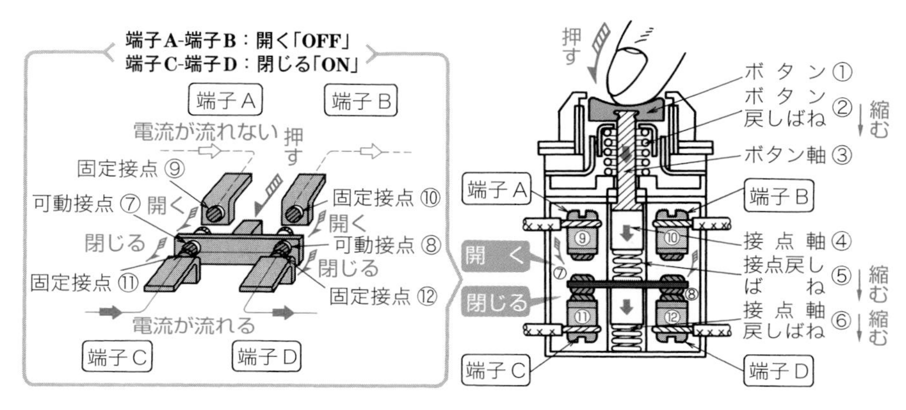

図 4・26　ボタンを押したときの動作のしかた（切換え接点の場合）

このような動作をする接点を**切換え接点**といいます.

ボタンを押す手を離したときの復帰のしかた

図 4·27 のように，ボタンを押している指を離すと，ボタン機構部では，ボタン戻しばね②の押されている力がなくなるため，②は上方の力を発生して，ボタン軸③およびボタン①を押し上げて，もとの位置に戻します.

また，接点機構部では接点戻しばね⑤，接点軸戻しばね⑥に加わる力がなくなるため，接点軸④および可動接点⑦・⑧を上方にもち上げる力を発生するので，

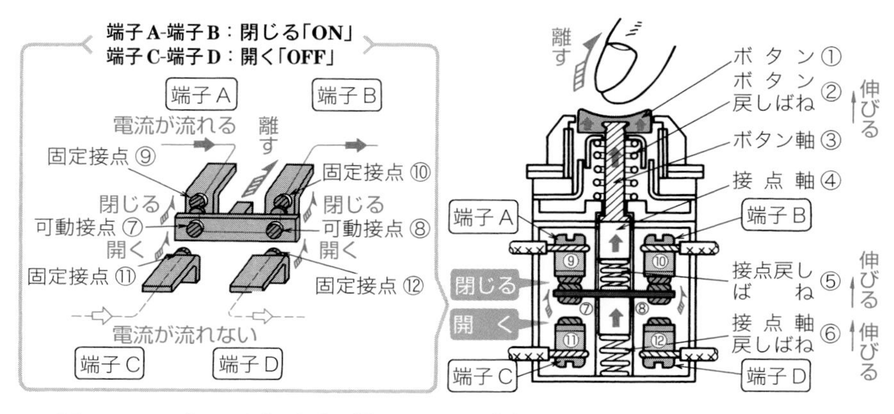

図 4・27　ボタンを押す手を離したときの復帰のしかた（切換え接点の場合）

可動接点⑦・⑧は固定接点⑨・⑩と接触するとともに，固定接点⑪・⑫と離れます．

つまり，端子 A と端子 B との回路が閉（ON）じて，端子 C と端子 D との回路が開（OFF）いたことになります．

押しボタンスイッチの切換え接点の図記号

押しボタンスイッチの切換え接点は，可動接点を共有するメーク接点部とブレーク接点部からなるので，その図記号は，**図 4·28** のように，JIS 図記号では図(c) のように表すが，シーケンス図では図 (d) のように，それぞれ独立したメーク接点図記号とブレーク接点図記号とを組み合わせて表す場合が多いといえます．

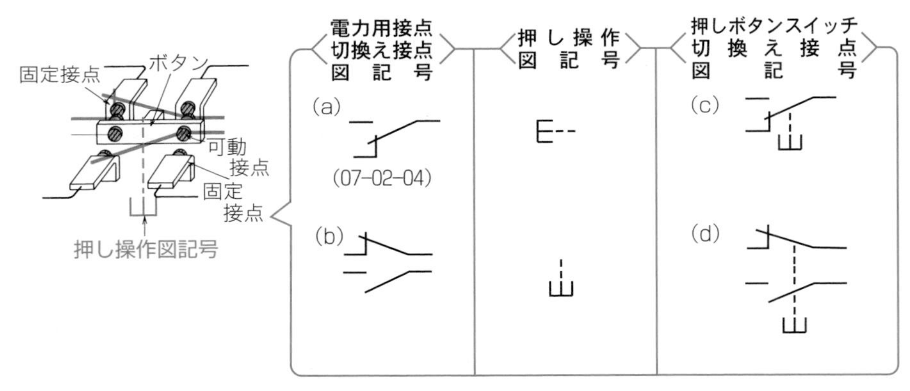

図 4・28　押しボタンスイッチの切換え接点の図記号の表し方

押しボタンスイッチの切換え接点のシーケンス動作

切換え接点を有する押しボタンスイッチにランプを接続し，ボタンを押すと赤色ランプが点灯するとともに，緑色ランプが消灯し，押す手を離すと，赤色ランプが消灯するとともに，緑色ランプが点灯するシーケンス動作について説明しましょう．

《実 際 配 線 図》

電池を電源として，切換え接点を有する押しボタンスイッチのメーク接点部に赤色ランプをつなぎ，ブレーク接点部に緑色ランプをつないで，おのおのを並列に接続した回路の実際配線図の一例を示したのが，**図 4･29** です．

《実 体 配 線 図》

図 4･29 の実際配線図において，機器の配置をそのままにして，電気用図記号を用いた実体配線図に書き替えたのが，**図 4･30** です．

押しボタンスイッチ PBS の切換え接点は独立したブレーク接点とメーク接点として表し，緑色ランプ GL および赤色ランプ RL とおのおの直列に接続したか

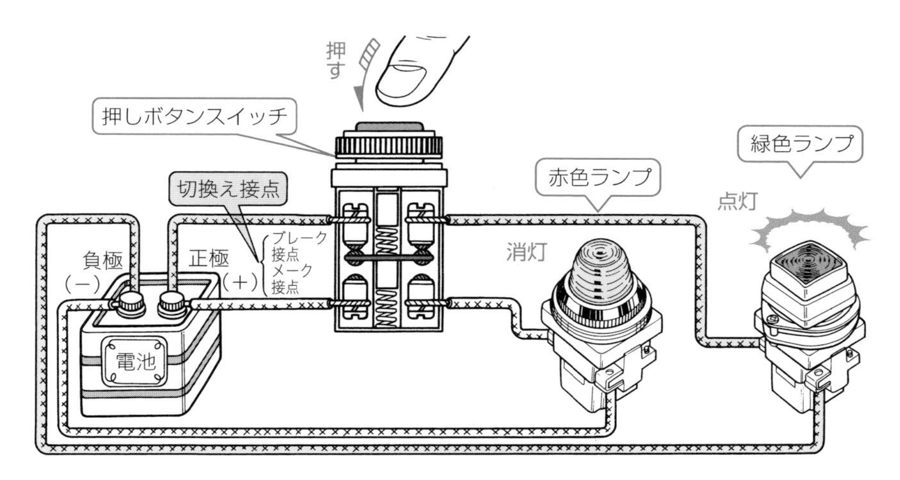

図 4・29　押しボタンスイッチの切換え接点によるランプ点滅回路〔例〕

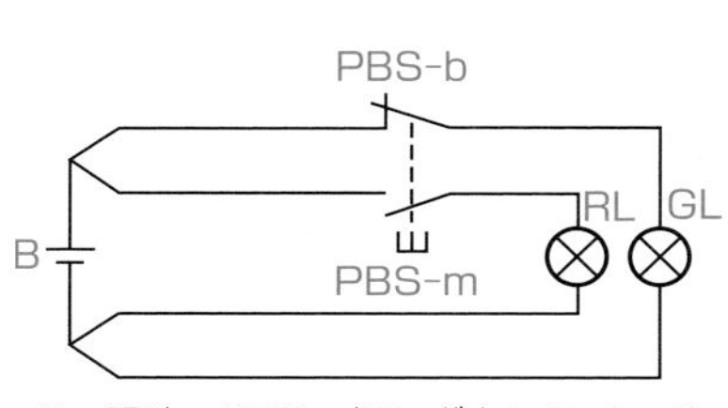

図 4・30　実体配線図

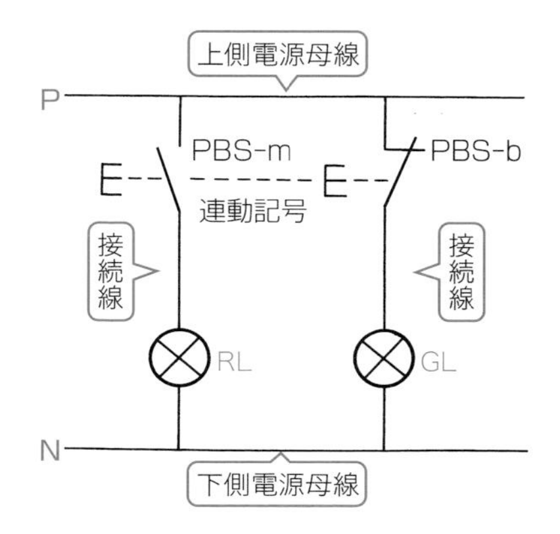

図 4・31　シーケンス図

たちとして表します.

《シーケンス図》

図4·30の実体配線図をシーケンス図に書き直したのが, **図4·31**です.

《書　き　方〔例〕(図4·31)》

① 電源母線（電池に接続されている配線）として，直流電源を示す正極Pを上側に，負極Nを下側に横線で示す.

② 上側電源母線に押しボタンスイッチのメーク接点PBS-m（切換え接点を別々のメーク接点とブレーク接点に分ける）を書く.

・PBS-mの下付のmはメーク接点を示す.

③ 下側電源母線に赤色ランプRLを書く.

④ PBS-mとRLをまっすぐな縦線の接続線で直列に結ぶ.

⑤ 上側電源母線にPBS-mと並べて右側にブレーク接点PBS-bを書く.

・PBS-mとPBS-bを点線（連動記号という）で結ぶ.

・PBS-bの下付のbはブレーク接点を示す.

⑥ 下側電源母線に赤色ランプRLと並べて右側に緑色ランプGLを書く.

⑦ PBS-bと緑色ランプGLをまっすぐな縦線の接続線で直列に結ぶ.

《押しボタンスイッチの切換え接点の動作の順序》

押しボタンスイッチPBSを押して動作してから，緑色ランプGLが消灯し，赤色ランプRLが点灯するまでの動作順序を，シーケンス図に示したのが，**図4·32**です.

《動 作 順 序（図4·32)》

順序〔1〕：押しボタンスイッチPBSを押すと，そのブレーク接点PBS-bが開く.

順序〔2〕：PBSを押すと，そのメーク接点PBS-mが閉じる.

順序〔3〕：PBS-bが開くと，緑色ランプ回路に電流が流れなくなる.

順序〔4〕：緑色ランプ回路に電流が流れなくなると，緑色ランプGLが消灯する.

順序〔5〕：PBS-mが閉じると，赤色ランプ回路に電流が流れる.

順序〔6〕：赤色ランプ回路に電流が流れると，赤色ランプRLが点灯する.

注：順序〔3〕と順序〔4〕および順序〔5〕と順序〔6〕は同時に動作する.

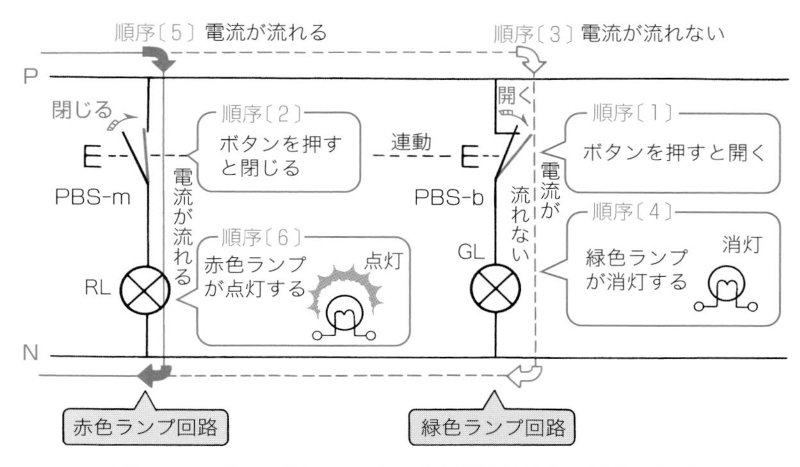

図 4・32　押しボタンスイッチの切換え接点の動作の順序

《ボタンスイッチの切換え接点の復帰の順序》

押しボタンスイッチ PBS を押している手を離して復帰してから，赤色ランプ RL が消灯し，緑色ランプ GL が点灯するまでの動作順序を，シーケンス図に示したのが，**図 4・33** です．

《復帰の動作順序（図 4・33）》

順序〔1〕：ボタンを押す手を離すと，そのメーク接点 PBS-m が開く．

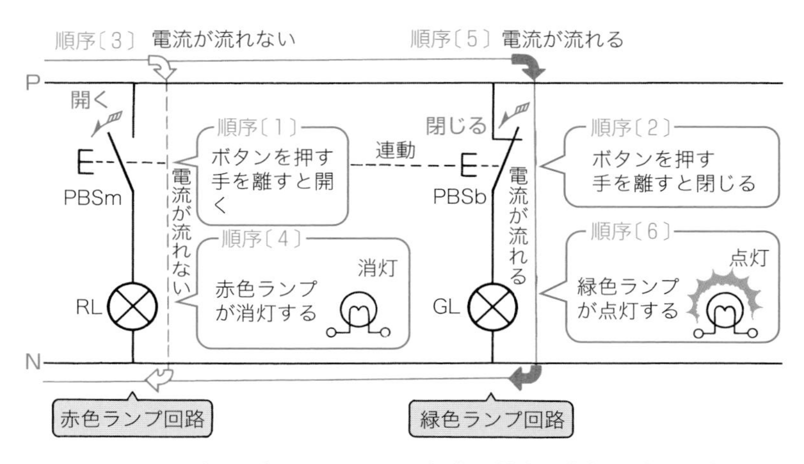

図 4・33　押しボタンスイッチの切換え接点の復帰の動作順序

順序〔2〕：ボタンを押す手を離すと，そのブレーク接点 PBS-b が閉じる．

順序〔3〕：PBS-m が開くと，赤色ランプ回路に電流が流れなくなる．

順序〔4〕：赤色ランプ回路に電流が流れないと，赤色ランプ RL が消灯する．

順序〔5〕：PBS-b が閉じると，緑色ランプ回路に電流が流れる．

順序〔6〕：緑色ランプ回路に電流が流れると，緑色ランプ GL が点灯する．

注：順序〔3〕と順序〔4〕および順序〔5〕と順序〔6〕は同時に動作する．

《フローチャートとタイムチャート》

切換え接点を有する押しボタンスイッチにおいて，ボタンを押すと緑色ランプが消灯するとともに，赤色ランプが点灯し，押す手を離すと，赤色ランプが消灯するとともに，緑色ランプが点灯するシーケンス動作の順序をフローチャートで示したのが，**図 4·34** で，この動作の時限的な変化をタイムチャートで表したのが，**図 4·35** です．

〈ランプの色表示の文字記号〉

本書では，ランプの色表示を慣用されている日本電機工業会規格 JEM 1115（135 ページ参照）の文字記号を用います．

〔例〕 赤色ランプ：RL（Red lamp）　　緑色ランプ：GL（Green lamp）

・JIS C 0617（電気用図記号）の表示（28 ページ参照）とは異なります．

〔例〕 赤色ランプ：RDL（Red lamp）　　緑色ランプ GNL（Green lamp）

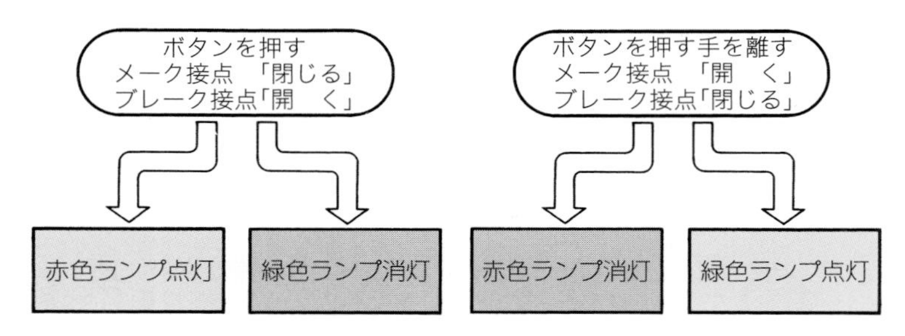

図 4・34　押しボタンスイッチの切換え接点による点滅回路のフローチャート

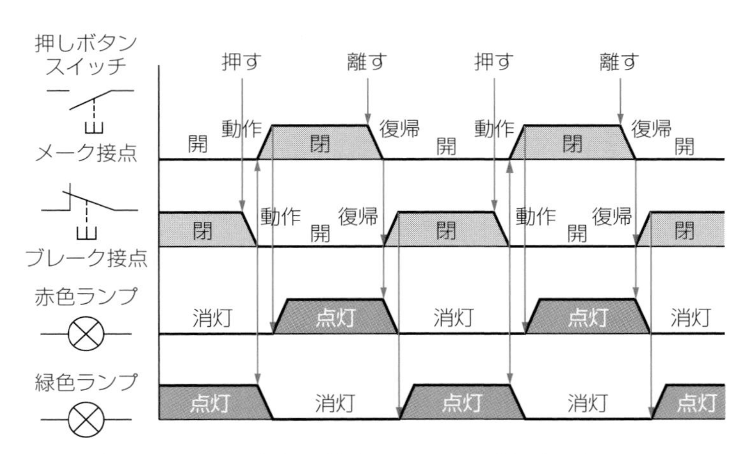

図 4・35　押しボタンスイッチの切換え接点によるランプ点滅回路のタイムチャート〔例〕

5章 電磁リレー（電磁リレー接点）の動作と図記号

5・1 電磁リレーのしくみ

電磁リレーとは，電磁石による鉄片の吸引力を利用して接点を開閉する機能をもった機器で，別名，**電磁継電器**ともいいます．

電磁リレーは，リレーシーケンス制御における制御機器のうちでは，何といっても主役をなす機器で，小形で接点の数の多い**制御用電磁リレー**やある程度大きな電流の開閉もできる**電力用電磁リレー**などいろいろな形式があります．

それではまず，電磁リレーの動作の原理から解説することにしましょう．

電磁リレーは電磁石で働く

図 5·1 のように，棒状の鉄片（これを**鉄心**という）に電線をグルグル巻いてコイルとし，スイッチを介して電池につなぎます．

そして，スイッチを入れて閉じると，コイルに電流が流れて棒状の鉄心は電磁

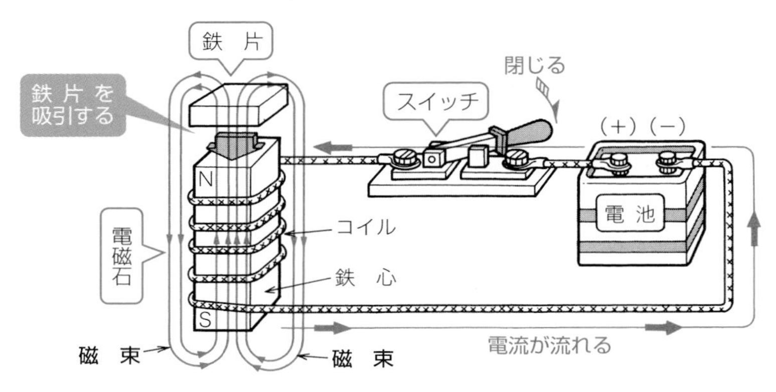

図 5・1　電磁石は鉄片を吸引する

石になり，鉄片を吸引します．

このように，電磁石が鉄片を吸引するという作用を利用したのが，**電磁リレー**です．

つまり，電磁リレーとしては，**図5·2**のように，鉄片に可動接点を取り付け，固定接点と組み合わせて接点（この図はメーク接点を示す）を構成するとともに，戻し用のばねを取り付けます．

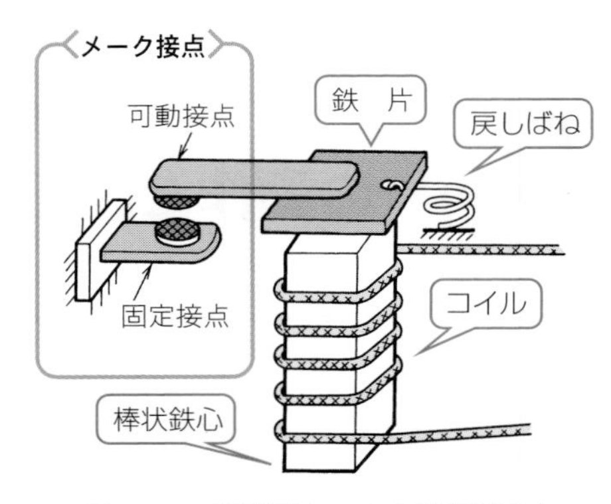

図5・2　電磁リレーの原理機構図

この戻し用ばねは，電磁石のコイルに電流が流れなくなって，鉄片が吸引されなくなったとき，このばねの力で鉄片をもとの位置に戻して，可動接点を固定接点から引き離す働きをします．

電磁リレーの動作のしかた

電磁リレーに，**図5·3**のように，スイッチと電池とをつないで，電磁リレーがどのように動作するのかを，調べてみましょう．

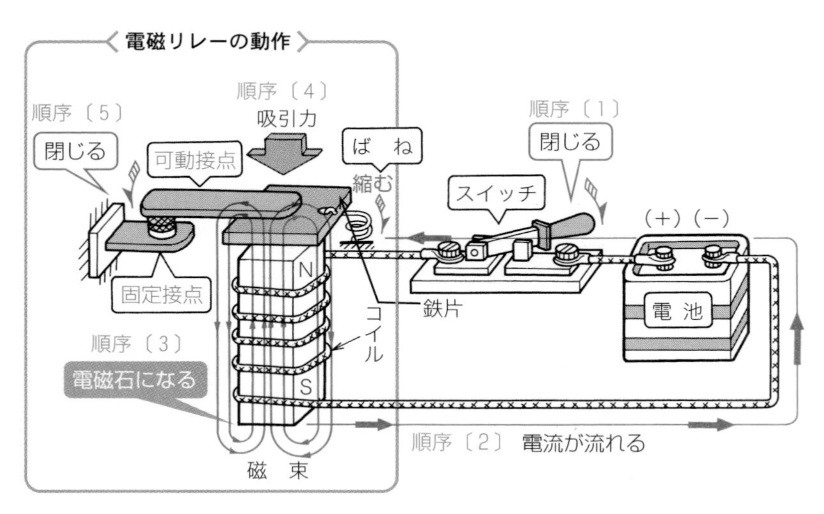

図5・3　電磁リレーの動作原理図（動作した場合）

《スイッチを閉じた場合》

図5·3において，スイッチを閉じた場合の動作の順序は，次のようになります．

順序〔1〕：スイッチを入れて閉じる．

順序〔2〕：スイッチを入れると，回路ができコイルに電流が流れる．

順序〔3〕：コイルに電流が流れると，棒状鉄心は電磁石になる．

順序〔4〕：棒状鉄心が電磁石になると，鉄片を吸引するので，鉄片は下方に力を受ける．

順序〔5〕：鉄片が下方に力を受けると，可動接点も一緒に下に動いて，可動接点は固定接点と接触して閉じる．

このように，電磁リレーのコイルに電流が流れて，接点が閉じる（メーク接点の場合）ことを，電磁リレーが「**動作する**」といいます．

《スイッチを開いた場合》

図5·4のようにスイッチを開いた場合の動作の順序は，次のようになります．

順序〔1〕：スイッチを切って開く．

順序〔2〕：スイッチを切ると，回路が開路するので，コイルに電流が流れなくなる．

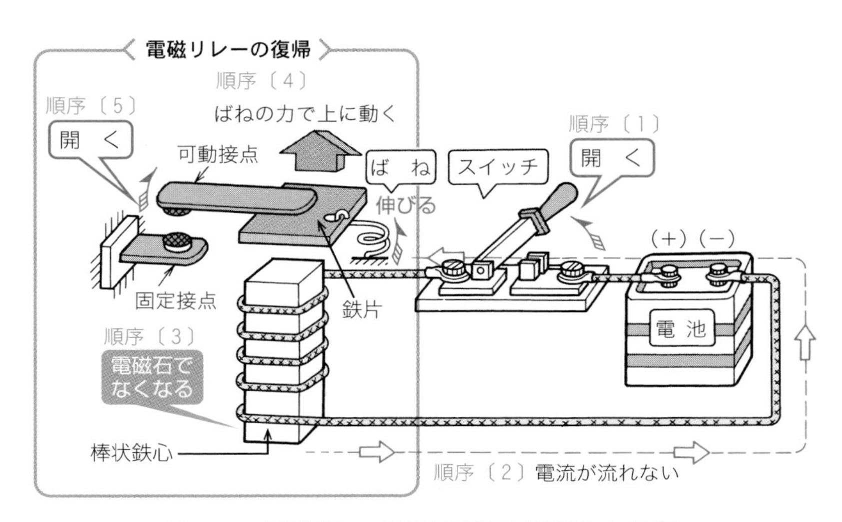

図5・4　電磁リレーの動作原理図（復帰した場合）

順序〔3〕：コイルに電流が流れないと，棒状鉄心は電磁石でなくなる．

順序〔4〕：棒状鉄心が電磁石でなくなると，鉄片は吸引されないので，戻しばねの力で上方に動く．

順序〔5〕：鉄片が上方に力を受けると，可動接点も一緒に上に動いて，可動接点は固定接点と離れて開く．

このように，電磁リレーのコイルに電流が流れなくなって，接点が開く（メーク接点の場合）ことを，電磁リレーが「**復帰する**」といいます．

5･2 電磁リレーの実際の構造

電磁リレーと電磁リレー接点

電磁リレーとは，**図5･5**のように，電磁石の力を利用して接点を開閉する機器ですから，接点に接続された回路を自動的にON，OFFすることができます．

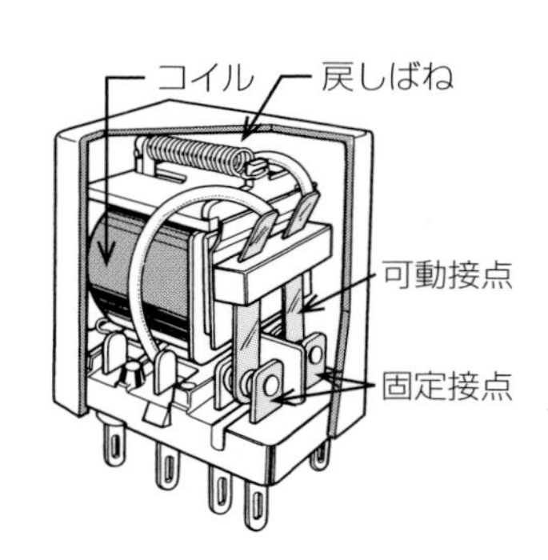

図5・5 電磁リレーの内部構造図〔例〕

電磁リレーの接点は，電磁コイルに電流が流れている（**励磁する**という）ときだけ動作し，電流を切る（**消磁する**という）と，ばねなどの力によってもとの状態に復帰します．特に，これを**電磁リレー接点**といい，このような接点を**電磁操作自動復帰接点**といいます．

この電磁リレー接点にも，4章で述べた押しボタンスイッチと同じく**メーク接点**，**ブレーク接点**，**切換え接点**があります．

それでは，電磁リレー接点の動作と図記号について説明することにしましょう．

電磁リレーの構造

電磁リレーは，電磁石となる**コイル部**と，回路の開閉を行う**接点部**とから構成されています．

図 5·6 は，ヒンジ形電磁リレーの構造の一例を示した図です．

ヒンジ形電磁リレーとは，コイルを励磁あるいは消磁することによって，可動鉄片がヒンジを支点として運動し，その動きを利用して可動鉄片に連動された接点機構を開閉する機器をいいます．

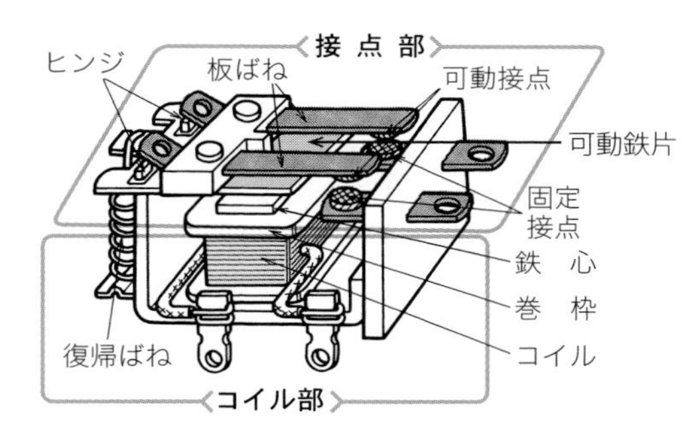

図 5・6 電磁リレーの構造（ヒンジ形・メーク接点）〔例〕

電磁石となるコイル部は，鉄心と巻枠に巻いたコイルとからなります．

また，回路の開閉を行う接点部は，可動接点と固定接点とからなり，可動接点は板ばねに取り付けられています．

この板ばねは，接点に電流が流れたときに，接点間に圧力をもたせる働きがあります．

5·3 電磁リレーのメーク接点の動作と図記号

電磁リレーのメーク接点とは

電磁リレーのメーク接点とは，**図 5·7**(a) のように，電磁リレーのコイルに電流が流れていない状態（これを**復帰状態**という）では，可動接点と固定接点とが離れていて「開路」しているが，コイルに電流が流れると（これを**動作状態**という），図 (b) のように，鉄心の磁気力によって可動接点が固定接点に接触して「閉路」する接点をいいます．

つまり，電磁リレーが復帰しているとき「**開いている接点**」が「**メーク接点**」です．

それでは，メーク接点を有する電磁リレーの開閉動作が，どのように行われるかを説明しましょう．

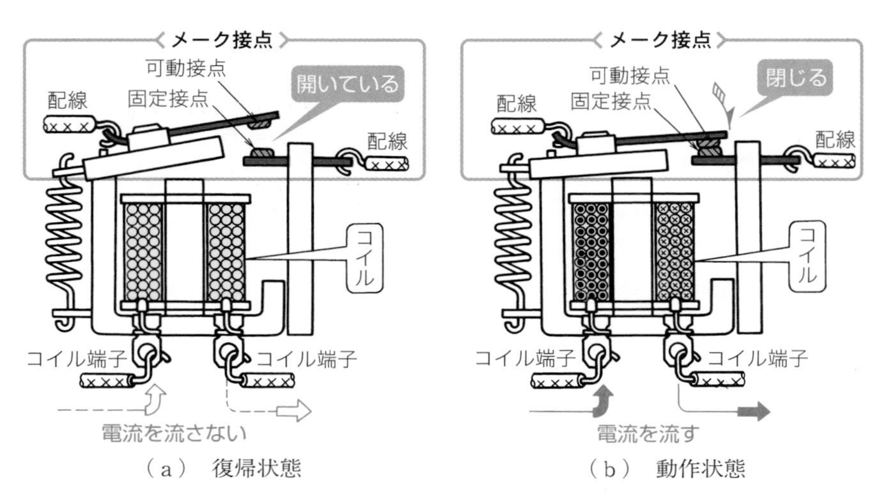

（a）　復帰状態　　（b）　動作状態

図 5・7　電磁リレーのメーク接点の復帰状態と動作状態

電磁リレーを励磁したときの動作のしかた

図 5·8 のように，メーク接点を有する電磁リレーのコイル①の端子 A から端子 B に電流を流すと，鉄心②と継鉄③および可動鉄片④とで，磁気回路を形成

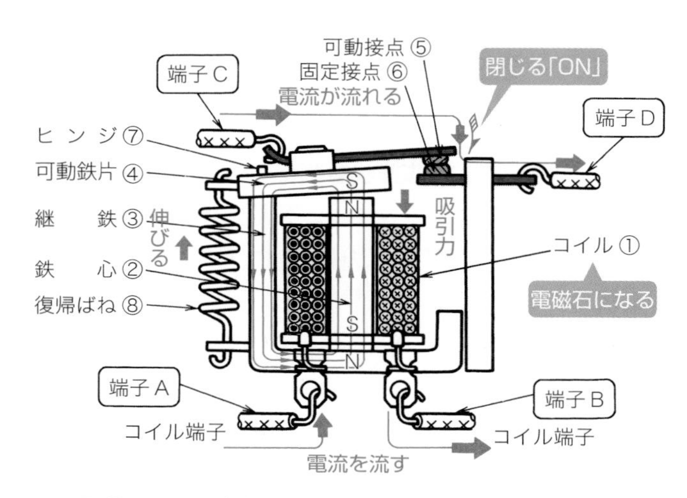

図 5・8　電磁リレーを励磁したときの動作のしかた（メーク接点の場合）

して磁束が通り，電磁石となります．

したがって，鉄心②と可動鉄片④のＮ極とＳ極の間に磁気力が働いて，④は②に吸引されます．

可動鉄片④がこの吸引力によって下方に力を受けると，これと一体になっている可動接点⑤も下方に力が働いて，固定接点⑥と接触します．

また，可動鉄片④は，ヒンジ⑦を支点として，吸引力を受けるので，復帰ばね⑧はその力により上方に伸び，吸引力がなくなったときに，可動接点⑤をもとに戻す力を蓄えます．

つまり，電磁リレーが励磁して動作すると，端子Ｃと端子Ｄの接点回路が閉（ON）じたことになります．

電磁リレーを消磁したときの復帰のしかた

図5·9のように，メーク接点を有する電磁リレーのコイル①に流れている電流を切ると，鉄心②は電磁石でなくなり，可動鉄片④を吸引しません．

したがって，可動鉄片④は，ヒンジ⑦を支点として，復帰ばね⑧が縮んでもとに戻る力により，上向きの力が働きます．この可動鉄片④と一体になっている可

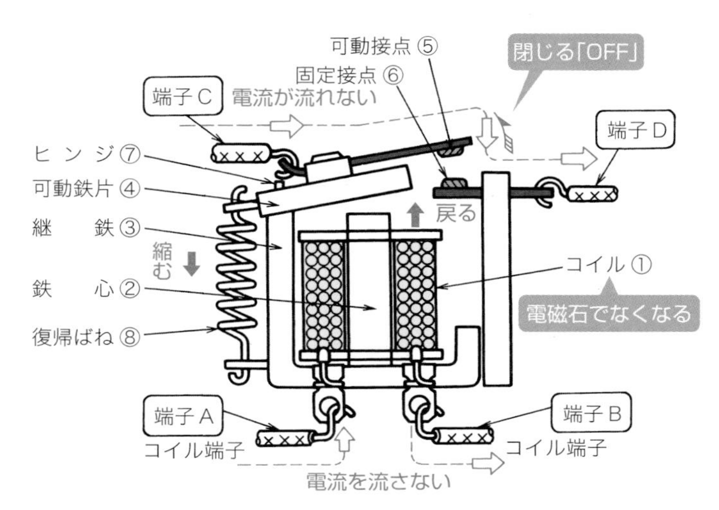

図5・9　電磁リレーを消磁したときの復帰のしかた（メーク接点の場合）

動接点⑤は，固定接点⑥と離れます.

つまり，電磁リレーが消磁して復帰すると，端子Cと端子Dの接点回路が開（OFF）くことになります.

メーク接点を有する電磁リレーの図記号の表し方

電磁リレーは，図5·6（65ページ参照）で示したように，いろいろな部品から構成されているが，電磁リレーの図記号は，これらの機構的関連部分をすべて省略して，電磁石となる「電磁コイル」の図記号と，回路の開閉を行う「接点」の図記号を組み合わせて表します.

したがって，メーク接点を有する電磁リレーの図記号は，**図5·10**のように，表2·3（25ページ参照）の電磁効果による操作図記号と，「電磁リレーのメーク接点」の図記号とを組み合わせて表します.

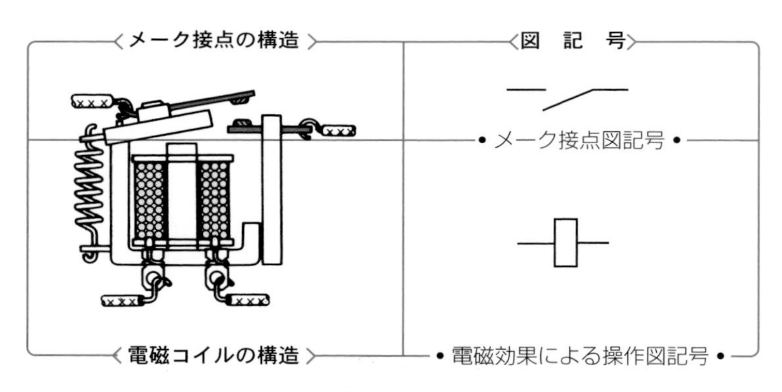

図5・10　メーク接点を有する電磁リレーの図記号の表し方

電磁コイルの図記号の表し方

電磁リレーの電磁コイルは，電流を流すことにより電磁石となり，その吸引力で電磁リレーが動作することから，図記号は，**図5·11**のように，表2·3の電磁効果による操作図記号が用いられます.

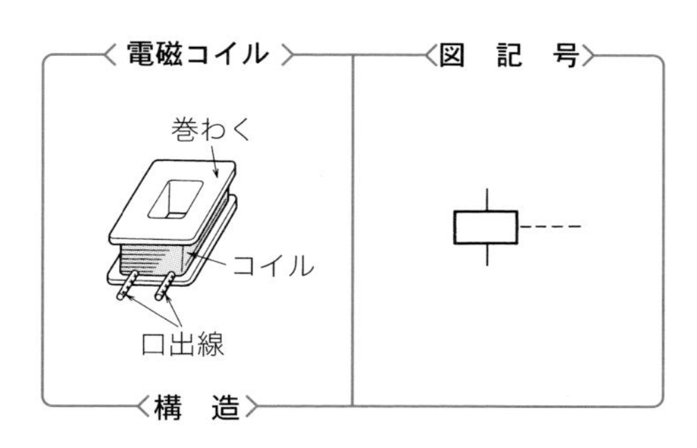

図 5・11　電磁コイルの図記号の表し方

電磁リレーのメーク接点の図記号の表し方

電磁リレーのメーク接点の図記号は，電磁コイルに電流が流れていないときの状態である「**開いている接点**」として表します.

電磁リレーのメーク接点の図記号は，**図 5･12** のように，実際に電流が流れる固定接点を水平な線分（横書きの場合）とし，それに対して可動接点を下側に斜

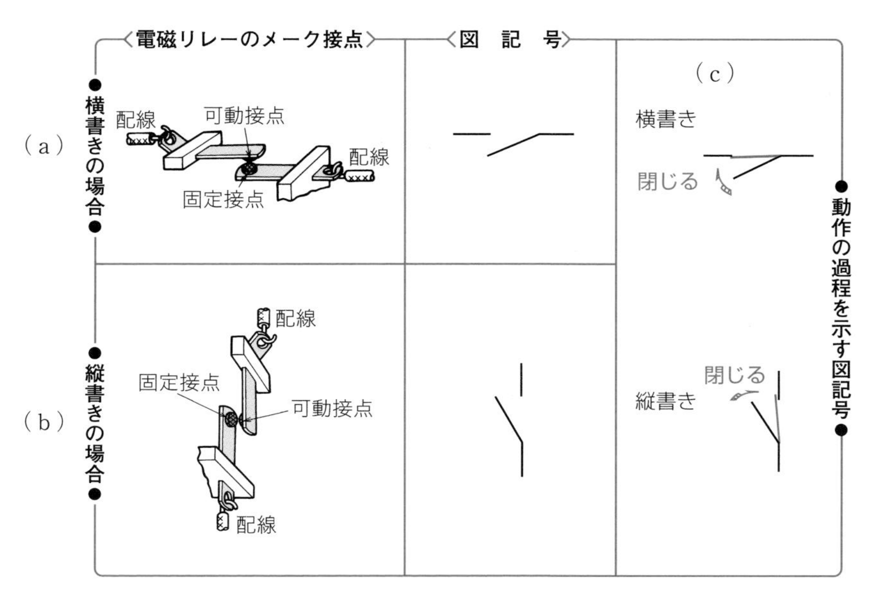

図 5・12　電磁リレーのメーク接点の図記号の表し方

めの線分（表2·1の電磁リレーのメーク接点の図記号）で示し，開いているように表します．

特に，本書では，電磁リレーのメーク接点が動作したときの過程を示す図記号を，色線と組み合わせて図（c）のように表すのを特徴としています．

電磁リレーを励磁した場合のメーク接点の動作

電磁リレーのメーク接点にランプを接続して，押しボタンスイッチを押すとランプが点灯するようにしたランプ点滅回路により，電磁リレーを励磁した場合のメーク接点のシーケンス動作について説明しましょう．

《実 際 配 線 図》

メーク接点を有する電磁リレーを用いたランプ点滅回路の実際配線図の一例を示したのが，**図5·13** です．

電磁リレーのメーク接点にランプを接続し，電磁コイルの回路には，電磁リレーを励磁，消磁するための押しボタンスイッチ（メーク接点）を接続して，それぞれを電池に対して並列につなぎます．

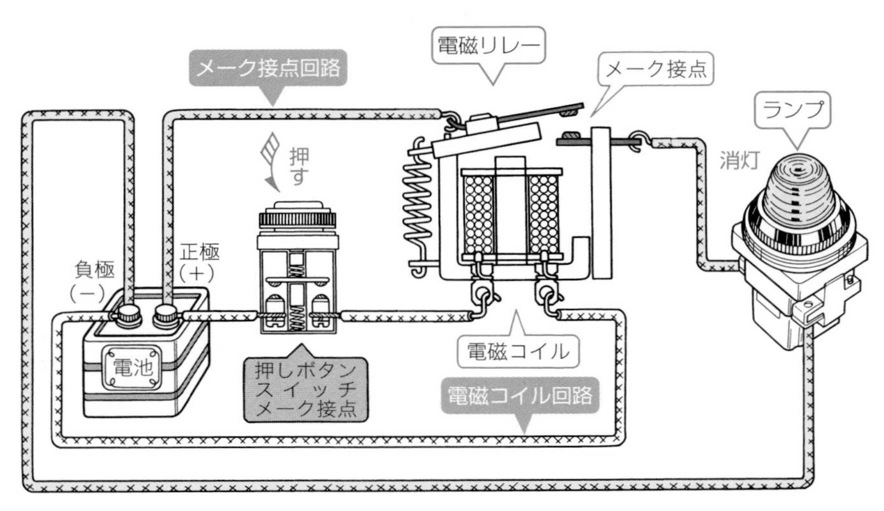

図5・13 電磁リレーのメーク接点によるランプ点滅回路〔例〕

《実 体 配 線 図》

図 5·13 の実際配線図を電気用図記号を用いた実体配線図に書き替えたのが，**図 5·14** です．

電池 B に対して，電磁リレーのメーク接点 R-m とランプ L の直列回路と，電磁リレーのコイル R と押しボタンスイッチ $PBS_{入}$ の直列回路とが，おのおの並列に接続されていることがわかります．

《シーケンス図》

図 5·14 の実体配線図をシーケンス図の書き方によって表したのが，**図 5·15** です．

シーケンス図では，電磁リレーのコイル R と電磁リレーのメーク接点 R-m とを，別々の接続線に分離し，全く独立した回路として表すとともに，接続線は動作の順序に左から右に並べて書くのを特徴としています（10 章参照）．

《書　き　方〔例〕（図 5·15）》

① 電源母線として，直流電源を示す正極 P を上側に，負極 N を下側に横線で示す．

② 電源母線の間に，押しボタンスイッチ $PBS_{入}$ と電磁リレーのコイル R を直列にし，まっすぐな接続線で結ぶ．

③ 電源母線の間に，電磁コイルの接続線と並べて右側に，電磁リレーのメーク接点 R-m とランプ L を直列にし，まっすぐな接続線で結ぶ．

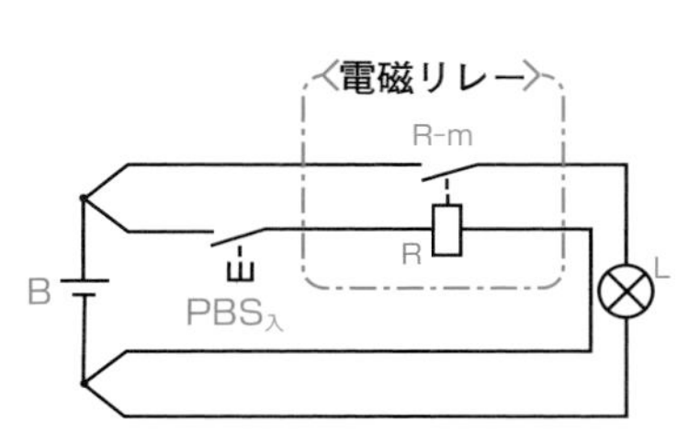

図 5・14　実体配線図

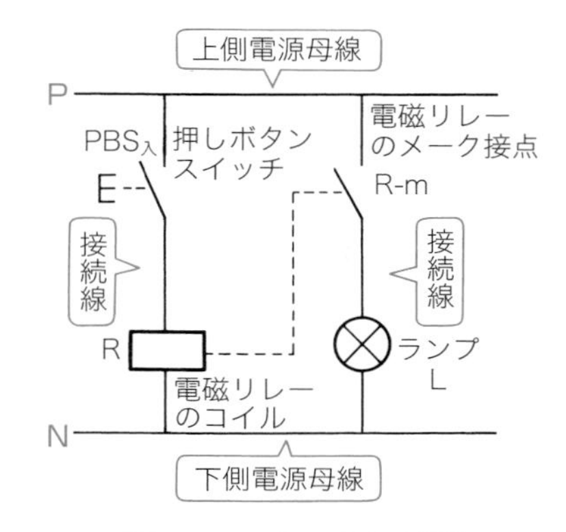

図 5・15　シーケンス図

《電磁リレーのメーク接点の動作の順序》

図5・15において，押しボタンスイッチ$PBS_入$を押して電磁リレーが動作してから，ランプLが点灯するまでの動作順序を，シーケンス図に示したのが，**図5·16**です．

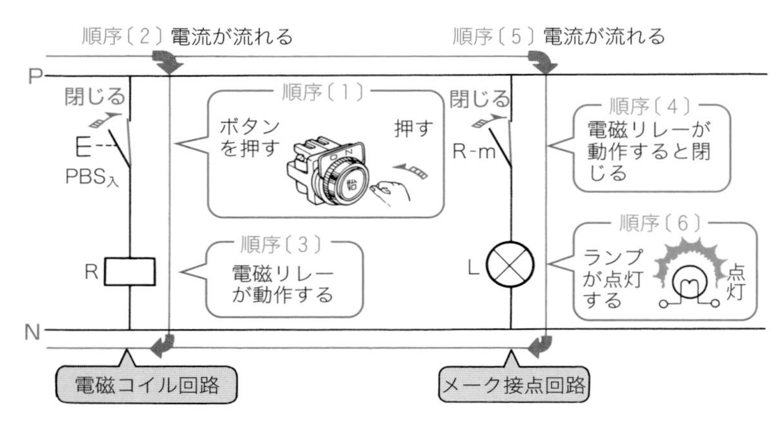

図5・16 電磁リレーのメーク接点の動作の順序

《動 作 順 序（図 5·16）》

順序〔1〕：押しボタンスイッチ$PBS_入$を押すと，そのメーク接点が閉じる．

順序〔2〕：$PBS_入$のメーク接点が閉じると，電磁コイル回路に電流が流れる．

順序〔3〕：電磁コイル回路に電流が流れると，電磁リレーRが動作する．

順序〔4〕：電磁リレーRが動作すると，そのメーク接点R-mが閉じる．

順序〔5〕：R-mが閉じると，メーク接点回路に電流が流れる．

順序〔6〕：メーク接点回路に電流が流れると，ランプLが点灯する．

《フローチャート》

メーク接点によるランプ点滅回路において，ボタンを押すと，電磁リレーが動作して，ランプが点灯するシーケンス動作の順序をフローチャートに示したのが，**図5·17**です．

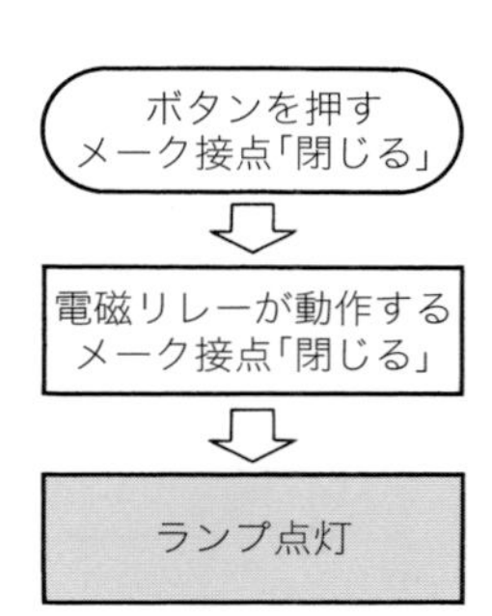

図5・17 メーク接点の動作のフローチャート

電磁リレーを消磁した場合のメーク接点の動作

メーク接点によるランプ点滅回路において，ボタンを押している手を離して，電磁リレーが復帰してから，ランプが消灯するまでの動作順序を，シーケンス図に示したのが，**図 5・18** です．

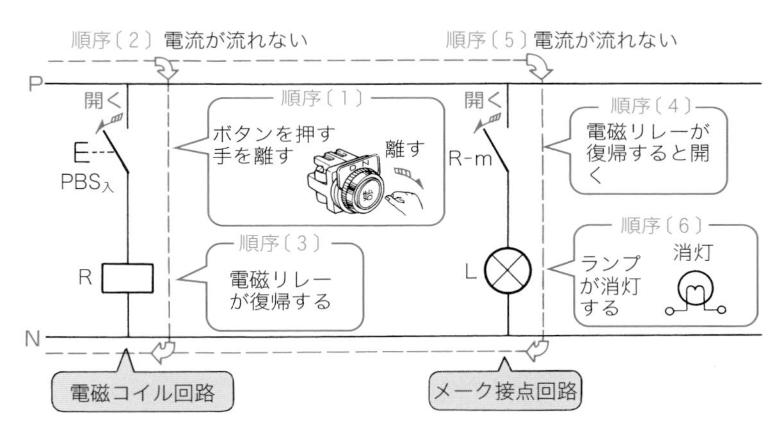

図 5・18　電磁リレーのメーク接点の復帰の順序

《動 作 順 序（図 5・18）》

順序〔1〕：押しボタンスイッチ PBS入 を押す手を離すと，そのメーク接点が開く．

順序〔2〕：PBS入 のメーク接点が開くと，電磁コイル回路に電流が流れなくなる．

順序〔3〕：電磁コイル回路に電流が流れないと，電磁リレー R が復帰する．

順序〔4〕：電磁リレー R が復帰すると，そのメーク接点 R-m が開く．

順序〔5〕：R-m が開くと，メーク接点回路に電流が流れなくなる．

順序〔6〕：メーク接点回路に電流が流れないと，ランプ L が消灯する．

《フローチャートとタイムチャート》

ボタンを押す手を離して，電磁リレーが復帰し，ランプが消灯するシーケンス動作の順序をフローチャートに示したのが，**図 5・19** です．

また，電磁リレーの「動作」および「復帰」の時限的変化をタイムチャートで

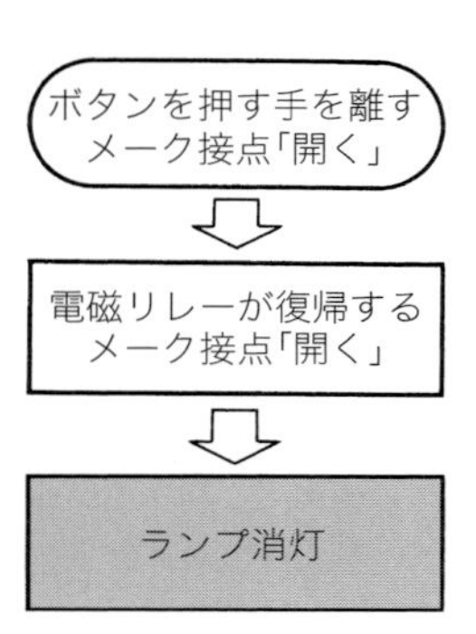

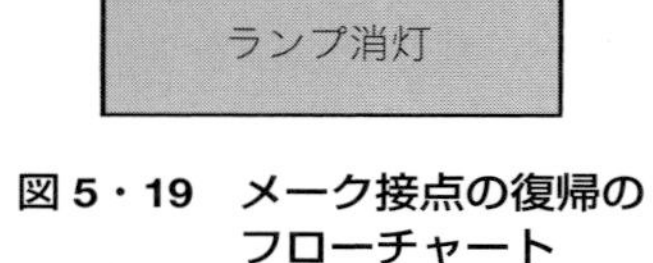

図 5・19　メーク接点の復帰のフローチャート

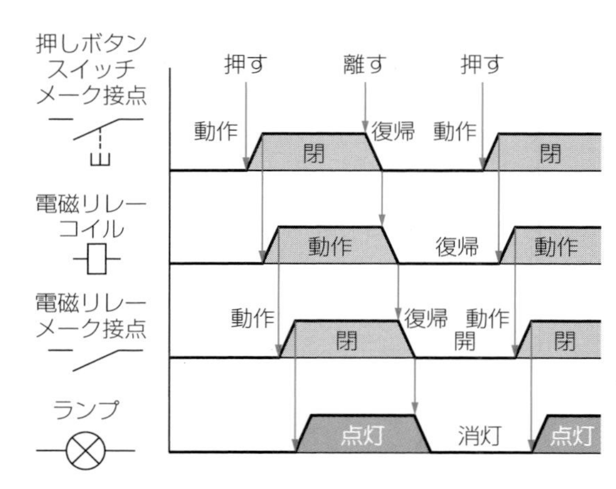

図 5・20　電磁リレーのメーク接点によるランプ点滅回路のタイムチャート〔例〕

表したのが，**図 5·20** です．

電磁リレーの動作回路

ここで説明したメーク接点を有するランプ点滅回路のように，「入力信号がある」（電磁リレーが動作する）と「出力信号が得られる」（ランプが点灯する），また，「入力信号がない」（電磁リレーが復帰する）ときに，「出力信号が得られない」（ランプが点灯しない）回路を**電磁リレーの動作回路**といい，シーケンス制御においては，最も基本的な回路といえます．

5·4　電磁リレーのブレーク接点の動作と図記号

電磁リレーのブレーク接点とは

電磁リレーのブレーク接点とは，**図 5·21**(a) のように，電磁リレーのコイルに電流が流れていない状態（これを**復帰状態**という）では，可動接点と固定接点とが接触していて「閉路」しているが，コイルに電流が流れると（これを**動作状態**という），図 (b) のように，鉄心の磁気力によって可動接点が固定接点と離れて「開路」する接点をいいます．

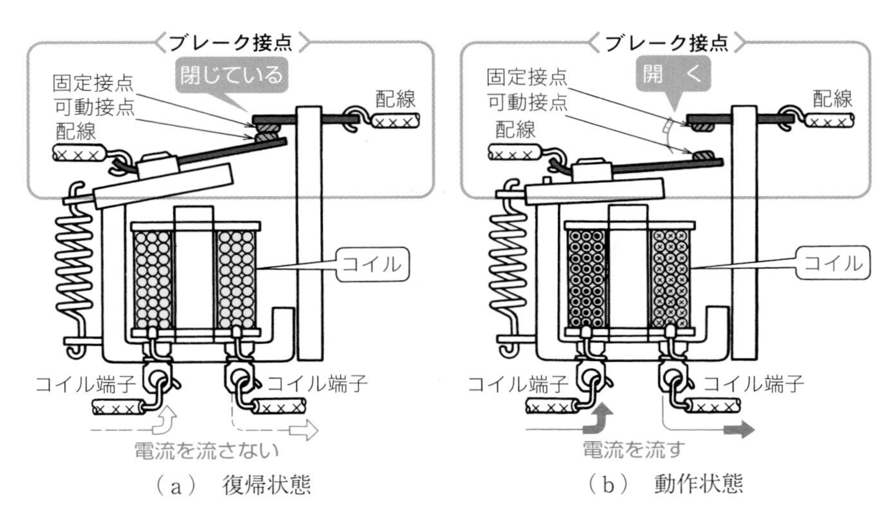

図 5・21　電磁リレーのブレーク接点の復帰状態と動作状態

つまり，電磁リレーが復帰しているとき「**閉じている接点**」が「**ブレーク接点**」です．

それでは，ブレーク接点を有する電磁リレーの開閉動作が，どのように行われるかを説明しましょう．

C 電磁リレーを励磁したときの動作のしかた

図 5·22 のように，ブレーク接点を有する電磁リレーのコイル①の端子 A から端子 B に電流を流すと，鉄心②と継鉄③および可動鉄片④とで，磁気回路を形成して磁束が通り，電磁石となります．

したがって，鉄心②と可動鉄片④の N 極と S 極の間に磁気力が働いて，④は②に吸引されます．可動鉄片④が，この吸引力によって下方に力を受けると，これと一体になっている可動接点⑤も下方に力が働いて，固定接点⑥と離れます．

つまり，電磁リレーが励磁して動作すると，端子 C と端子 D の接点回路が開（OFF）いたことになります．

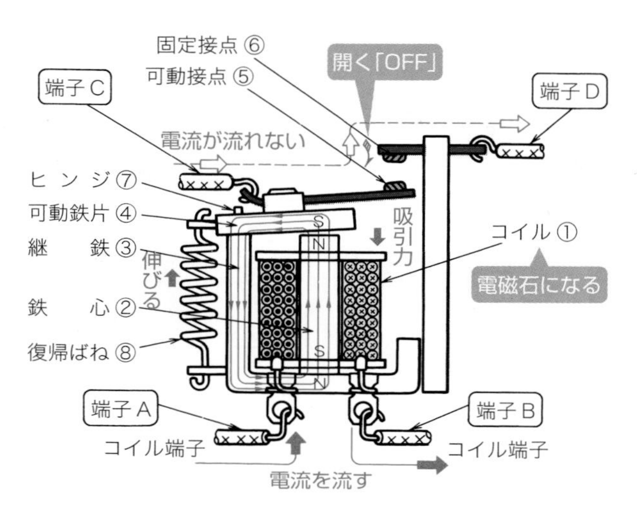

図 5・22　電磁リレーを励磁したときの動作のしかた（ブレーク接点の場合）

電磁リレーを消磁したときの復帰のしかた

図 5・23 のように，電磁リレーのコイル①に流れている電流を切ると，鉄心②は電磁石でなくなり，可動鉄片④を吸引しません．

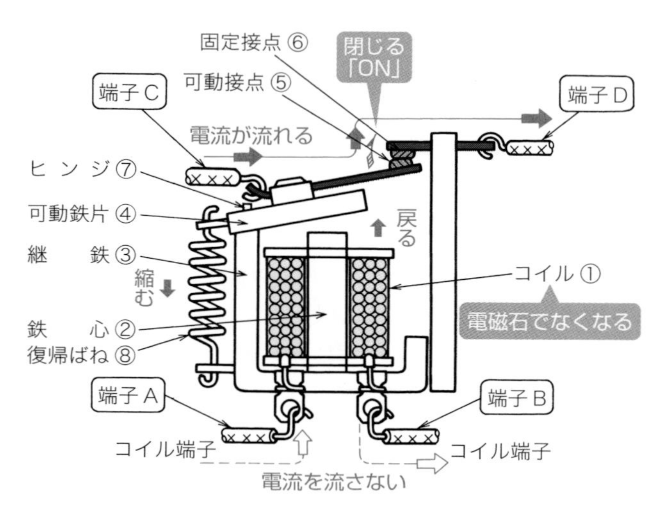

図 5・23　電磁リレーを消磁したときの復帰のしかた（ブレーク接点の場合）

したがって，可動鉄片④は，ヒンジ⑦を支点として，復帰ばね⑧が縮んでもとに戻る力により，上向きの力が働きます．この可動鉄片④と一体になっている可動接点⑤は，固定接点⑥と接触します．

つまり，電磁リレーが消磁して復帰すると，端子Cと端子Dの接点回路が閉（ON）じることになります．

ブレーク接点を有する電磁リレーの図記号の表し方

ブレーク接点を有する電磁リレーの図記号は，**図5・24**のように，表2・3（25ページ参照）の電磁効果による操作図記号と「電磁リレーのブレーク接点」の図記号とを組み合わせて表します．

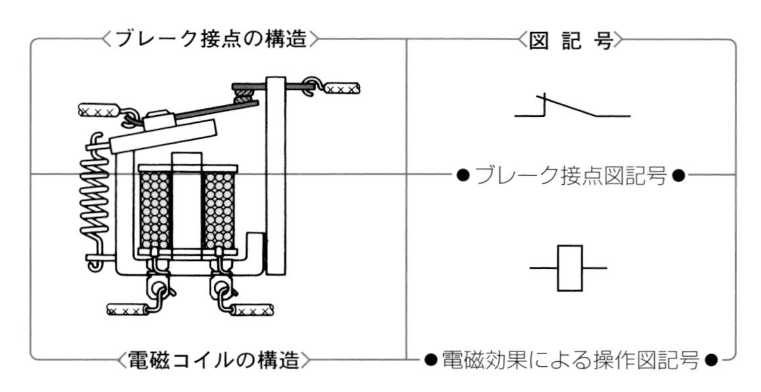

図5・24　ブレーク接点を有する電磁リレーの図記号の表し方

電磁リレーのブレーク接点の図記号の表し方

電磁リレーのブレーク接点の図記号は，電磁コイルに電流が流れていないときの状態である「**閉じている接点**」として表します．

電磁リレーのブレーク接点の図記号は，**図5・25**のように，実際に電流が流れる可動接点を上側に斜めの線分（横書きの場合）とし，固定接点を示す∟（鉤状）と交差させ，閉じているように表します．

特に，本書では，電磁リレーのブレーク接点が動作したときの過程を示す図記号を色線と組み合わせて，図5・25のように表すのを特徴としています．

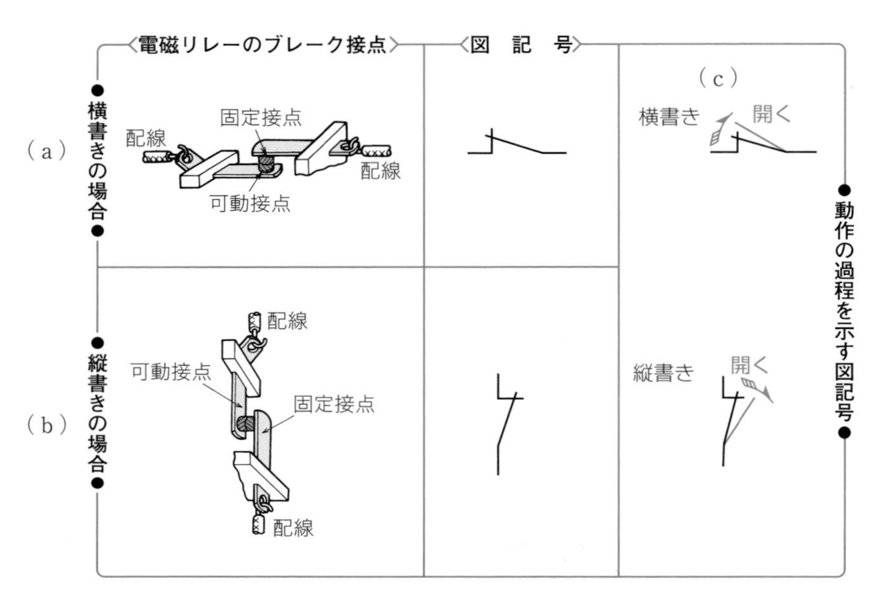

図 5・25 電磁リレーのブレーク接点の図記号の表し方

電磁リレーを励磁した場合のブレーク接点の動作

電磁リレーのブレーク接点にランプを接続して，押しボタンスイッチを押すと，ランプが消灯するようにしたランプ点滅回路により，電磁リレーを励磁した場合のブレーク接点のシーケンス動作について説明しましょう．

《実 際 配 線 図》

ブレーク接点を有する電磁リレーを用いたランプ点滅回路の実際配線図の一例を示したのが，**図 5·26** です．

電磁リレーのブレーク接点にランプを接続し，電磁コイルの回路には，電磁リレーを励磁，消磁するための押しボタンスイッチ（メーク接点）を接続して，それぞれを電池に対して並列につなぎます．

《実 体 配 線 図》

図 5·26 の実際の配線図を電気用図記号を用いた実体配線図に書き替えたのが，**図 5·27** です．

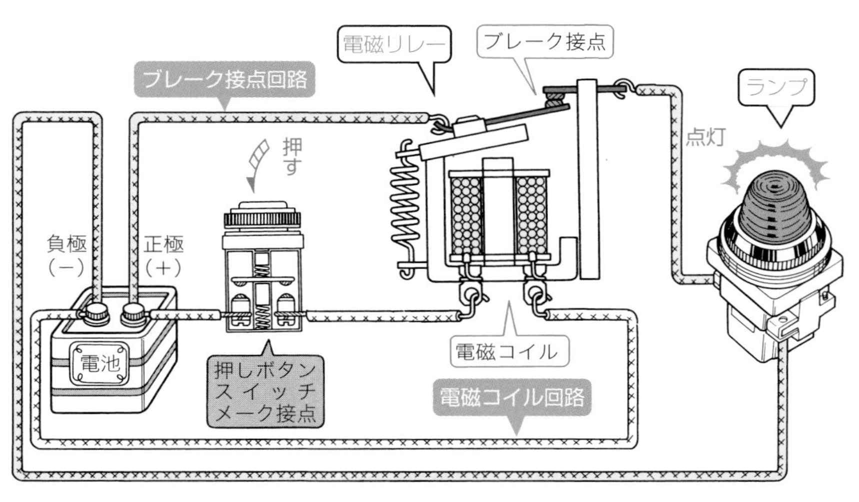

図 5・26　電磁リレーのブレーク接点によるランプ点滅回路〔例〕

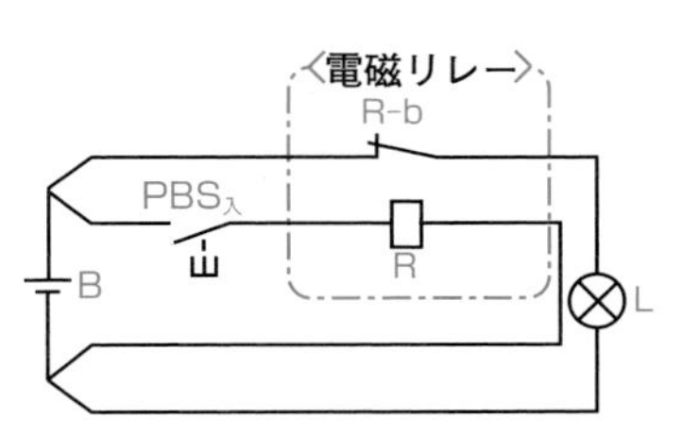

図 5・27　実体配線図

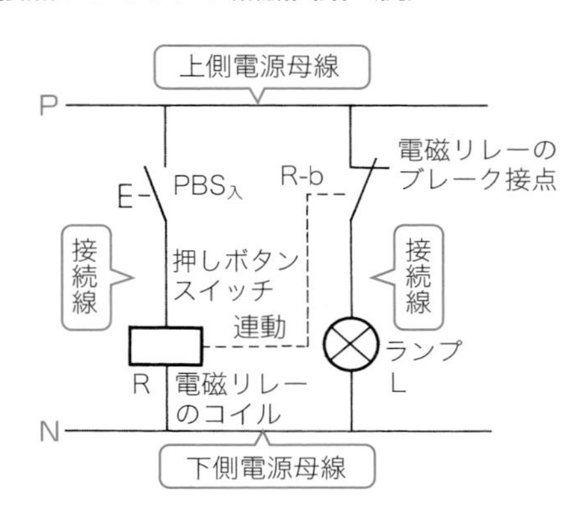

図 5・28　シーケンス図

《シーケンス図》

図 5・27 の実体配線図をシーケンス図として表したのが，**図 5・28** です．

シーケンス図では，電磁リレーのコイル R とブレーク接点 R-b とを，別々の接続線に分離し，まったく独立した回路として表します．

《書　き　方〔例〕(図 5・28)》

① 電源母線として，直流電源を示す正極 P を上側に，負極 N を下側に横線で示す．

② 電源母線の間に，押しボタンスイッチ $PBS_{入}$ と電磁リレーのコイル R を直列にし，接続線で結ぶ．

③ 電源母線の間に電磁コイルの接続線と並べて右側に電磁リレーのブレーク接点 R-b とランプ L を直列にし接続線で結ぶ．

・電磁コイル R と電磁リレーのブレーク接点とを連動記号（点線）で結ぶ．

《電磁リレーのブレーク接点の動作の順序》

図 5·28 において，押しボタンスイッチ $PBS_{入}$ を押して電磁リレーが動作してから，ランプ L が消灯するまでの動作順序を，シーケンス図に示したのが**図 5·29** です．

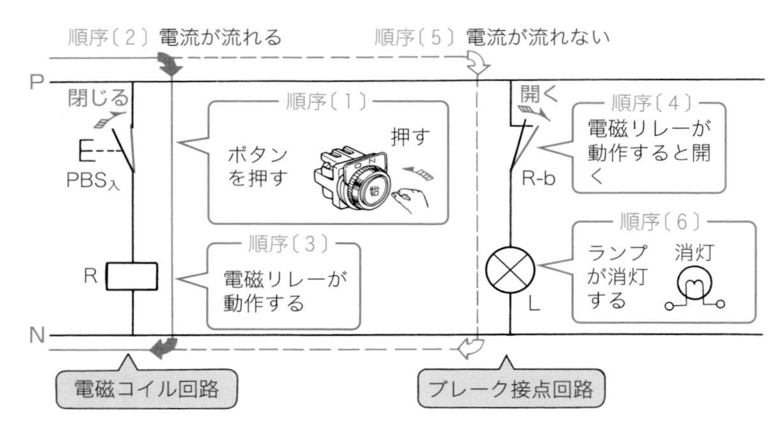

図 5・29　電磁リレーのブレーク接点の動作の順序

《動 作 順 序（図 5·29）》

順序〔1〕: 押しボタンスイッチ $PBS_{入}$ を押すと，そのメーク接点が閉じる．

順序〔2〕: $PBS_{入}$ のメーク接点が閉じると，電磁コイル回路に電流が流れる．

順序〔3〕: 電磁コイル回路に電流が流れると，電磁リレー R が動作する．

順序〔4〕: 電磁リレー R が動作すると，そのブレーク接点 R-b が開く．

順序〔5〕: R-b が開くと，ブレーク接点回路に電流が流れなくなる．

順序〔6〕: ブレーク接点回路に電流が流れないと，ランプ L が消灯する．

《フローチャート》

ブレーク接点によるランプ点滅回路において，ボタンを押すと，電磁リレーが

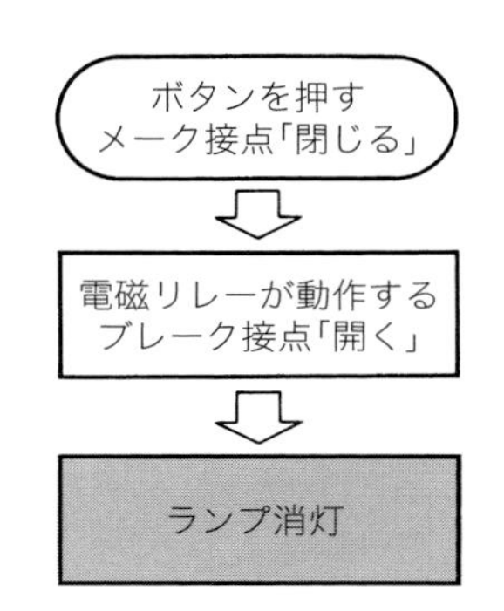

図 5・30　ブレーク接点の動作のフローチャート

動作して，ランプが消灯するシーケンス動作の順序をフローチャートに示したのが，**図 5･30** です．

電磁リレーを消磁した場合のブレーク接点の動作

ブレーク接点によるランプ点滅回路において，ボタンを押している手を離して，電磁リレーが復帰してから，ランプが点灯するまでの動作順序を，シーケンス図に示したのが，**図 5･31** です．

《動 作 順 序（図 5･31）》

順序〔1〕：押しボタンスイッチ $PBS_{入}$ を押す手を離すと，そのメーク接点が開く．

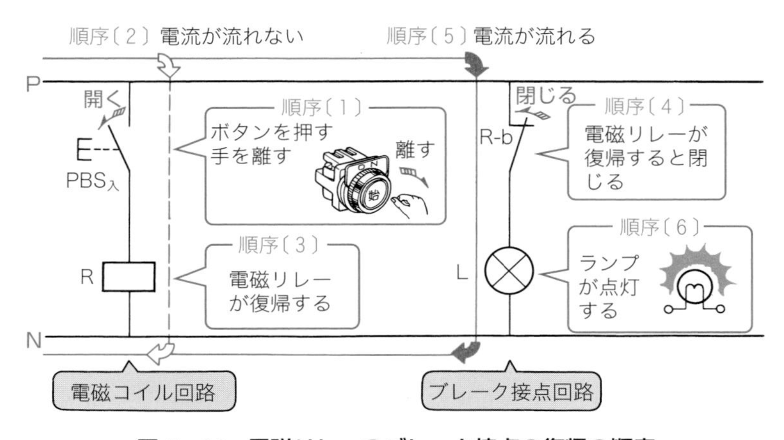

図 5・31　電磁リレーのブレーク接点の復帰の順序

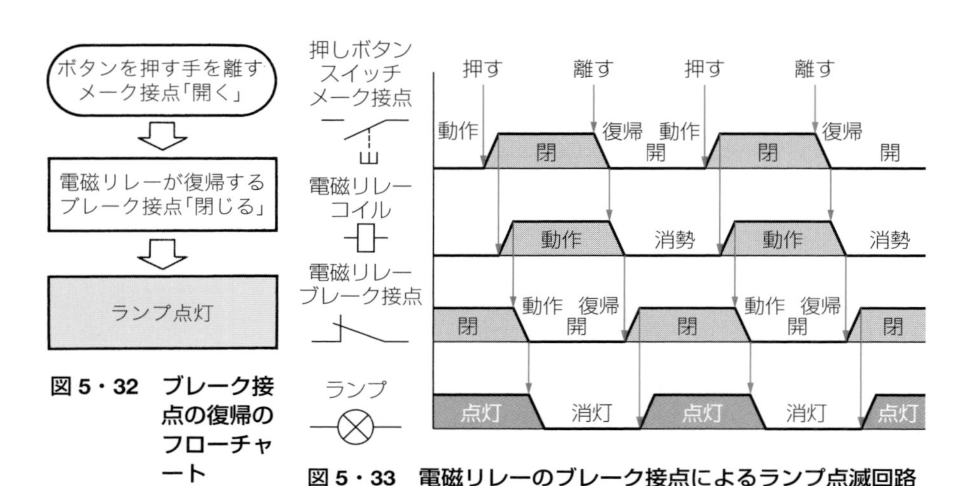

図 5・32 ブレーク接点の復帰のフローチャート

図 5・33 電磁リレーのブレーク接点によるランプ点滅回路のタイムチャート〔例〕

順序〔2〕：PBS入のメーク接点が開くと，電磁コイル回路に電流が流れなくなる．

順序〔3〕：電磁コイル回路に電流が流れないと，電磁リレー R が復帰する．

順序〔4〕：電磁リレー R が復帰すると，そのブレーク接点 R-b が閉じる．

順序〔5〕：R-b が閉じると，ブレーク接点回路に電流が流れる．

順序〔6〕：ブレーク接点回路に電流が流れると，ランプ L が点灯する．

《フローチャートとタイムチャート》

ボタンを押す手を離して，電磁リレーが復帰し，ランプが点灯するシーケンス動作の順序をフローチャートに示したのが，**図 5·32** です．また，電磁リレーの「動作」および「復帰」の時限的変化をタイムチャートで表したのが**図 5·33** です．

電磁リレーの NOT（論理否定）回路

電磁リレーのブレーク接点で形成される回路は，「入力信号がない」（電磁リレーを消磁する）ときに，「出力信号が得られる」（ランプが点灯する），また，「入力信号がある」（電磁リレーを励磁する）ときに，「出力信号が得られない」（ランプが消灯する）回路であることがわかります．

これは「入力」に対して，「出力」が否定されたかたちになりますので，**NOT（論理否定）回路**となります．

5・5 電磁リレーの切換え接点の動作と図記号

電磁リレーの切換え接点とは

電磁リレーの切換え接点とは，**図 5・34**(a) のように，メーク接点とブレーク接点とが，一つの可動接点を共有して組み合わさった構造の接点をいいます．

したがって，切換え接点を有する電磁リレーの電磁コイルに電流が流れない復帰状態では，メーク接点は「開路」しており，ブレーク接点は「閉路」しています．

電磁コイルに電流が流れ動作状態になると，図 (b) のように，相互に共通な可動接点が下方に移動することから，メーク接点は「閉路」し，ブレーク接点は「開路」することになります．

このように電磁リレーの切換え接点は，回路を切り替えることができます．

それでは，切換え接点を有する電磁リレーの開閉動作が，どのように行われるかを説明しましょう．

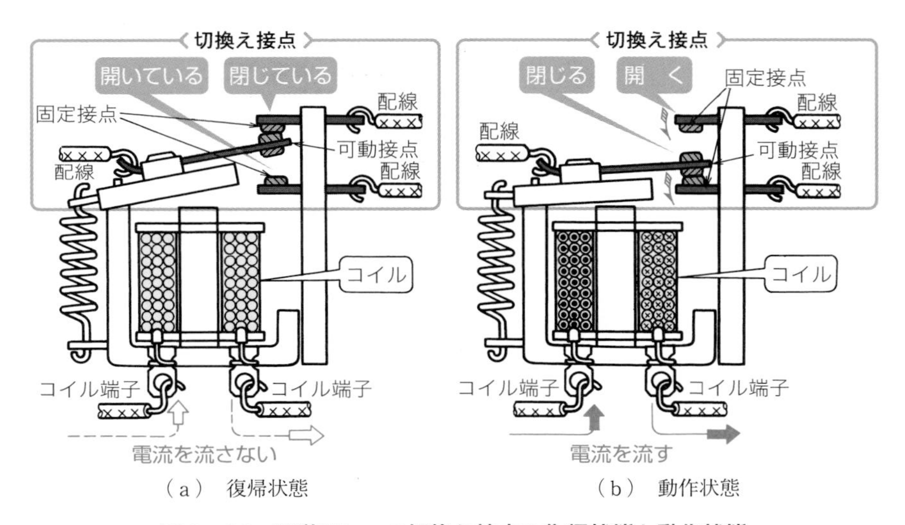

図 5・34 電磁リレーの切換え接点の復帰状態と動作状態

電磁リレーを励磁したときの動作のしかた

図5·35のように，切換え接点を有する電磁リレーのコイル①の端子Aから端子Bに電流を流すと，鉄心②と継鉄③および可動鉄片④とが，磁気回路を形成して磁束が通り，電磁石となります．

したがって，鉄心②と可動鉄片④のN極とS極の間に磁気力が働いて，④は②に吸引されます．

可動鉄片④が，この吸引力によって下方に力を受けると，これと一体となっている可動接点⑤も下方に動いて，固定接点⑥と離れるとともに，固定接点⑦と接触します．

つまり，端子Cと端子Dの回路が開（OFF）いて，端子Cと端子Eの回路が閉（ON）じたことになります．このような動作をする接点を**切換え接点**といいます．

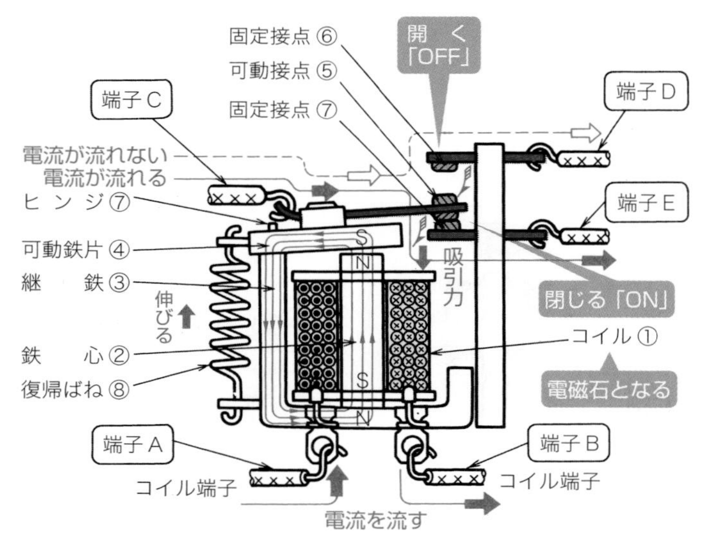

図5・35　電磁リレーを励磁したときの動作のしかた（切換え接点の場合）

電磁リレーを消磁したときの復帰のしかた

図5·36のように，電磁リレーのコイル①に流れている電流を切ると，鉄心②

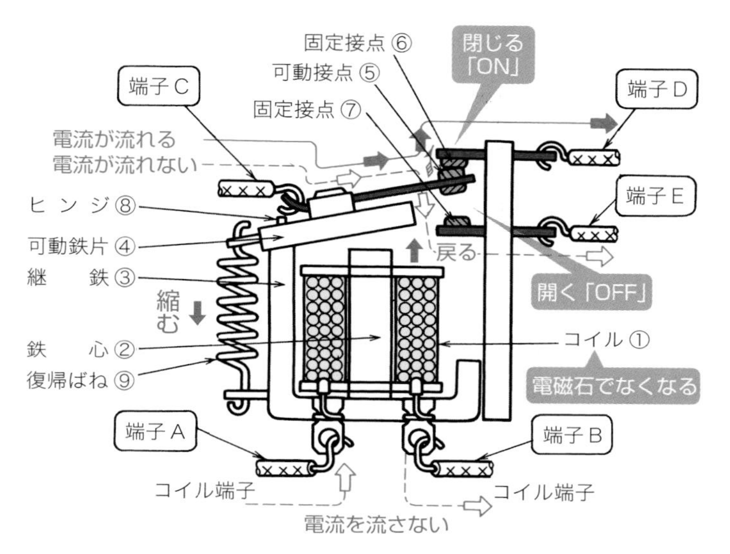

図5・36　電磁リレーを消磁したときの復帰のしかた（切換え接点の場合）

は電磁石でなくなるので，可動鉄片④を吸引しません．

したがって，可動鉄片④は，ヒンジ⑧を支点として，復帰ばね⑨が縮んでもとに戻る力により，上向きの力が働きます．この可動鉄片④と一体になっている可動接点⑤は，固定接点⑦と離れ，固定接点⑥と接触します．

つまり，端子Cと端子Eの回路が開（OFF）いて，端子Cと端子Dの回路が閉（ON）じることになります．

切換え接点を有する電磁リレーの図記号の表し方

切換え接点を有する電磁リレーの図記号は，**図5･37**のように，表2･3（25ページ参照）の電磁効果による操作図記号と，**図5･38**の「電磁リレーの切換え接点」を示す図記号とを組み合わせた図記号で表し，他の機構的関連部分はすべて省略します．

電磁リレーの切換え接点の図記号の表し方

電磁リレーの切換え接点は，可動接点を共有するメーク接点部とブレーク接点部からなるので，その図記号は，図5･38(a)，(c) のように，斜めの線分で示す

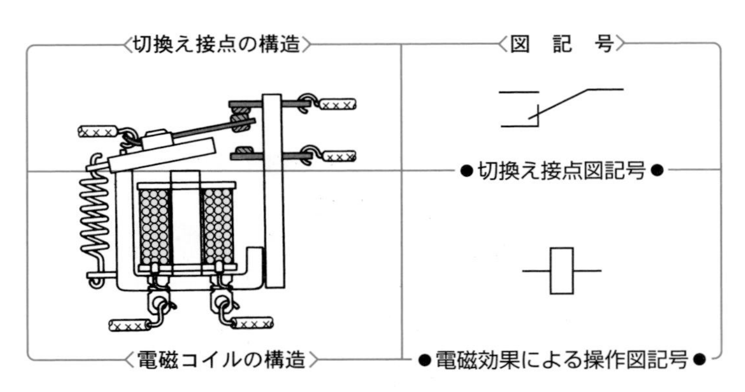

図 5・37　切換え接点を有する電磁リレーの図記号の表し方

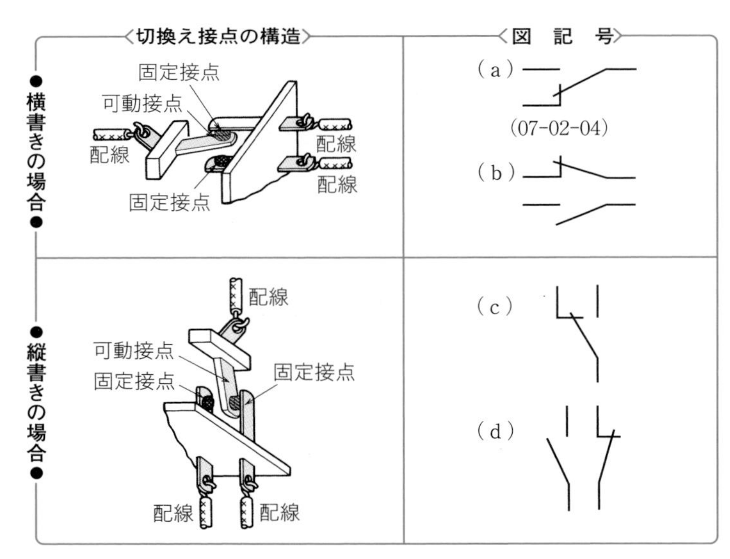

図 5・38　電磁リレーの切換え接点の図記号の表し方

可動接点を共通にするメーク接点，ブレーク接点の組合せとして図 (a)，(c) のように表します．

しかし，シーケンス図では，機構的関連部分を無視しているので，図 (b)，(d) のように，それぞれ独立したメーク接点図記号とブレーク接点図記号として表す場合が多いといえます．

電磁リレーを励磁した場合の切換え接点の動作

電磁リレーの切換え接点に赤色ランプと緑色ランプとを接続して，ボタンスイッチを押すと，赤色ランプが点灯し，緑色ランプが消灯するようにしたランプ点滅回路により，電磁リレーを励磁した場合の切換え接点のシーケンス動作について説明しましょう．

《実 際 配 線 図》

切換え接点を有する電磁リレーを用いたランプ点滅回路の実際配線図の一例を示したのが，**図 5·39** です．

電磁リレーのメーク接点回路には，赤色ランプを接続し，ブレーク接点回路には緑色ランプを接続します．

電磁コイルの回路には，電磁リレーを励磁，消磁するための押しボタンスイッチ（メーク接点）を接続して，それぞれのランプ回路を電池と並列につなぎます．

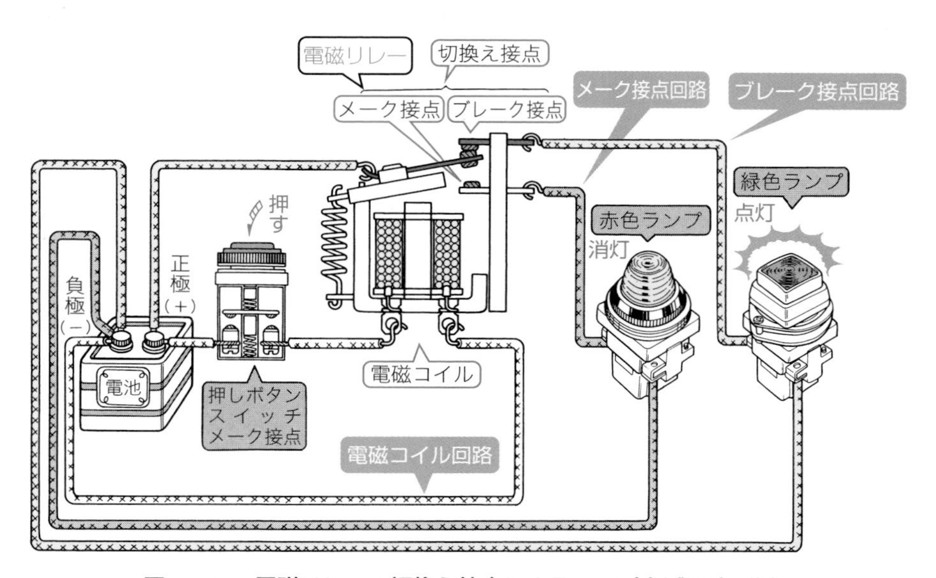

図 5・39　電磁リレーの切換え接点によるランプ点滅回路〔例〕

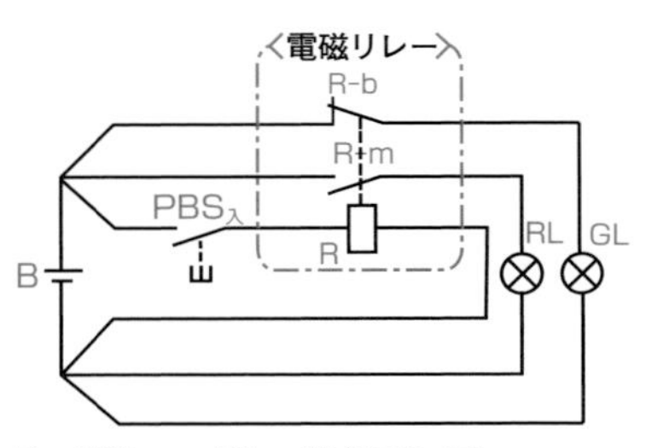

B：電池　RL：赤色ランプ
GL：緑色ランプ　$\mathrm{PBS}_{入}$：押しボタンスイッチ　R：電磁リレーのコイル
R-m：電磁のリレーのメーク接点
R-b：電磁リレーのブレーク接点

図 5・40　実体配線図

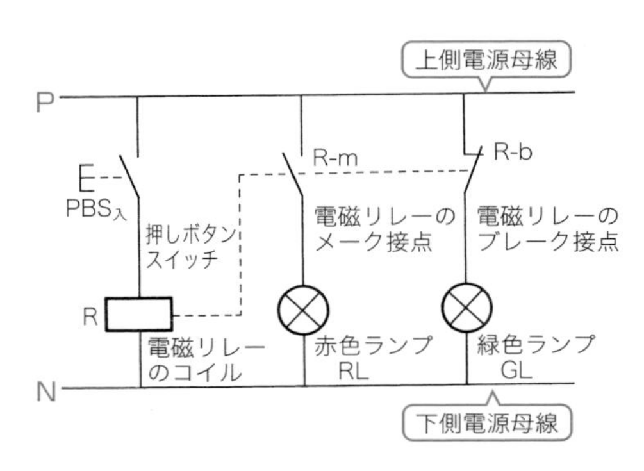

図 5・41　シーケンス図

《実体配線図》

図5･39の実際配線図を，電気用図記号を用いた実体配線図に書き替えたのが，**図5･40**です．

《シーケンス図》

図5･40の実体配線図をシーケンス図として表したのが，**図5･41**です．

シーケンス図では，電磁リレーのコイルRと，メーク接点R-m，ブレーク接点R-bとを別々の接続線に分離し，まったく独立した回路として表します．

《書き方〔例〕（図5･41）》

① 電源母線として，直流電源を示す正極Pを上側に，負極Nを下側に横線で示す．

② 電源母線の間に，押しボタンスイッチ$\mathrm{PBS}_{入}$と電磁リレーのコイルRを直列にし，接続線で結ぶ．

・電磁リレーのコイルRとメーク接点R-m，ブレーク接点R-bを連動記号（点線）で結ぶ．

③ 電源母線の間に，電磁リレーのメーク接点R-mと赤色ランプRLを直列にし，接続線で結ぶ．

④ 電源母線の間に，電磁リレーのブレーク接点R-bと緑色ランプGLを直列にし，接続線で結ぶ．

《電磁リレーの切換え接点の動作の順序》

図 5・41 において，押しボタンスイッチ $PBS_{入}$ を押して電磁リレー R が動作してから，緑色ランプ GL が消灯し，赤色ランプ RL が点灯するまでの動作順序を，シーケンス図に示したのが，**図 5・42** です．

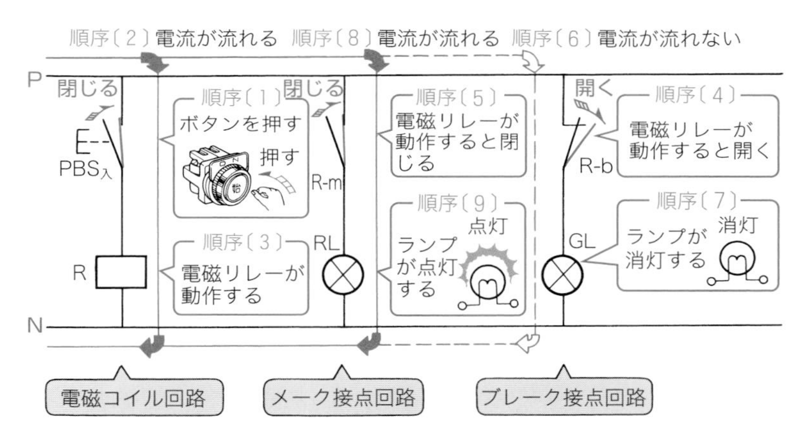

図 5・42　電磁リレーの切換え接点の動作の順序

《動作順序〔例〕（図 5・42）》

順序〔1〕：押しボタンスイッチ $PBS_{入}$ を押すと，そのメーク接点が閉じる．

順序〔2〕：$PBS_{入}$ のメーク接点が閉じると，電磁コイル回路に電流が流れる．

順序〔3〕：電磁コイル回路に電流が流れると，電磁リレー R が動作する．

順序〔4〕：電磁リレー R が動作すると，そのブレーク接点 R-b が開く．

順序〔5〕：電磁リレー R が動作すると，そのメーク接点 R-m が閉じる．

順序〔6〕：R-b が開くと，ブレーク接点回路に電流が流れない．

順序〔7〕：ブレーク接点回路に電流が流れないと，緑色ランプ GL が消灯する．

順序〔8〕：R-m が閉じると，メーク接点回路に電流が流れる．

順序〔9〕：メーク接点回路に電流が流れると，赤色ランプ RL が点灯する．

注：順序〔6〕と順序〔7〕，および順序〔8〕と順序〔9〕は，同時に動作する．

《フローチャート》

切換え接点によるランプ点滅回路において，ボタンを押すと，電磁リレーが動作して，赤色ランプが点灯し，緑色ランプが消灯するシーケンス動作の順序をフローチャートに示したのが，**図5·43**です.

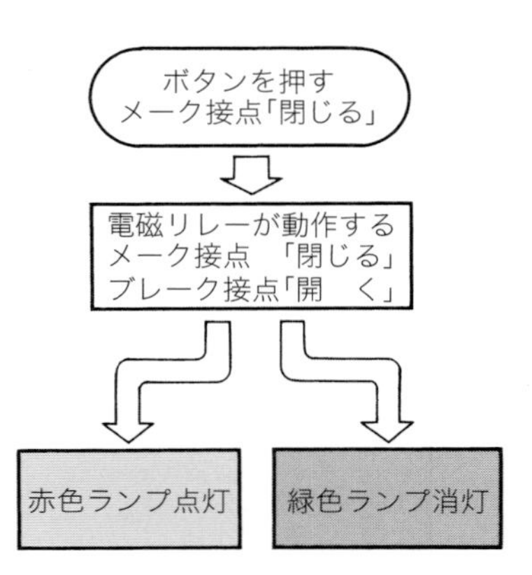

図5・43　切換え接点の動作のフローチャート

電磁リレーを消磁した場合の切換え接点の動作

切換え接点によるランプ点滅回路において，ボタンを押している手を離して，電磁リレーが復帰してから，赤色ランプが消灯し，緑色ランプが点灯するまでの動作順序を，シーケンス図に示したのが，**図5·44**です.

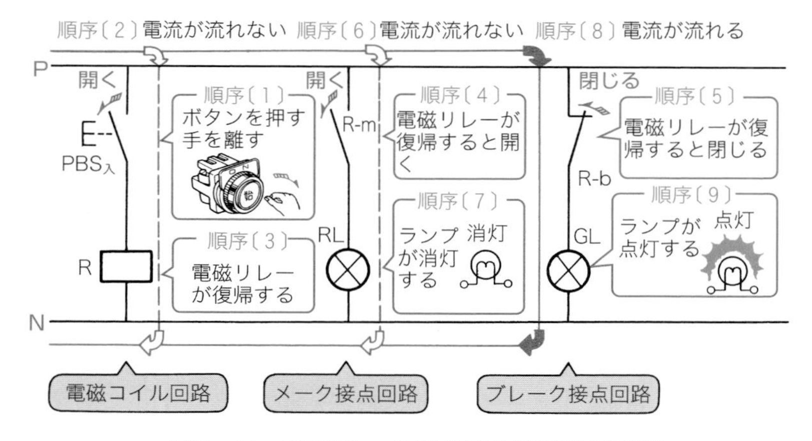

図5・44　電磁リレーの切換え接点の復帰の順序

《動作順序（図5·44)》

順序〔1〕：押しボタンスイッチ$\mathrm{PBS}_{入}$を押す手を離すと，そのメーク接点が開く.

順序〔2〕：$\mathrm{PBS}_{入}$のメーク接点が開くと，電磁コイル回路に電流が流れなくなる.

順序〔3〕：電磁コイル回路に電流が流れないと，電磁リレー R が復帰する.

順序〔4〕：電磁リレーが復帰すると，そのメーク接点 R-m が開く.

順序〔5〕：電磁リレーが復帰すると，そのブレーク接点 R-b が閉じる.

順序〔6〕：R-m が開くと，メーク接点回路に電流が流れなくなる.

順序〔7〕：メーク接点回路に電流が流れないと，赤色ランプ RL が消灯する.

順序〔8〕：R-b が閉じると，ブレーク接点回路に電流が流れる.

順序〔9〕：ブレーク接点回路に電流が流れると，緑色ランプ GL が点灯する.

注：順序〔6〕と順序〔7〕，および順序〔8〕と順序〔9〕は，同時に動作する.

《フローチャートとタイムチャート》

ボタンを押す手を離して，電磁リレーが復帰し，赤色ランプが消灯し，緑色ランプが点灯するシーケンス動作の順序をフローチャートに示したのが，**図 5・45** です.

また，電磁リレーの「動作」および「復帰」の時限的変化をタイムチャートで表したのが**図 5・46** です.

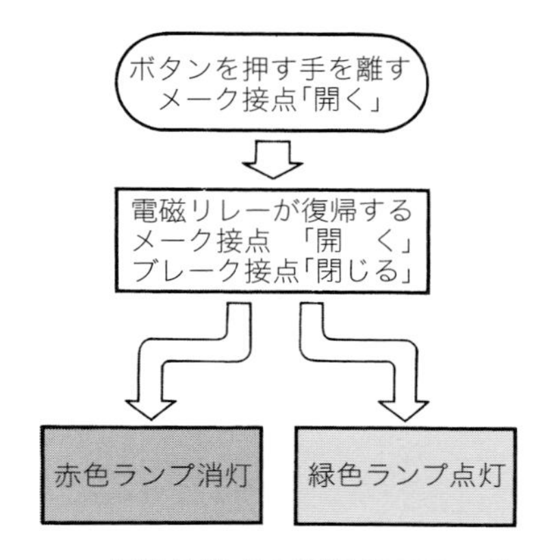

図 5・45 切換え接点の復帰のフローチャート

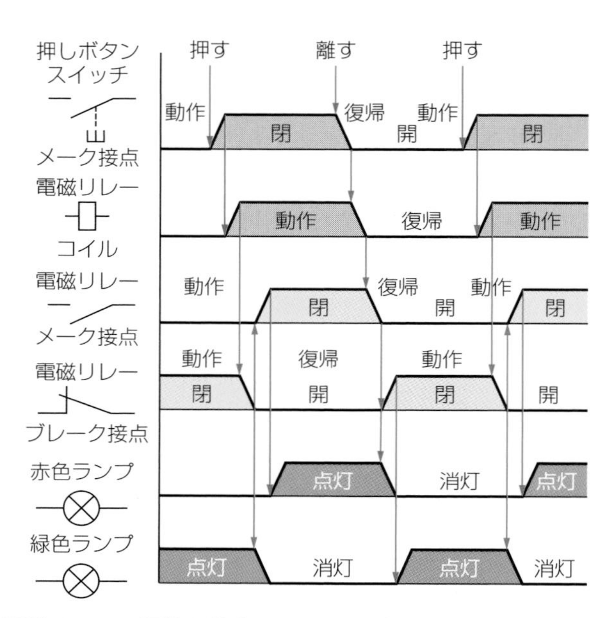

図 5・46　電磁リレーの切換え接点によるランプ点滅回路のタイムチャート〔例〕

6章 電磁接触器（電磁接触器接点）の動作と図記号

6・1 電磁接触器のしくみ

電磁接触器とは，電磁石による鉄片の吸引力を利用して，接点の開閉を行う機能をもった機器で，5章で述べた電磁リレーとその動作の原理は，まったく同じです．

しかし，電磁接触器は，電磁リレーに比べて，開閉する回路の電力がきわめて

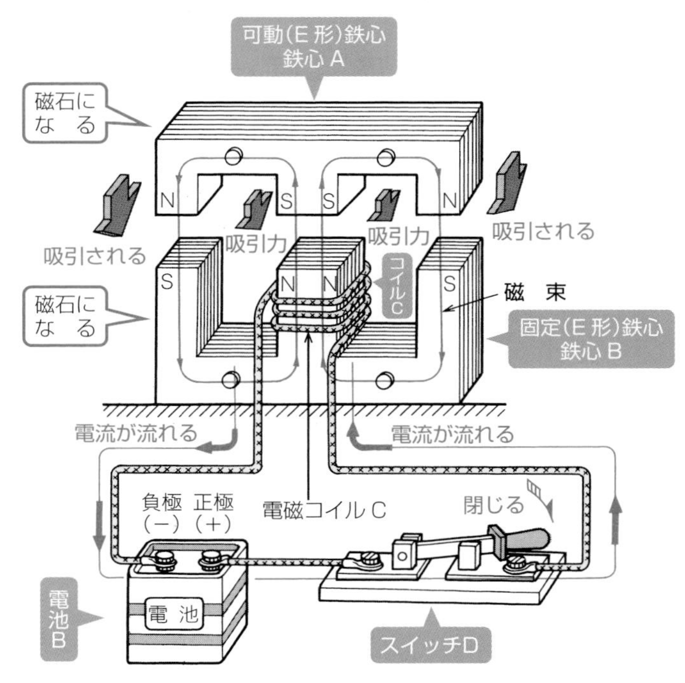

図6・1 電磁接触器に用いられるE形鉄心の働き

大きい電力回路に用いられ，頻繁な開閉操作にも十分に耐えるような構造になっています．

電磁接触器の原理構造

電磁接触器は，大きな電流が流れている回路の開閉を行うところから，その動作のみなもとである電磁石の構造が，電磁リレーとはだいぶ違っています．

そこで，**図 6·1** を参照してください．ローマ字のＥの文字と同じ形をした2個の鉄心Ａと鉄心Ｂとを向い合わせて置き，鉄心Ｂの中央の脚に電磁コイルＣを巻きます．そして，コイルＣをスイッチＤを介して，電池Ｂにつなぎます．

いま，スイッチＤを入れて閉じると，コイルＣに電流が流れて，鉄心Ａおよ

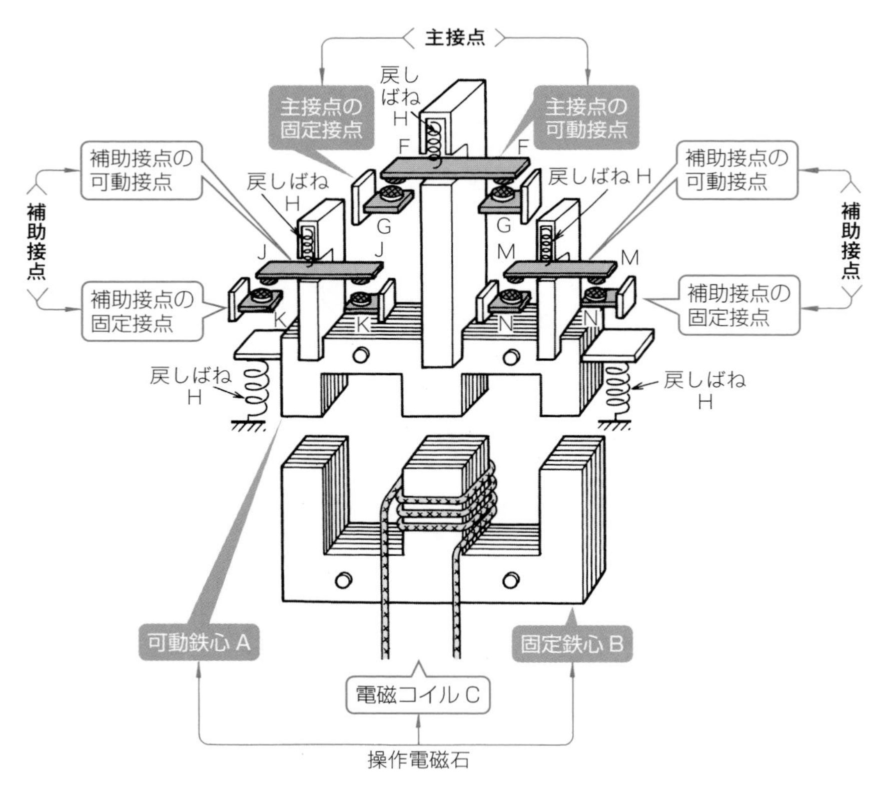

図 6・2　電磁接触器の原理構造図（プランジャ形）〔例〕

び鉄心Ｂはともに電磁石になります．

この場合，鉄心Ａと鉄心Ｂの向い合った部分には，お互いにＮ極とＳ極というように，異なった磁極ができるので，異種の磁極は磁気力によって互いに吸引するという磁石の性質から，鉄心Ａと鉄心Ｂは互いに吸引します．

この場合，鉄心Ｂを固定しておくと，鉄心Ａは吸引力によって下方に移動することになります．このことから，鉄心Ａを**可動鉄心**，鉄心Ｂを**固定鉄心**といいます．

そこで，**図 6·2** のように，鉄心Ａつまり可動鉄心に可動接点Ｆを取り付け，固定接点Ｇと組み合わせて接点（メーク接点を示す）を構成するとともに，戻しばねＨを取り付けます．

この戻しばねＨは，電磁コイルに電流が流れなくなって．可動鉄心Ａと固定鉄心Ｂとの吸引力がなくなったとき，このばねの力によって，可動鉄心Ａおよび可動接点Ｆを上に持ち上げて，もとの位置に戻し，可動接点Ｆと固定接点Ｇとを引き離して開路する働きをします．

なお，可動鉄心Ａの両端に可動接点Ｊと固定接点Ｋおよび可動接点Ｍと固定接点Ｎの２組の接点を示しておきましたが，このＪ，ＫとＭ，Ｎを**電磁接触器の補助接点**といい，電磁リレーの接点と同じように，小さな電流の開閉を行う目的で設けた接点です．

これに対して，可動接点Ｆ，固定接点Ｇを**電磁接触器の主接点**といい，電動機回路のような大きな電流を開閉しても，安全なような大電流容量の接点をいいます．そして，このような構造の電磁接触器を**プランジャ形**といいます．

C 電磁接触器の動作のしかた

電磁接触器に，**図 6·3** のように，スイッチＤと電池Ｂをつないで，電磁接触器がどのように動作するのかを，調べてみましょう．

《電磁接触器の動作順序（図 6·3）》

図 6·3 において，スイッチを閉じたときの動作順序は，次のようになります．

順序〔1〕：スイッチＤを入れて閉じる．

順序〔2〕：スイッチＤを入れると，電磁コイルの回路が閉じて，電磁コイルＣに電流が流れる．

順序〔3〕：電磁コイルCに電流が流れると可動鉄心Aと固定鉄心Bとが電磁石になる．

順序〔4〕：AとBとが電磁石になると，可動鉄心Aは固定鉄心Bに吸引され，下方に力を受ける．

順序〔5〕：可動鉄心Aが下方に力を受けると，主接点である可動接点Fも一緒に下に動いて，可動接点Fは固定接点Gと接触して閉じる．

順序〔6〕：可動鉄心Aが下方に力を受けると，補助接点である2組の可動接点JとMも一緒に下に動いて，固定接点K，Nに接触して閉じる．

このように，電磁接触器の電磁コイルに電流が流れると，電磁石になって，固定鉄心が可動鉄心を吸引し，この吸引力によって可動鉄心に連動して，主接点お

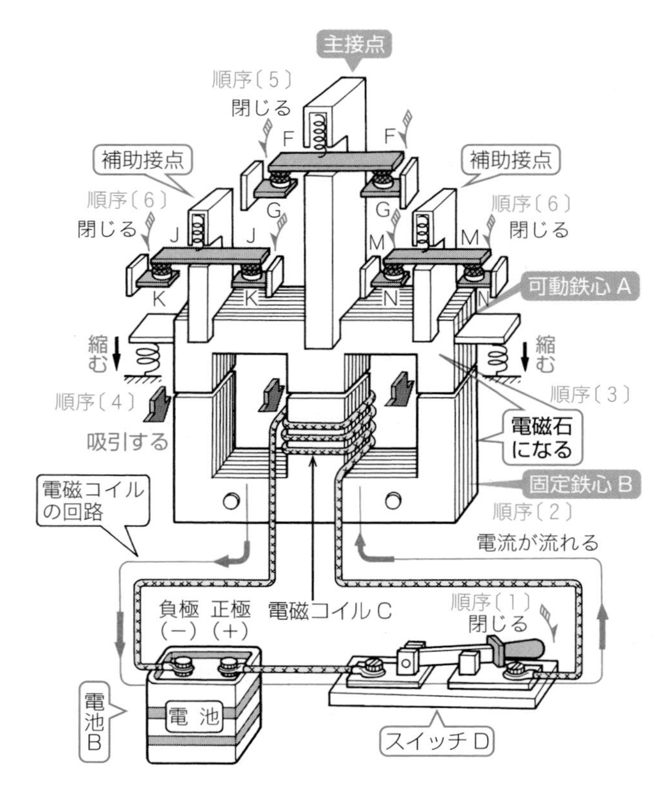

図6・3　電磁接触器の動作原理図（動作した場合）

よび補助接点が下方に力を受け，主接点（メーク接点の場合）が閉じるとともに，補助接点（メーク接点の場合）も同時に閉じます．これを電磁接触器が「**動作する**」といいます．

6・2 電磁接触器の実際の構造

電磁接触器と電磁接触器接点

図 6・4 は，実際の電磁接触器（プランジャ形）の外観の一例を示した図です．

実際の電磁接触器においても，動作原理で説明したように，電磁コイルを励磁（電流を流す）したり，消磁（電流を流ない）したりすることによって，可動鉄心が，電磁コイルの内部を直線的に運動し，この動きを利用して，可動鉄心に連係して接点機構部が開閉する構造となっています．

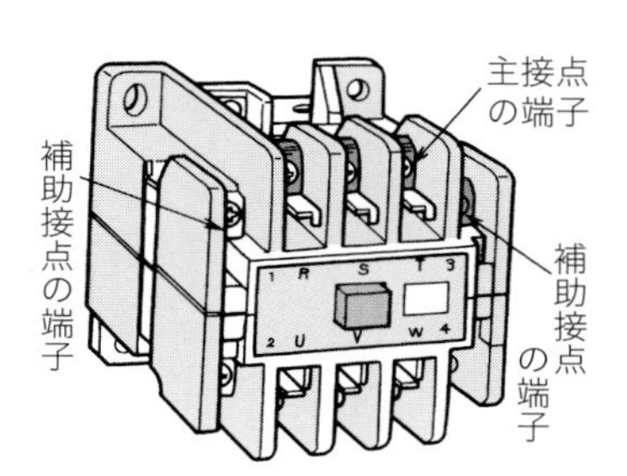

図 6・4　電磁接触器（プランジャ形）の外観図〔例〕

電磁接触器の接点機構部には，電流容量の大きい主接点と電磁リレー接点と同じように電流容量の小さい補助接点とがあることは述べましたが，このうちの主接点のことを**電磁接触器接点**といいます．

電磁接触器の内部構造

図 6・5 に，電磁接触器の内部構造の一例を示しました．

電磁接触器は，主接点と補助接点とからなる接点機構部と，可動鉄心・固定鉄心と電磁コイルからなる操作電磁石部で構成され，樹脂モールド製のフレームの上部に接点機構部，下部に操作電磁石部が組み込まれています．

固定接点は，樹脂モールド製のフレームにねじ止めされ，また，可動接点は接点ばねとともに，可動鉄心と連動するようになっています．

したがって，可動鉄心が固定鉄心に吸引されると，主接点および補助接点の可動接点は固定接点と接触して閉じます（メーク接点の場合）．

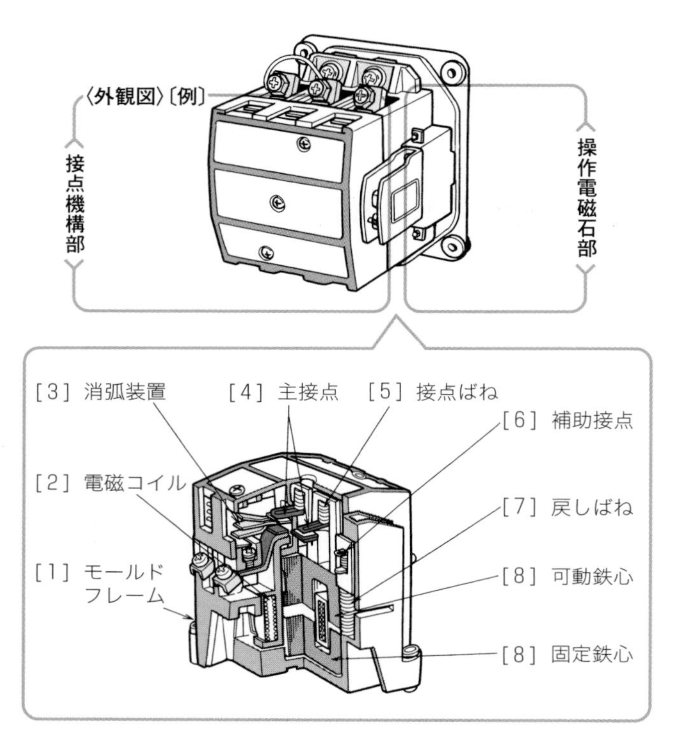

図 6・5　電磁接触器（プランジャ形）の内部構造図〔例〕

《電磁接触器の構成》

電磁接触器は，次の部品から構成されています（図 6·5 参照）.

［1］　モールドフレーム

合成樹脂でモールドしたもので，各構成品を取り付ける枠の働きをします.

［2］　電磁コイル

絶縁電線を巻枠に何回も巻いてコイルとし，このコイルに電流を流して，鉄心を電磁石とする働きをします.

［3］　消 弧 装 置

強磁性板を放射状に数枚配置した構造で，主接点が開くときに発生するアークを消す（**消弧**という）働きをします.

[4] 主　接　点

主回路の電流を開閉する部分で，可動接点と固定接点とを組み合わせて一対となります．接点の材料としては，接触抵抗の安定性がよく，アークに強い，銀の特殊合金などが用いられます．

[5] 接点ばね

このばねの力で主接点の可動接点を押すことにより，可動接点と固定接点との接触圧力を得る働きをします．

[6] 補助接点

電磁リレー接点と同じで，自己保持あるいはインタロックなどの機能をもつ回路の操作回路用電流の開閉を行う接点をいいます．

[7] 戻しばね

電磁コイルが消磁されても，重力により固定鉄心と接触している可動鉄心を，このばねの力で上方に戻す働きをします．

[8] 鉄　　心

固定鉄心と可動鉄心とが相対して配置され，固定鉄心が電磁コイルによって電磁石になると，可動鉄心を吸着します．

6·3 電磁接触器の図記号の表し方

電磁接触器接点の図記号

電磁接触器の主接点である電磁接触器接点は，大きな電流の開閉を行うことから，電磁リレー接点とは違った図記号が用いられます．

電磁接触器接点の図記号は，**図 6·6** のように，表 2·1（23 ページ参照）の電力用接点のメーク接点図記号，ブレーク接点図記号の固定接点を示す線分の先端に，表 2·2（24 ページ参照）の接点機能図記号（図記号：◖）を付して表します．

電磁接触器の図記号

電磁接触器は接点機構部と操作電磁石部とから構成されているが，その図記号は，**図 6·7**（101 ページ参照）のように，機械的関連部分を省略して表します．

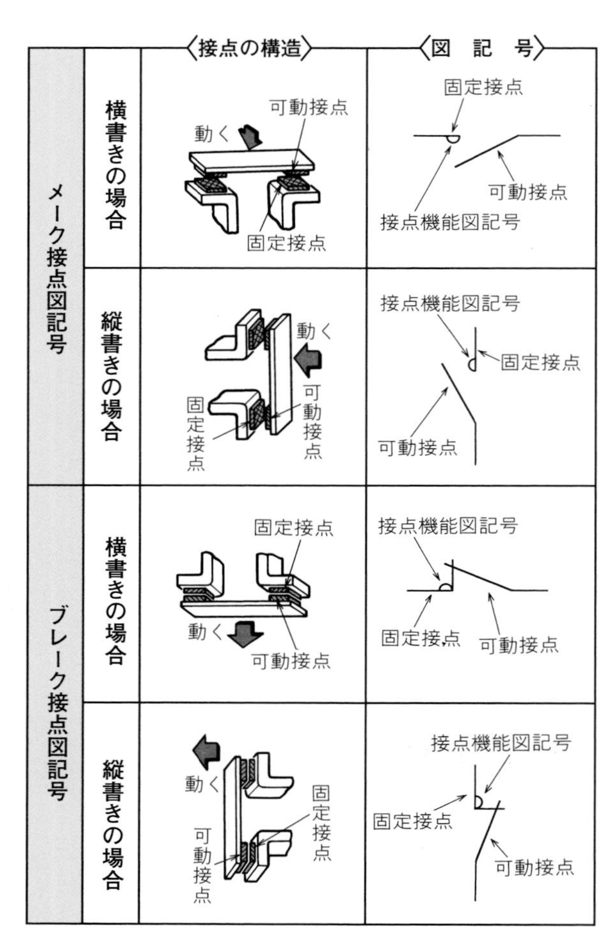

図 6・6　電磁接触器接点のメーク接点およびブレーク接点の図記号

つまり，図6･7に示すように，接点機構部においては，その中央にある3個の主接点R-U，S-V，T-Wと左側の補助接点7-8，11-12および右側の補助接点13-14，15-16を電磁接触器接点および電磁リレー接点（継電器接点）の図記号で表すとともに，操作電磁石部においては，可動鉄心，固定鉄心を省略して電磁コイルMCのみを表2･3（25ページ参照）の電磁効果による操作図記号で表します．

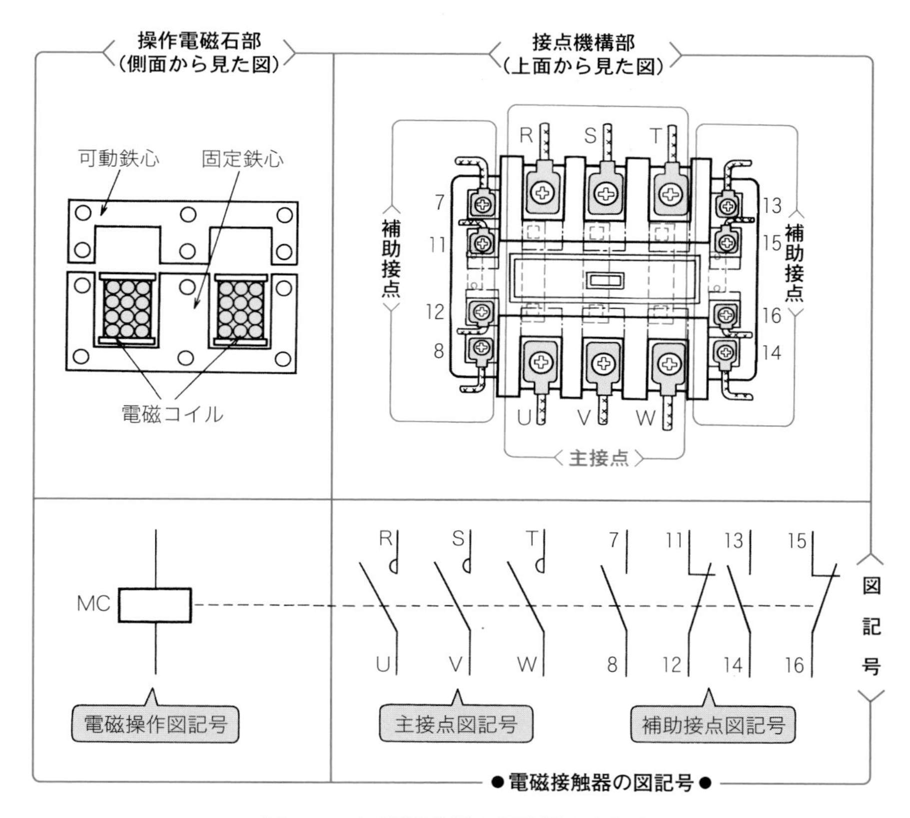

図 6・7　電磁接触器の図記号の表し方

そして，電磁接触器の図記号としては，図 6·7 のように，これら主接点，補助接点および電磁コイルを示す図記号を組み合わせた図記号として表します．

なお，主接点および補助接点の図記号は，電磁コイルに電流を流さない状態，つまりメーク接点においては開いているように，またブレーク接点においては閉じているように表します．

6・4 電磁接触器の動作と復帰

電磁接触器の動作のしかた

電磁接触器の電磁コイルに電流が流れると，**図6・8**のように，固定鉄心と可動鉄心との間に磁束が通り，磁気回路を形成して，固定鉄心が電磁石となるので，電磁力によって，可動鉄心は固定鉄心に吸引されます．

この吸引力によって，可動鉄心と機械的に連動している主接点および補助接点の可動接点は，下方に力を受けて固定接点と接触して，主接点が閉じるとともに，補助接点のうちメーク接点は閉じ，ブレーク接点は開きます．

これを電磁接触器が「**動作した**」といいます．

電磁接触器が動作すると，主接点は閉じ，また，補助メーク接点も閉じ，補助ブレーク接点は開きます．

そこで，本書では，電磁接触器の動作の過程を示す図記号を，色線と組み合わせて，**図6・9**のように表すのを特徴としています．

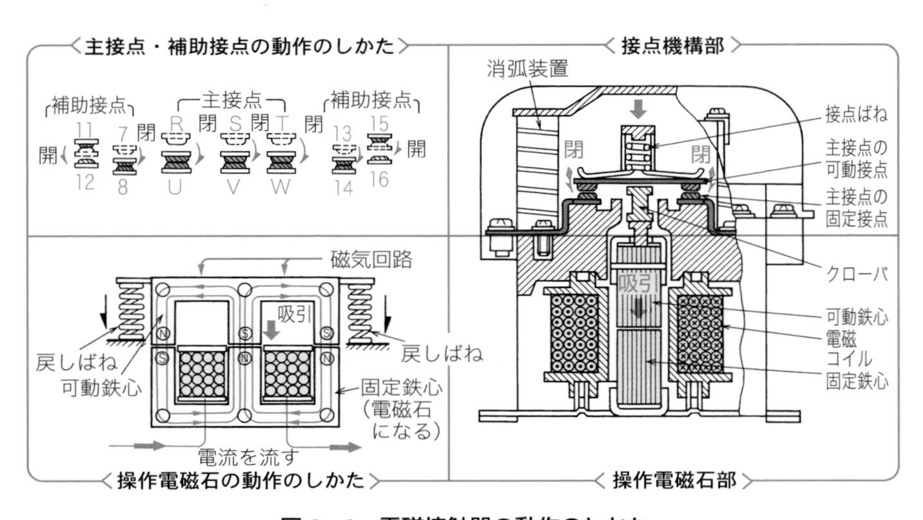

図6・8　電磁接触器の動作のしかた

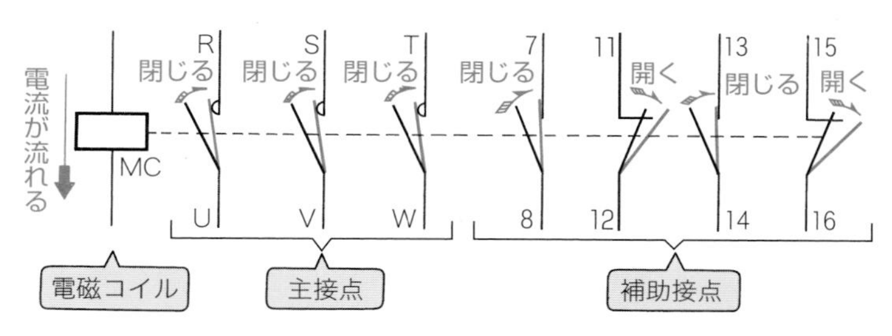

図6・9　電磁接触器が動作したときの図記号

電磁接触器の復帰のしかた

電磁接触器の電磁コイルに電流が流れなくなると，**図6・10**のように，磁束が発生しなくなり，固定鉄心が電磁石でなくなるので，可動鉄心は固定鉄心に吸引されず，可動鉄心は戻しばねの力によって，上方に移動します．

可動鉄心が上方に移動すると，可動鉄心と機械的に連動している主接点および補助接点の可動接点も上方に移動するので，固定接点と離れて主接点は開くとともに，補助接点のうち，メーク接点は開き，ブレーク接点は閉じます．

これを電磁接触器が「**復帰した**」といいます．

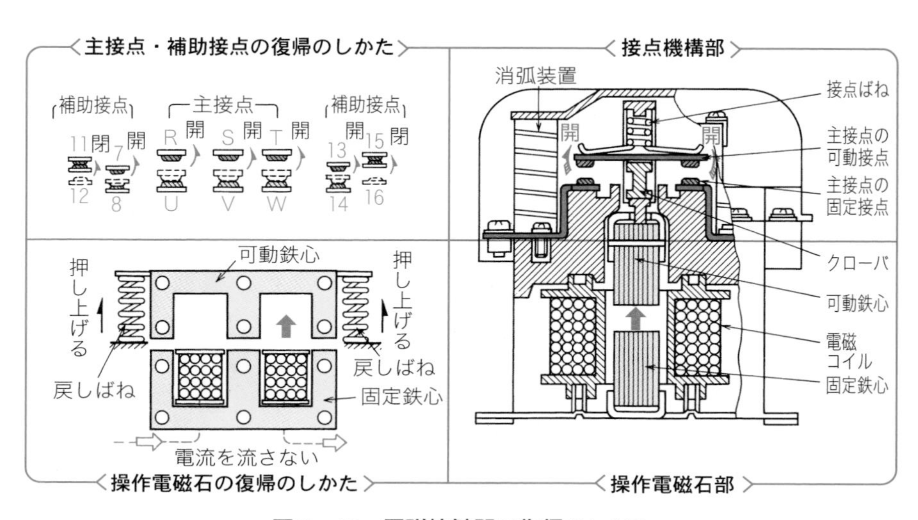

図6・10　電磁接触器の復帰のしかた

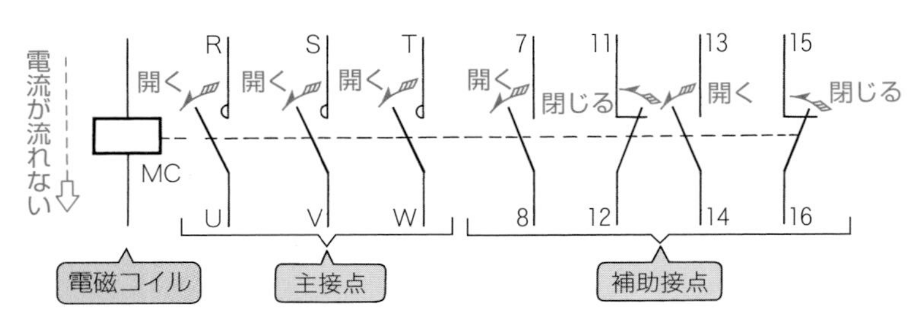

図 6・11　電磁接触器が復帰したときの図記号

電磁接触器が復帰すると，主接点は開き，また，補助メーク接点も開き，補助ブレーク接点は閉じます.

そこで，本書では，電磁接触器が復帰したときの動作の過程を示す図記号を，色線と組み合わせて，**図 6･11** のように表すのを特徴とします.

6･5 電磁開閉器の図記号と動作

電磁開閉器とはどういう機器か

電磁開閉器とは，**図 6･12** のように，電磁接触器と熱動過電流リレーとを組み合わせた機器をいいます.

熱動過電流リレーのしくみについては，2・6 節を参照してください.

電磁開閉器は，電磁接触器の主接点に接続される主回路に予定値（熱動過電流

図 6・12　電磁開閉器

リレーの設定値）以上の電流が流れると，熱動過電流リレーが動作して，電磁接触器の電磁コイル回路を切って復帰させ，主接点回路を開路させるので，電動機などが過電流により焼損することを保護することができます．

電磁開閉器の図記号

一般に，電磁開閉器に組み込まれる熱動過電流リレーは，**図 6·13** のように，ヒータとバイメタルを組み合わせたヒータ部と，バイメタルのわん曲によって動作する接点（熱動リレー接点）を有する接点部から構成されています．

ヒータ部としては，三相回路のうち，三相ともヒータがある機器と，二相分にのみヒータがある機器と，2 種類あるが，二相分にのみヒータがある機器は，残り一相分は導体で短絡されているので，表 2·3（25 ページ参照）のヒータの図記号（熱継電器による操作図記号）は二相分のみ示し，残り一相は導線の図記号で示します．

また，接点部は，リセットバーを手動で操作することにより接点が復帰するので，表 2·1（23 ページ参照）の非自動復帰接点の図記号で表します．

したがって，熱動過電流リレーの図記号としては，表 2·3（25 ページ参照）のヒータ（熱継電器による操作図記号）と表 2·1（23 ページ参照）の非自動復帰接点の図記号（ブレーク接点）とを組み合わせた図記号として表します．

電磁開閉器の図記号は，**図 6·14** のように，電磁接触器と熱動過電流リレーと

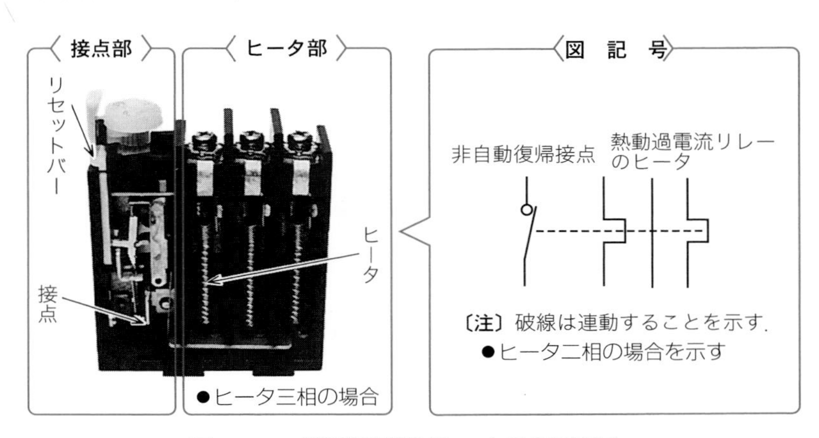

図 6・13　熱動過電流リレーとその図記号

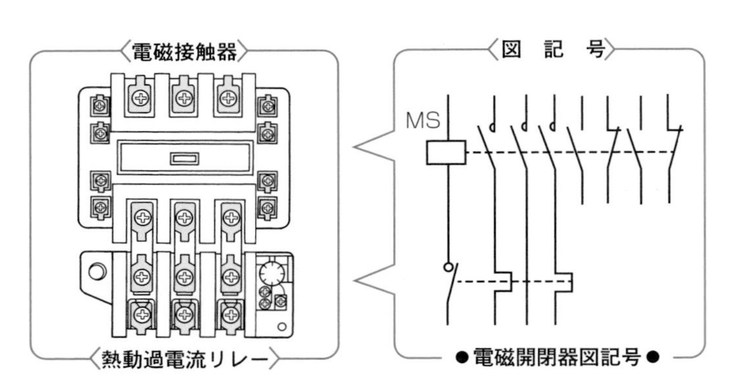

図 6・14 電磁開閉器（電磁接触器と熱動過電流リレーの組合せ）の図記号

を組み合わせた図記号です.

したがって，電磁開閉器の主接点に，熱動過電流リレーのヒータを，また，電磁接触器の電磁コイルに，熱動過電流リレーのブレーク接点（非自動復帰接点）の図記号を組み合わせた図記号となります.

C 電磁開閉器に過電流が流れたときの動作

電磁開閉器の主接点回路に，**図 6·15** のように，熱動過電流リレーの設定値以上の過電流が流れたときの動作は，次のとおりです.

順序〔1〕：主接点回路に過電流が流れると，ヒータ THR が加熱される.

順序〔2〕：ヒータ THR が加熱され，バイメタルが一定量以上にわん曲すると，接点機構が連動して，熱動過電流リレーのブレーク接点（非

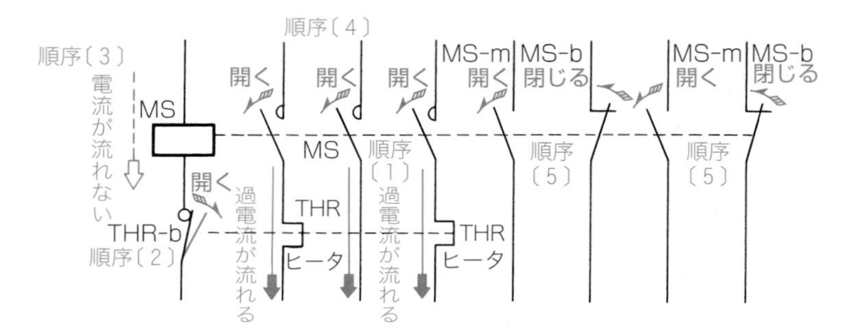

図 6・15 電磁開閉器に過電流が流れたときの動作

自動復帰接点）THR-b を開く.

順序〔3〕：熱動過電流リレーのブレーク接点 THR-b が開くと，電磁開閉器の電磁コイル MS に電流が流れず，電磁開閉器は復帰する.

順序〔4〕：電磁開閉器が復帰すると，その主接点 MS が開く.

順序〔5〕：電磁開閉器が復帰すると，補助メーク接点は開き，補助ブレーク接点は閉じる.

このように，電磁開閉器は主接点回路に熱動過電流リレーの設定値以上の過電流が流れると，自動的に動作して過電流を遮断し，保護する働きをもっているので，電動機回路には必ずといってよいほど，この電磁開閉器が用いられています.

7章 タイマ（限時接点）の動作と図記号

7・1 時間差をつくるタイマの種類

タイマとはどういうリレーか

一般に，電磁リレーでは，電磁コイルに電流が流れると，その接点はほとんど瞬間的に閉路または開路します．

ここでいう**タイマ**とは，電気的または機械的入力を与えると，電磁リレーとは異なり，あらかじめ定められた時限を経過したのちに，その接点が閉路または開路するのであって，人為的に時限遅れをつくり出すリレーであるといえます．

そのため，特にタイマの接点を**限時接点**といいます．この限時接点には限時動作瞬時復帰接点と瞬時動作限時復帰接点とがあります．

〈時限と限時はどう違うか〉

時間の表現には，何時何分という場合と何時間，何分間という場合とがあります．前者は時間 time（タイム）であり，後者は time limit（タイムリミット）です．時間で動作する電気的な装置には，時計に接点を取り付けたような時間装置もあれば，始動してからある時間後に動作が完了する限時装置もあります．そこで，時間間隔を「時限」といい，装置を「限時」といっています．

タイマにはどんな種類があるか

タイマには，時限差をつくる方法によって，**モータ式タイマ**，**電子式タイマ**，**制動式タイマ**などがあります．

［1］ モータ式タイマ

モータ式タイマは，同期電動機（ワレンモータ）の電源周波数に比例した一定回転速度を時限の基準とし，クラッチ，減速歯車などを組み合わせたタイマで，動作が安定で比較的長い時限の設定ができるのが特徴です．

図 7·1 はモータ式タイマの外観の一例を示した図です．

図 7·1 モータ式タイマの外観図〔例〕

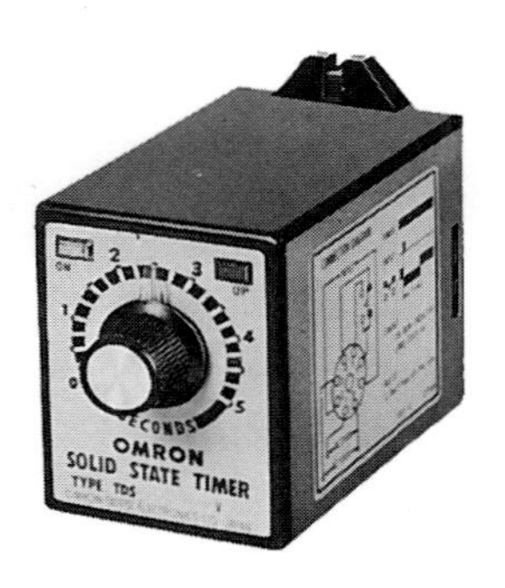

図 7·2 電子式タイマの外観図〔例〕

［2］ 電子式タイマ

電子式タイマの一種であるCR式タイマを例として記すと，コンデンサの充放電特性を利用して，コンデンサの端子電圧の変化を半導体で検出，増幅して電磁リレーを動作させるタイマで，機械的な動作要素が少ないため寿命が長いことから，高頻度で設定時限が短い回路に用いるとよいといえます．

図 7·2 は，電子式タイマの外観の一例を示した図です．

最近では，設定も表示もディジタルで行うディジタルタイマもあります。

［3］ 制動式タイマ

制動式タイマは，空気，油などの流体による制動を利用して時限をとり，これと電磁コイルとを組み合わせて，接点の開閉を行うタイマで，多少，動作時限の精度が悪くてもよいような回路に用いられます．

図 7·3 は，制動式タイマの一種である空気式タイマ（ニューマチックタイマともいう）の外観の一例を示した図です．

図 7・3 空気式タイマの外観図〔例〕

7･2 モータ式タイマのしくみ

モータ式タイマの動作のしかた

モータ式タイマの内部構造の一例を示したのが，**図 7･4** です．

モータ式タイマに電圧が印加されてから，設定された時限後に限時接点が開閉するまでの動作の順序は次のとおりです．

《動 作 順 序（図 7･4）》

① タイマのソケットの端子 1 と 7 に，規定の電圧を印加すると，クラッチコイルが励磁されるため，可動鉄片は吸引されクラッチが入る．

② タイマのソケットの端子 1 と 7 に，規定の電圧を印加すると，ワレンモータが始動する．

③ 可動鉄片が吸引されると，それと連動している瞬時接点が閉路する．

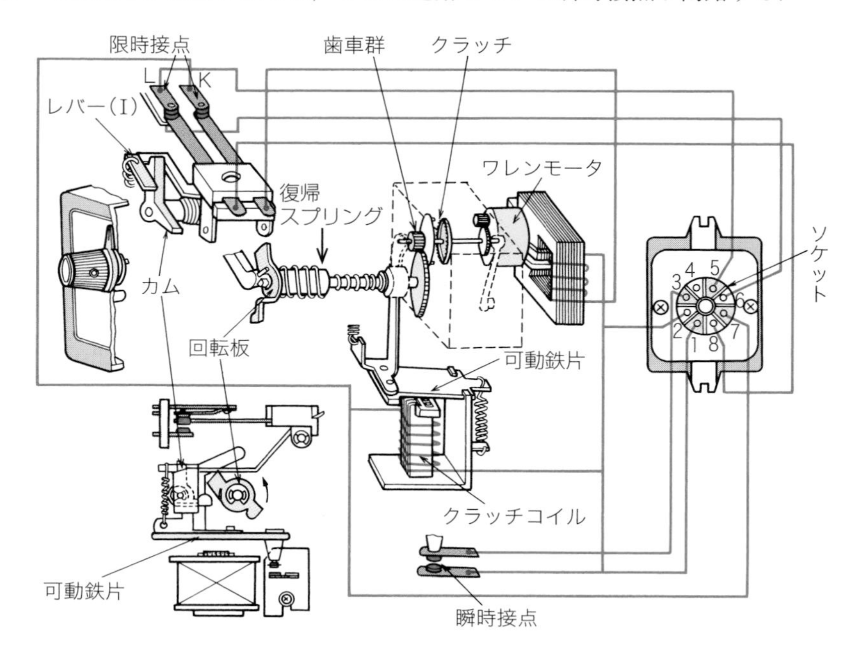

図 7・4　モータ式タイマの内部構造図〔例〕

④　可動鉄片の吸引によりクラッチが入るため，ワレンモータの駆動力は歯車群を介して出力軸へ伝達される．
⑤　出力軸の回転板は，復帰スプリングを巻き込みながら回転する．
⑥　設定時限経過後，回転板がカムを押圧回動させ，カムとレバーの結合がはずれると，レバーと連動している限時接点が開路する．
⑦　限時接点が開くと，ワレンモータの励磁回路が開くので，ワレンモータは停止する．
⑧　ワレンモータが停止しても，可動鉄片は吸引されたままの状態のため，限時接点は切り替わったままの状態を保持している．
⑨　タイマのソケットの端子1と7に印加した電圧を除去すると，クラッチコイルがはずれるため，回動した各部は初めの状態に復帰し，次の動作に備える．

モータ式タイマの内部接続図

図7･4に示したモータ式タイマの内部構造の配線を，電気用図記号を用いた接続図として示したのが，**図7･5**です．

モータ式タイマでは，操作電源回路と限時接点回路とは，電気的に独立した回路となっています．

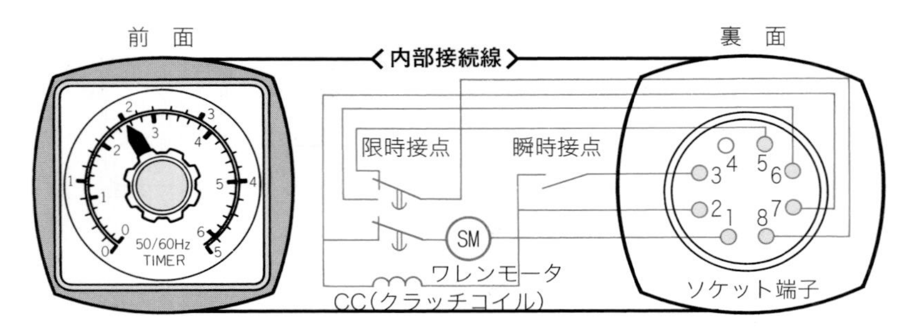

図7・5　モータ式タイマの内部接続図〔例〕

［1］　電源の接続のしかた

タイマの操作電源は裏面ソケットの端子番号1と7に接続します．

［2］ 限時接点回路の接続のしかた

裏面ソケットの端子番号6と8に負荷を接続すると，限時動作瞬時復帰メーク接点，つまり，常時は開路していて，設定時限が経過すると閉路する働きがあります．

また，端子番号5と8に負荷を接続しますと，限時動作瞬時復帰ブレーク接点，つまり，常時は閉路していて，設定時限が経過すると，瞬時に開路する働きがあります．

限時動作瞬時復帰接点の詳しい説明については，7·5節を参照してください．

7·3 電子式タイマのしくみ

電子式タイマの動作原理

コンデンサ C と抵抗 R からなるCR式タイマの原理を示すCR回路において，スイッチSを投入して，コンデンサが抵抗を通して，電源 E により充電する場合のコンデンサの充電電圧 e を示したのが，**図7·6** です．

また，コンデンサが充電された状態で，スイッチSを閉じ，抵抗 R を通して放電する場合のコンデンサの放電電圧 e を示したのが**図7·7** です．

このように，コンデンサは抵抗を通して充電する場合も，また放電する場合もその端子電圧の変化には時限的遅れを生じます．

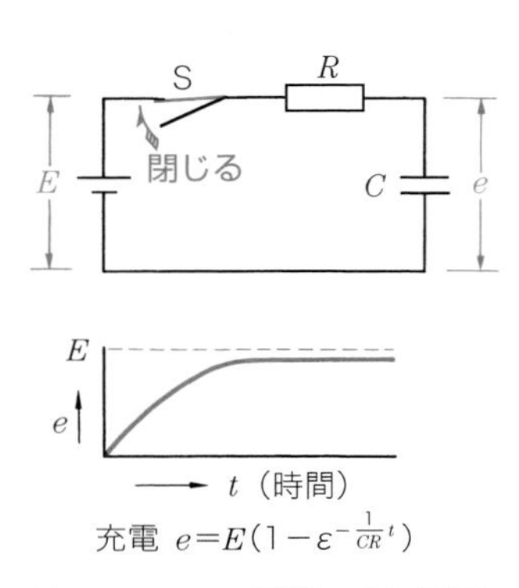

図7・6　CR回路の充電特性

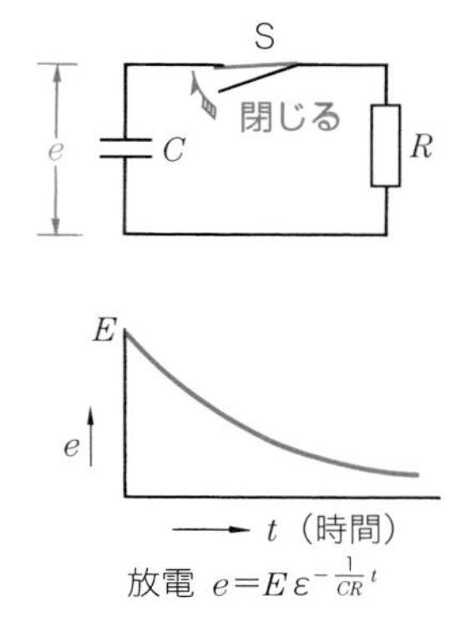

図7・7　CR回路の放電特性

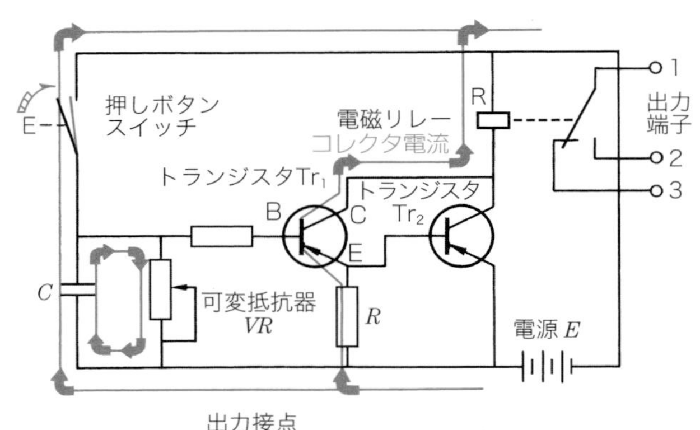

図 7・8　電子式タイマの原理基本回路〔例〕

そこで，CR 式の電子式タイマは，このコンデンサ C と抵抗 R からなる CR 回路の充放電特性を動作原理として利用し，時限的遅れをとり電磁リレーの接点を開閉するようにしたリレーです.

CR 式の電子式タイマの原理を示す基本回路の一例を示したのが**図 7·8** です.

いま，押しボタンスイッチを押すと，コンデンサ C は回路に抵抗がほとんどありませんから，ただちに電源電圧 E に充電され，この電圧がトランジスタ $\mathrm{Tr_1}$ のベース B に加わり，これによりコレクタ電流が流れて電磁リレー R が動作し，出力接点が切り替ります.

そこで，ボタンを押す手を離しても，コンデンサ C に電荷が残っているので，電磁リレー R は動作し続けます.

コンデンサ C の電荷が，可変抵抗器 VR を通って放電し，コンデンサの端子電圧がある電圧まで低下すると，電磁リレー R が復帰し，出力接点はもとに戻ります.

この電磁リレーが復帰するまでの時限が，タイマの遅れ時限となります.

この例のように，タイマが瞬時に動作し，復帰するときに時限遅れがあるタイマの出力接点を**瞬時動作限時復帰接点**といいます.

瞬時動作限時復帰接点の詳しい説明については，7·6 節を参照してください.

図 7·9 は，アナログによる CR 式の電子式タイマの例で，コンデンサの端子

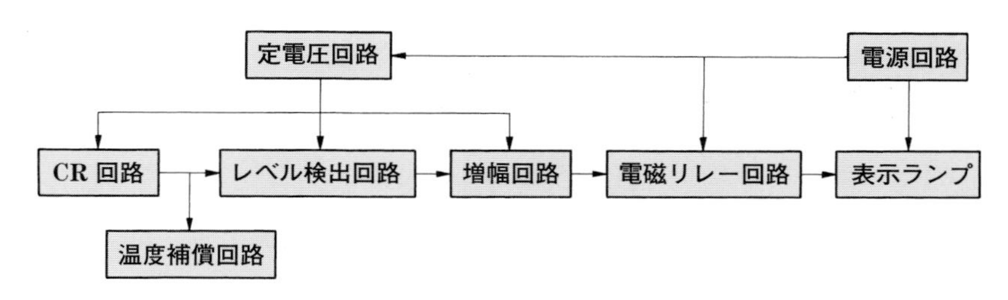

図 7・9　電子式タイマの回路構成〔例〕

電圧の変化をトランジスタなどの半導体で検出，増幅して電磁リレーを動作させています．

また，電子式タイマには，アナログ式の他に先に記した専用の集積回路（IC）などを用いたディジタルタイマがあります．

時限の設定のしかた

アナログによる電子タイマの例では，動作時限は，図 7·8 の可変抵抗器 *VR* の抵抗値を変化させて，コンデンサの放電または充電時限を変えることにより行うことができます．

時限の設定は，**図 7·10** のように，電子式タイマの前面にある「つまみ」を回して，「設定指針」を「目盛板」の所要時限に合わせます．

たとえば，設定指針を目盛板の 2 分のところに合わせれば，このタイマの時限遅れは 2 分ということになります．

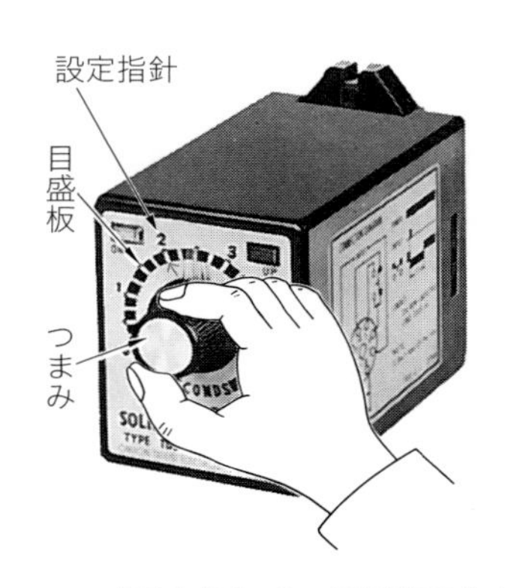

図 7・10　電子式タイマの設定のしかた

7・4 空気式タイマのしくみ

制動式タイマの一種である**空気式タイマ（エアタイマ）**は，操作コイルに入力信号（電圧）が印加されたときの，ゴムベローズの空気の流出入によって時限遅れをとり，接点の開閉を行うタイマをいいます．

空気式タイマは，マグネット部，限時機構部，接点部からなり，その内部構造の一例を示したのが，**図 7・11** です．

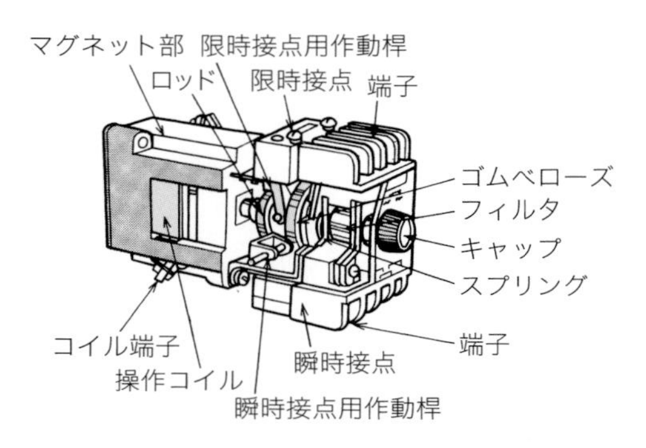

図 7・11　空気式タイマの構造図〔例〕

［1］　マグネット部

操作コイルと可動鉄心，固定鉄心などから構成されており，限時機構部にエネルギーを供給します．

［2］　限時機構部

空気を流出入させて時限をとる部分で，内容積を変えて空気を流出入させるゴムベローズと，空気の流入量を加減するニードルバルブなどから構成されています．

［3］　接　点　部

マイクロスイッチによる瞬時接点と限時接点からなり，限時機構部およびマグネット部と連動されています．

空気式タイマ（限時動作瞬時復帰方式）の動作のしかた

限時動作瞬時復帰方式とは，タイマの操作コイルが励磁されてから限時動作を

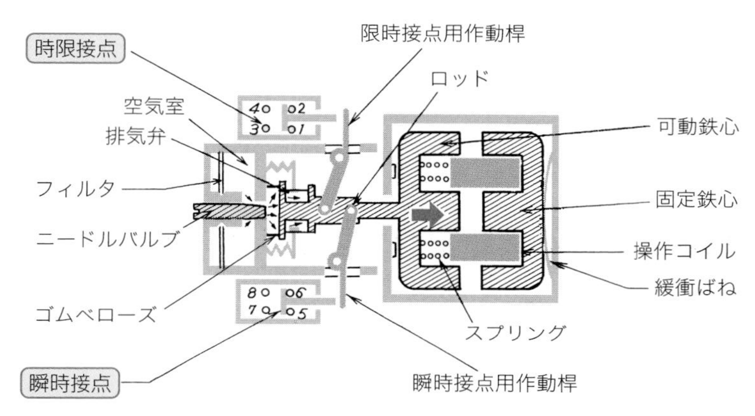

図 7・12　限時動作方式空気式タイマの内部構造図〔例〕（操作コイル無励磁の場合）

開始して時限遅れを生じ，励磁を切ると瞬時にもとの状態に復帰する方式のタイマをいいます．

図 7･12 は，限時動作瞬時復帰方式の空気式タイマにおいて，操作コイルに電流を流さない無励磁のときの内部構造の一例を示した図です．

それでは，この限時動作瞬時復帰方式の空気式タイマの動作のしかたについて説明しましょう．

［1］　操作コイルに電流を流さないとき（無励磁）

可動鉄心が解放されており，ゴムベローズはロッドで圧縮され，作動桿も瞬時接点・限時接点もすべて無動作となっています．

［2］　操作コイルに電流を流したとき（励磁）

操作コイルが励磁されると，鉄心が電磁石となり，可動鉄心が固定鉄心に矢印の方向に吸引されてロッドが引っ込み，ロッドに直結された瞬時接点作動桿がすぐ動作して，瞬時接点が反転し，接点 5-6 が開き，接点 7-8 が閉じます．

ロッドが引っ込むと，ゴムベローズは内蔵スプリングの力で膨張を始め，空気はフィルタ，ニードルバルブを通じて，徐々にゴムベローズに流入します．十分に空気が流入すると，限時接点が動作し，接点 1-2 が開き，接点 3-4 が閉じます．

つまり，操作コイルに電流が流れてから，ゴムベローズに十分に空気が流入し，限時接点が動作するまでの時限が「時限遅れ」となるわけです．

［3］ 操作コイルの電流を切ったとき（消磁）

操作コイルの電流を切ると，鉄心が電磁石でなくなるので，可動鉄心は解放されて，ロッドが突出します．ゴムベローズは排気弁より内部の空気を一気に放出して圧縮され，同時に限時接点と瞬時接点は無動作状態に復帰します．

7·5 限時動作瞬時復帰接点の図記号と動作

限時動作瞬時復帰接点とは

限時動作瞬時復帰接点とは，タイマが動作するときに，時限遅れがあり，復帰するときは瞬時に復帰する接点をいい，**限時動作瞬時復帰メーク接点**と**限時動作瞬時復帰ブレーク接点**とがあります．

限時動作瞬時復帰メーク接点とは，タイマが動作するときに時限遅れがあって閉じ，復帰するとき，瞬時に開く接点をいいます．

また，**限時動作瞬時復帰ブレーク接点**とは，タイマが動作するときに時限遅れがあって開き，復帰するときに，瞬時に閉じる接点をいいます．

限時動作瞬時復帰接点の図記号の表し方

限時動作瞬時復帰接点の図記号は，表2·1（23ページ参照）の電磁リレー接点（継電器接点）の可動接点を示す線分に，動作するときに時限遅れのある表2·2（24ページ参照）の遅延機能図記号（図記号：⋺）を付して表します．

そこで，限時動作瞬時復帰メーク接点の図記号は，**図7·13**のように，電磁リレーのメーク接点の図記号の可動接点を示す線分の下側（横書きの場合）または左側（縦書きの場合）に，動作するとき時限遅れのある表2·2の遅延機能図記号（図記号：⋺）を付して表します．

限時動作瞬時復帰ブレーク接点の図記号は，**図7·14**のように，電磁リレーのブレーク接点の図記号の可動接点を示す線分の下側または左側に，動作するとき時限遅れのある表2·2の遅延機能図記号（図記号：⋺）を付して表します．

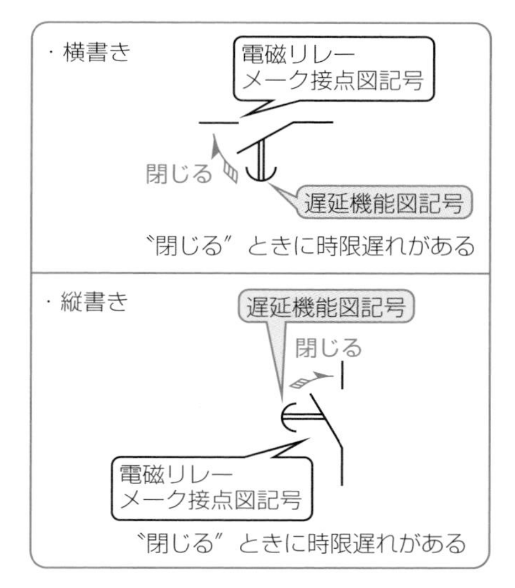

図 7・13　限時動作瞬時復帰メーク接点の図記号

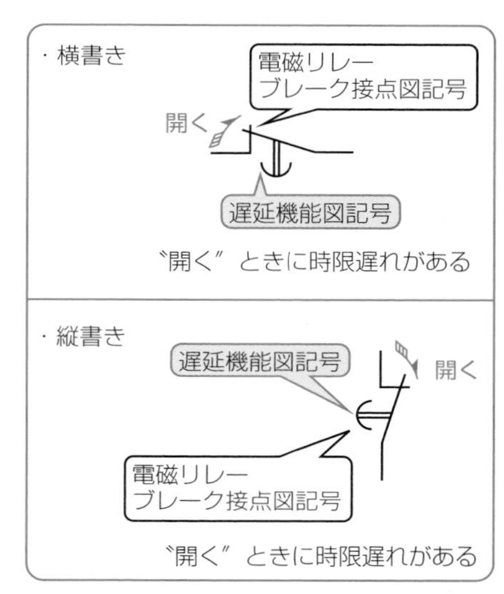

図 7・14　限時動作瞬時復帰ブレーク接点の図記号

限時動作瞬時復帰接点をもつタイマの図記号

タイマの図記号は，駆動部とその限時接点の図記号を組み合わせて表します．

一般に，タイマの駆動部の図記号は表 2･4（28 ページ参照）の作動装置図記号が流用されます．

したがって，限時動作瞬時復帰接点をもつタイマの図記号は，**図 7･15** のように，表 2･1 の限時復帰接点の図記号と表 2･4 の作動装置図記号を組み合わせて表されます．

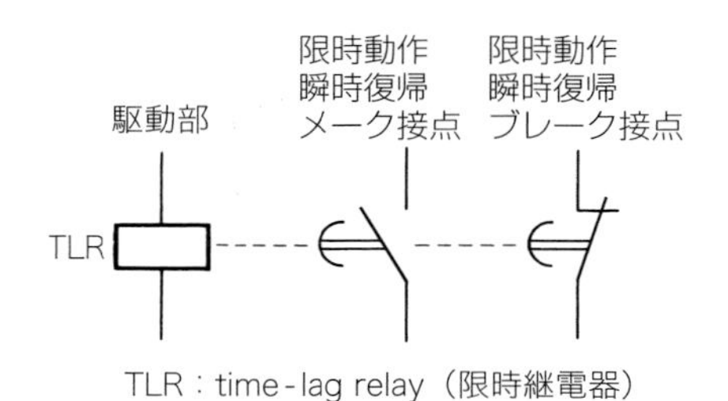

図 7・15　限時動作瞬時復帰接点をもつタイマ（限時継電器）の図記号

そこで，普通の電磁リレーの図記号と区別するために，作動装置図記号の近傍に，TLR（time-lag relay）などの文字記号（8章参照）を記入するようにします．

限時動作瞬時復帰接点の動作のしかた

限時動作瞬時復帰接点をもつタイマ TLR を用いたランプ点滅回路の実際配線図の一例を示したのが，**図 7·16** です．

《実 際 配 線 図》

図 7·16 の回路では，タイマの限時動作瞬時復帰メーク接点 TLR-m に赤色ランプ RL を接続し，また，限時動作瞬時復帰ブレーク接点 TLR-b に緑色ランプ GL を接続して，タイマの設定時限は 2 分間とし，指針を目盛板の 2 分のところに合わせます．

《限時動作のシーケンス動作順序》

図 7·16 のランプ点滅回路の実際配線図をシーケンス図に書きなおし，限時動作瞬時復帰接点のシーケンス動作の順序について説明しましょう．

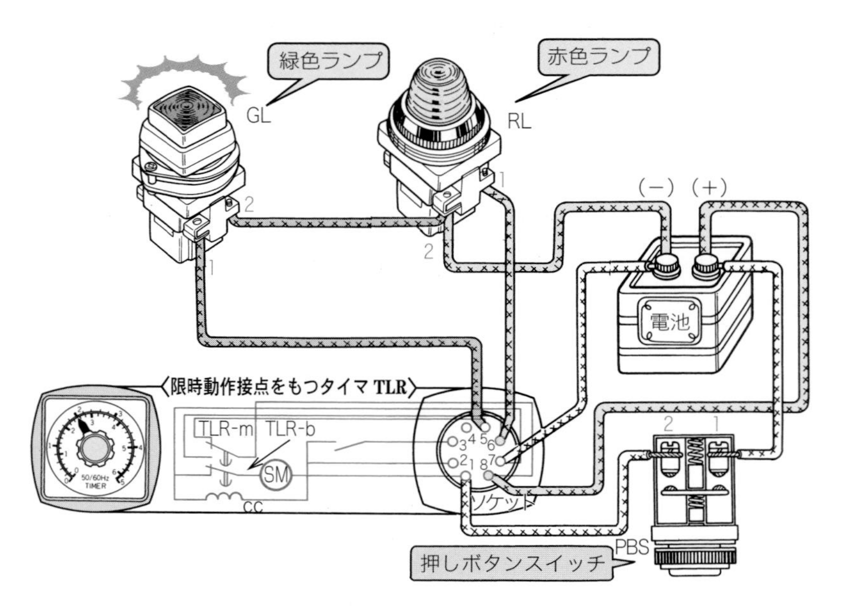

図 7・16　限時動作瞬時復帰接点をもつタイマを用いたランプ点滅回路の実際配線図〔例〕

[1] ボタンを押してタイマを付勢したときの動作（図 7・17）

押しボタンスイッチ PBS を押して，タイマを付勢（駆動部に電流を流す）しても，限時動作瞬時復帰接点 TLR-m，TLR-b は，すぐには動作し切り替わりません．

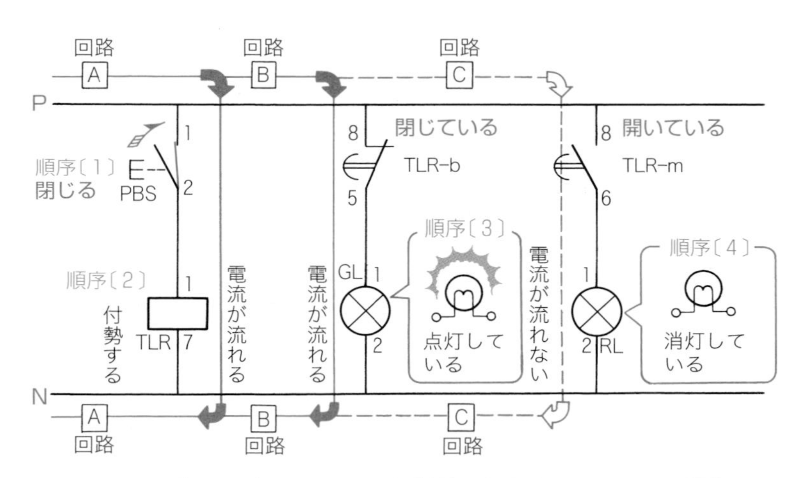

図 7・17 ボタンを押してタイマを付勢したときのシーケンス動作図

《動作順序（図 7・17）》

順序〔1〕：回路 Ⓐ の押しボタンスイッチ PBS を押すと，そのメーク接点が閉じる．

順序〔2〕：PBS が閉じると，タイマの駆動部 TLR に電流が流れ，タイマは付勢される．

順序〔3〕：タイマが付勢されても，回路 Ⓑ の限時動作瞬時復帰ブレーク接点 TLR-b は閉じているので，緑色ランプ GL は点灯している．

順序〔4〕：タイマが付勢されても，回路 Ⓒ の限時動作瞬時復帰メーク接点 TLR-m は開いているので，赤色ランプ RL は消灯している．

[2] 設定時限 2 分を経過したのちの動作（図 7・18）

押しボタンスイッチ PBS を押した瞬間から，タイマの設定時限である 2 分間が経過すると，限時動作瞬時復帰接点 TLR-m，TLR-b が切り替わり動作を行います．

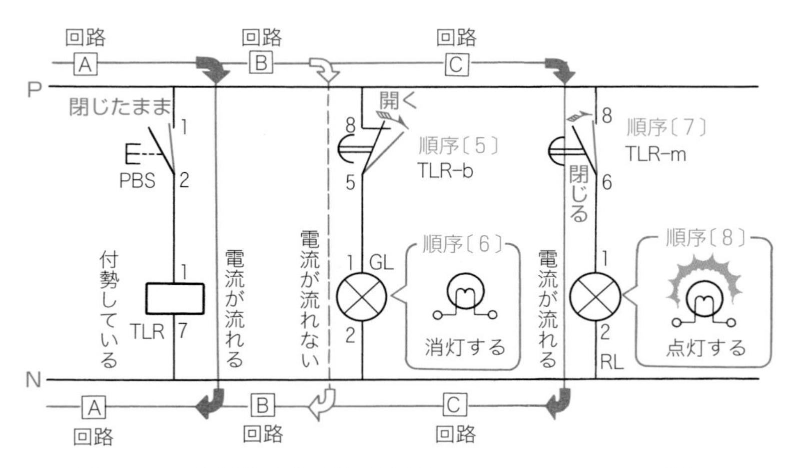

図 7・18　設定時限（2 分）が経過したのちのシーケンス動作図

《動 作 順 序（図 7·18)》

順序〔5〕: タイマの設定時限である 2 分間が経過すると，回路 B の限時動作瞬時復帰ブレーク接点 TLR-b が開く．

順序〔6〕: TLR-b が開くと，回路 B に電流が流れず，緑色ランプ GL が消灯する．

順序〔7〕: タイマの設定時限である 2 分間が経過すると，回路 C の限時動作瞬時復帰メーク接点 TLR-m が閉じる．

順序〔8〕: TLR-m が閉じると，回路 C に電流が流れ，赤色ランプ RL が点灯する．

注：順序〔5〕は順序〔7〕より先に動作する．

［3］　ボタンを押す手を離し，タイマを消勢させたときの動作（図 7·19）

押しボタンスイッチ PBS を押す手を離すと，タイマは瞬時に消勢（電流が流れない）し，復帰して，限時動作瞬時復帰接点 TLR-m，TLR-b が切り替わります．

《動 作 順 序（図 7·19)》

順序〔9〕: 押しボタンスイッチ PBS を押す手を離すと，そのメーク接点が開く．

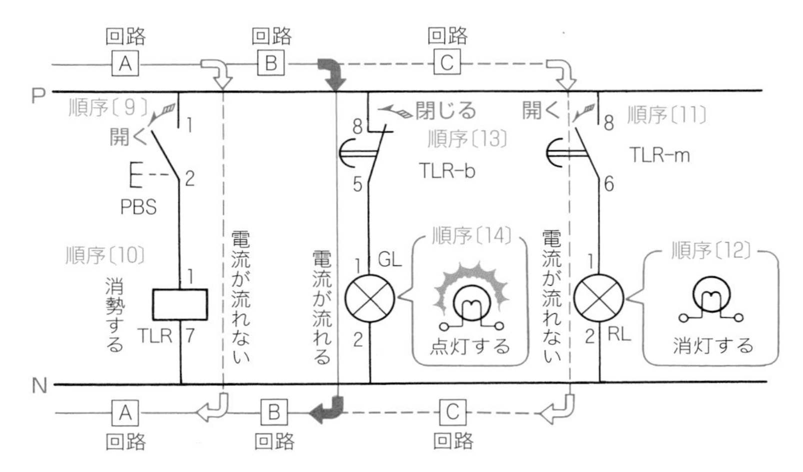

図 7・19　タイマを消勢させたときのシーケンス動作図

順序〔10〕：PBS が開くと，回路 Ⓐ のタイマ駆動部 TLR に電流が流れず，タイマは消勢する．

順序〔11〕：タイマが消勢すると，回路 Ⓒ のメーク接点 TLR-m は，瞬時に復帰して開く．

順序〔12〕：TLR-m が開くと，回路 Ⓒ に電流が流れず，赤色ランプ RL が消灯する．

順序〔13〕：タイマが消勢すると，回路 Ⓑ のブレーク接点 TLR-b は，瞬時に復帰して閉じる．

順序〔14〕：TLR-b が閉じると，回路 Ⓑ に電流が流れ，緑色ランプ GL が点灯する．

注：順序〔11〕は順序〔13〕より先に動作する．

これで，この回路は押しボタンスイッチ PBS を押す前の状態に戻ったことになります．

《タイムチャート》

限時動作瞬時復帰接点をもつタイマを用いたランプ点滅回路において，シーケンス動作の時限的な経過をタイムチャートに示したのが，**図 7・20** です．

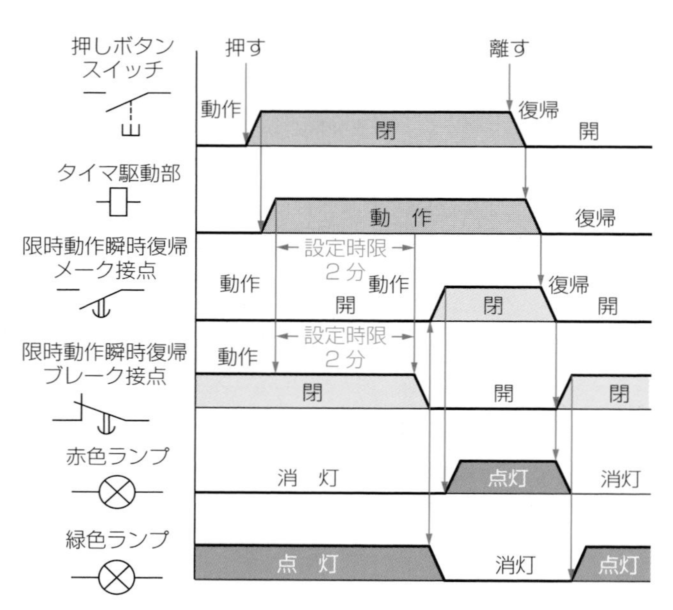

図7・20　限時動作瞬時復帰接点をもつタイマを用いたランプ点滅回路のタイムチャート〔例〕

7・6 瞬時動作限時復帰接点の図記号と動作

瞬時動作限時復帰接点とは

瞬時動作限時復帰接点とは，タイマが動作するときは，瞬時に動作し，復帰するときに，時限遅れがある接点をいい，**瞬時動作限時復帰メーク接点**と**瞬時動作限時復帰ブレーク接点**とがあります．

瞬時動作限時復帰メーク接点とは，タイマが動作するときは瞬時に閉じ，復帰するときに時限遅れがあって，開く接点をいいます．

また，**瞬時動作限時復帰ブレーク接点**とは，タイマが動作するときは瞬時に開き，復帰するときに時限遅れがあって，閉じる接点をいいます．

瞬時動作限時復帰接点の図記号の表し方

瞬時動作限時復帰接点の図記号は，表 2·1（23 ページ参照）の電磁リレー接点（継電器接点）の可動接点を示す線分に，復帰するときに時限遅れのある表 2·2（24 ページ参照）の遅延機能図記号（図記号：═(）を付して表します．

そこで，瞬時動作限時復帰メーク接点の図記号は，**図 7·21** のように，電磁リレーのメーク接点の図記号の可動接点を示す線分の下側（横書きの場合），または左側（縦書きの場合）に，復帰するとき時限遅れのある表 2·2 の遅延機能図記号を（図記号：═(）を付して表します．

瞬時動作限時復帰ブレーク接点の図記号は，**図 7·22** のように，電磁リレーのブレーク接点の図記号の可動接点を示す線分の下側または左側に，復帰するとき時限遅れのある遅延機能図記号（図記号：═(）を付して表します．

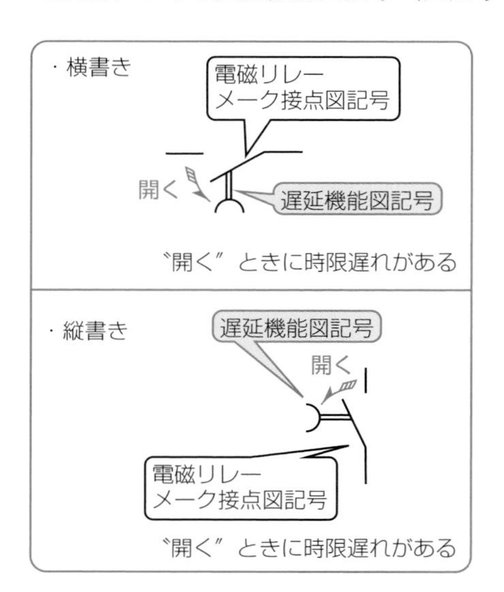

図 7・21　瞬時動作限時復帰メーク接点の図記号

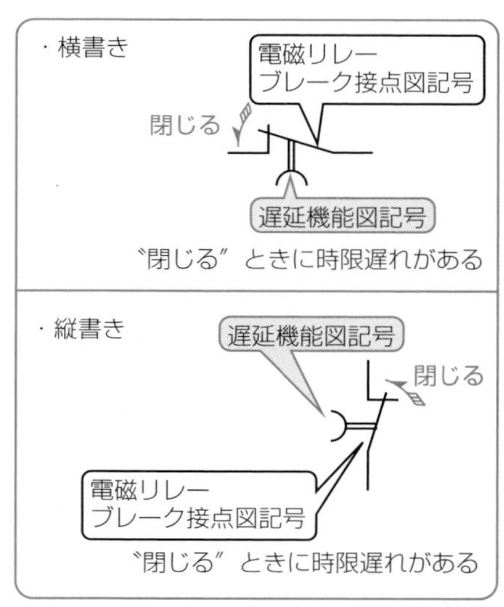

図 7・22　瞬時動作限時復帰ブレーク接点の図記号

瞬時動作限時復帰接点をもつタイマの図記号

瞬時動作限時復帰接点をもつタイマの図記号は，**図 7·23** のように，表 2·1

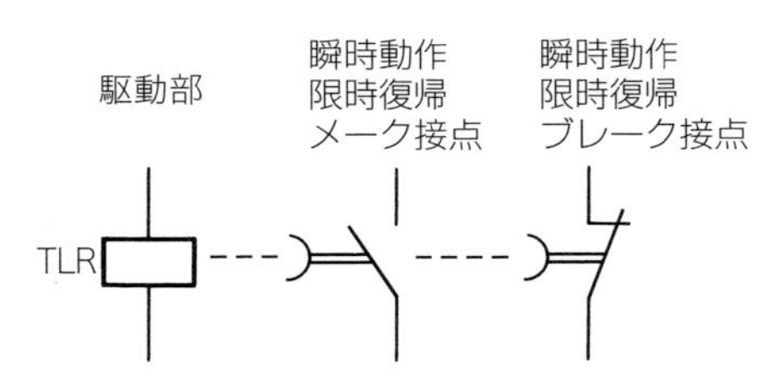

図 7・23 瞬時動作限時復帰接点をもつタイマ（限時継電器）の図記号

(23ページ参照）の限時復帰接点の図記号と表2·4（28ページ参照）の作動装置図記号とを組み合わせて表します．

C 瞬時動作限時復帰接点の動作のしかた

瞬時動作限時復帰接点をもつタイマTLRを用いたランプ点滅回路の実際配線図の一例を示したのが，**図7·24**です．

《実 際 配 線 図》

図7·24の回路では，タイマの瞬時動作限時復帰メーク接点TLR-mに赤色ランプRLを接続し，また，瞬時動作限時復帰ブレーク接点TLR-bに緑色ランプGLを接続して，タイマの設定時限は2分間とし，指針を目盛板の2分のところに合わせます．

《瞬時動作限時復帰のシーケンス動作順序》

図7·24のランプ点滅回路の実際配線図をシーケンス図に書きなおし，瞬時動作限時復帰接点のシーケンス動作の順序について説明しましょう．

［1］ ボタンを押してタイマを付勢したときの動作（図7·25）

押しボタンスイッチPBSを押して，タイマを付勢すると，瞬時動作限時復帰接点TLR-m，TLR-bは瞬時に動作して，切り替わります．

《動 作 順 序（図7·25）》

順序〔1〕：回路Ⓐの押しボタンスイッチPBSを押すと，そのメーク接点が閉じる．

順序〔2〕：PBSが閉じると，タイマの駆動部TLRに電流が流れ，タイマは付勢される．

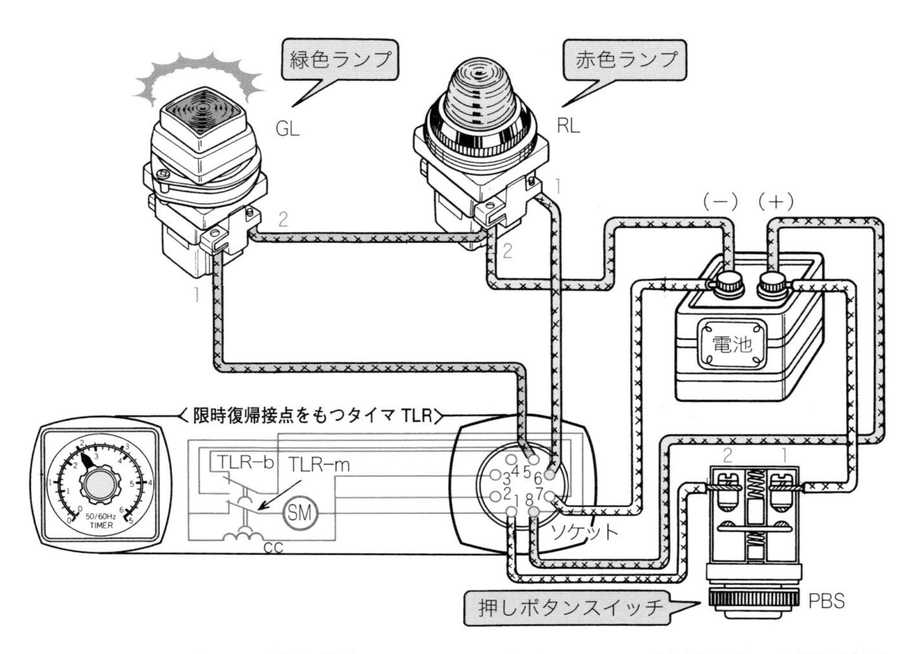

図 7・24　瞬時動作限時復帰接点をもつタイマを用いたランプ点滅回路の実際配線図〔例〕

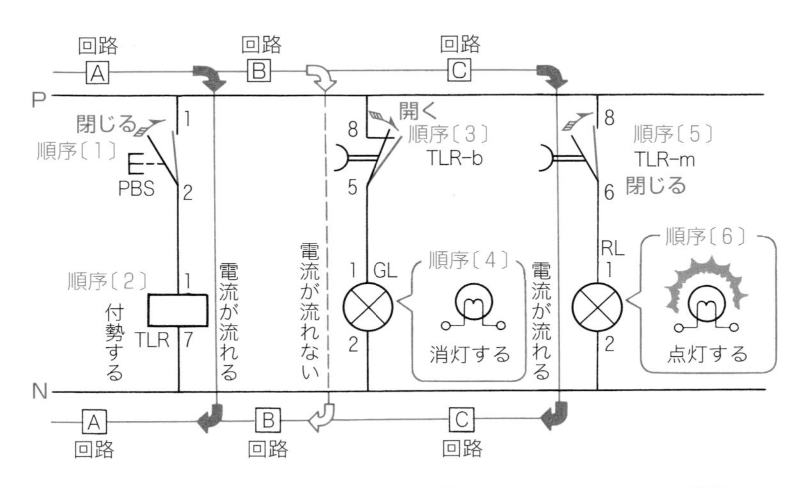

図 7・25　ボタンを押してタイマを付勢したときのシーケンス動作図

順序〔3〕：タイマが付勢されると瞬時に，回路 B のブレーク接点 TLR-b が動作して開く．

順序〔4〕：TLR-b が開くと，回路 B に電流が流れず，緑色ランプ GL は消灯する．

順序〔5〕：タイマが付勢されると瞬時に，回路 C のメーク接点 TLR-m が動作して閉じる．

順序〔6〕：TLR-m が閉じると，回路 C に電流が流れ，赤色ランプ RL は点灯する．

注：順序〔3〕は順序〔5〕より先に動作する．

［2］ ボタンを押す手を離し，タイマを消勢させたときの動作（図 7・26）

押しボタンスイッチ PBS を押す手を離して，タイマを消勢しても，瞬時動作限時復帰接点 TLR-m，TLR-b は，すぐには切り替わりません．

《動 作 順 序（図 7・26）》

順序〔7〕：押しボタンスイッチ PBS を押す手を離すと，そのメーク接点が開く．

順序〔8〕：PBS が開くと，回路 A のタイマ駆動部 TLR に電流が流れず，タイマは消勢する．

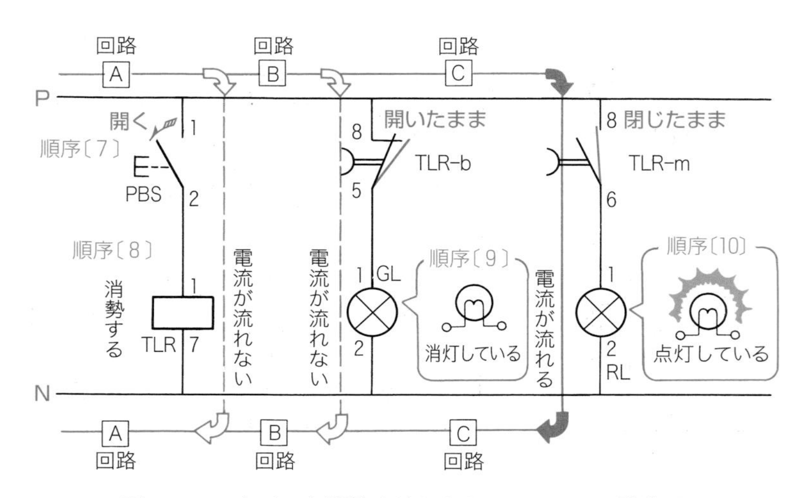

図 7・26 タイマを消勢させたときのシーケンス動作図

順序〔9〕：タイマが消勢しても，限時復帰なので，回路 B のブレーク接点 TLR-b は開いたままとなり，緑色ランプ GL は消灯している．

順序〔10〕：タイマが消勢しても，限時復帰なので，回路 C のメーク接点 TLR-m は閉じたままとなり，赤色ランプ RL は点灯している．

［3］ 設定時限 2 分を経過したのちの動作（図 7・27）

押しボタンスイッチから手を離した瞬間から，タイマの設定時限である 2 分間が経過すると，瞬時動作限時復帰接点 TLR-m，TLR-b が切り替わります．

《動 作 順 序（図 7・27）》

順序〔11〕：タイマの設定時限である 2 分間が経過すると，回路 C の瞬時動作限時復帰メーク接点 TLR-m が復帰して開く．

順序〔12〕：TLR-m が開くと，回路 C に電流が流れず，赤色ランプ RL が消灯する．

順序〔13〕：タイマの設定時限である 2 分間が経過すると，回路 B の瞬時動作限時復帰ブレーク接点 TLR-b が復帰して閉じる．

順序〔14〕：TLR-b が閉じると，回路 B に電流が流れ，緑色ランプ GL が点灯する．

注：順序〔11〕は順序〔13〕より先に動作する．

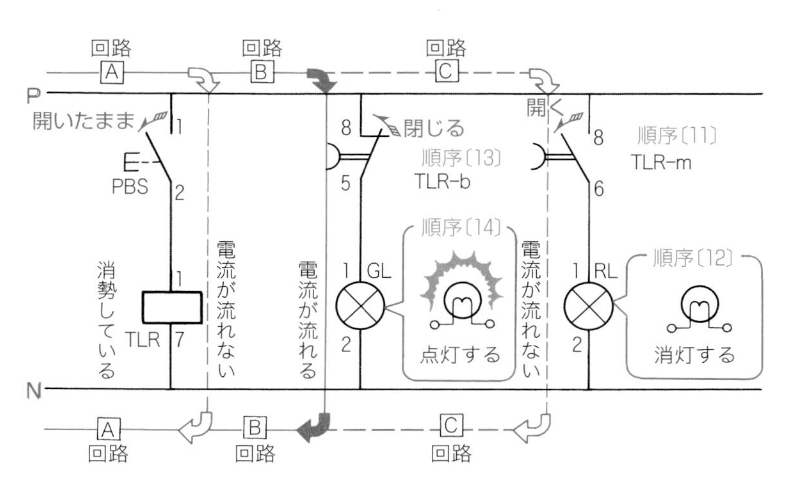

図 7・27 設定時限（2 分）が経過したのちのシーケンス動作

これで，この回路は押しボタンスイッチ PBS を押す前の状態に戻ったことになります．

《タイムチャート》

瞬時動作限時復帰接点をもつタイマを用いたランプ点滅回路において，シーケンス動作の時限的な経過をタイムチャートに示したのが，**図 7·28** です．

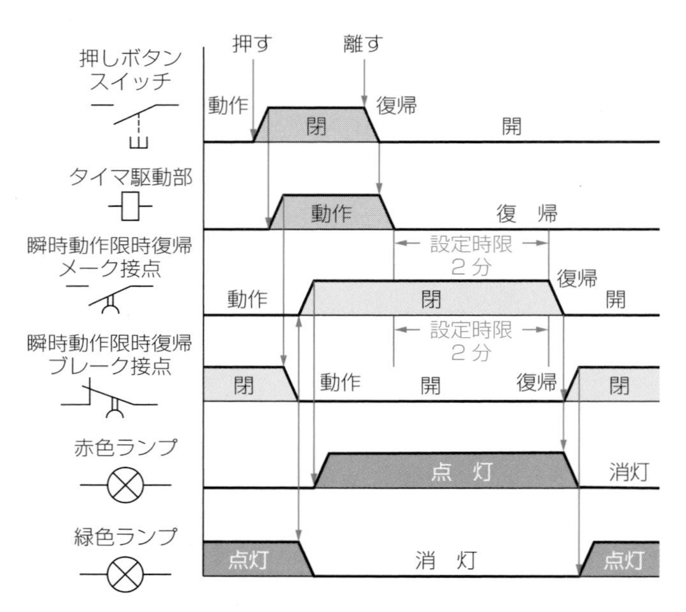

図 7・28　瞬時動作限時復帰接点をもつタイマを用いたランプ点滅回路のタイムチャート〔例〕

8章 シーケンス制御記号の表し方

8・1 シーケンス制御記号とはどういう記号か

シーケンス制御記号と制御器具番号

一般に，シーケンス制御系に使用される機器をシーケンス図に表示するには，電気用図記号（2 章参照）が用いられているが，その名称をいちいち日本語または英語で書いたのでは，非常に煩雑となります．

そこで，シーケンス図においては，これらの機器の名称を略号化し，文字記号として電気用図記号に付記し，シーケンス動作をより理解しやすくしています．

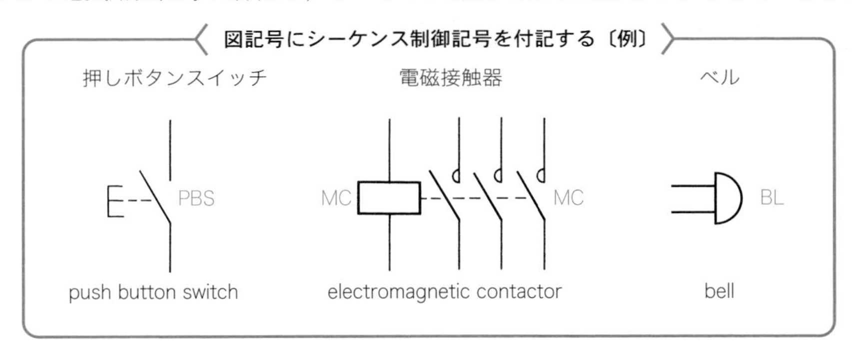

現在，この文字記号としては，機器，機能の英語名からとったアルファベットを組み合わせて機器および機能を表すようにしたシーケンス制御記号と，1 から 99 の数字を主体とした制御器具番号（9 章参照）との，二つの種類があります．

シーケンス制御記号は，おもに一般産業用シーケンス制御系に用いられる機器，機能の記号として，また，制御器具番号は発電・変電・配電・受電などの電力用設備に用いられる機器，機能の記号として使用されています．

シーケンス制御記号の組合せ方

シーケンス制御記号としては，日本電機工業会規格 JEM 1115（配電盤・制御盤・制御装置の用語及び文字記号）があります．

シーケンス制御記号としての文字記号には，機器または装置を表す**機器記号**と，機器または装置の果たす機能を表示する**機能記号**の2種類があります．

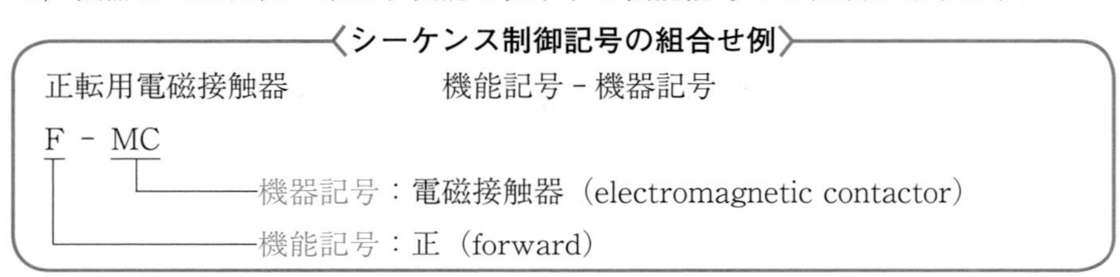

そして，両者を組み合わせて用いるときは，**機能記号-機器記号**の順序に書き，その間に，ハイフン（-）を入れることを原則としています．

しかし，シーケンス図の中で図記号とともに用いる場合など機器種別が明らかなときには，機器記号を省略してもよいことになっています．

8・2 機器を表すシーケンス制御記号

［1］ リレー（継電器）類の文字記号

表8・1　（JEM 1115）

文字記号	用　語	英　語　名	機　器　の　説　明
R	継　電　器	relay	あらかじめ規定した電気量または物理量に応動して，電気回路を制御する機能をもつ機器
MC	電磁接触器	electromagnetic contactor	電磁石の動作によって，負荷電路を頻繁に開閉する接触器
MS	電磁開閉器	electromagnetic switch	過電流継電器を備えた電磁接触器の総称
THR	熱動継電器	thermal relay	主要素が熱動形機構である継電器
TLR	限時継電器	time-lag relay	予定の時限遅れをもって応動することを目的とし，特に誤差が小さくなるよう考慮された継電器

［2］ スイッチ類の文字記号

表8・2 （JEM 1115）

文字記号	用語	英語名	機器の説明
S	スイッチ	switch	電気回路の開閉または接続の変更を行う機器
AS	電流計切換スイッチ	ammeter change-over switch	三相回路の電流を1個の電流計で回路を切り換えて測定するスイッチ
BS	ボタンスイッチ	button switch	ボタンの操作によって開路または閉路する接触部を有する制御用操作スイッチ ボタンの操作によって，押しボタンスイッチと引きボタンスイッチとがある
COS	切換スイッチ	change-over switch	二つ以上の回路の切換えを行う制御スイッチ
EMS	非常スイッチ	emergency switch	非常の場合に機器又は装置を停止させるための制御用操作スイッチ
FLTS	フロートスイッチ	float switch	液体の表面に設置したフロート（浮子）により液位の予定位置で動作する検出スイッチ
LS	リミットスイッチ	limit switch	機器の運動行程中の定められた位置で動作する検出スイッチ
PRS	圧力スイッチ	pressure switch	気体または液体の圧力が予定値に達したとき動作する検出スイッチ
SPS	速度スイッチ	speed switch	機器の速度が予定値に達したとき動作する検出スイッチ
THS	温度スイッチ	thermo switch	温度が予定値に達したとき動作する検出スイッチ
VS	電圧計切換スイッチ	voltmeter change-over switch	三相回路の電圧を1個の電圧計で回路を切り換えて測定するスイッチ

[3] 計器類の文字記号

表8・3 (JEM 1115)

文字記号	用語	英語名	文字記号	用語	英語名
VM	電圧計	voltmeter	WM	電力計	wattmeter
AM	電流計	ammeter	WHM	電力量計	watt-hour meter
FM	周波数計	frequency meter	PFM	力率計	power-factor meter

[4] 遮断器類の文字記号

表8・4 (JEM1115)

文字記号	用語	英語名	機器の説明
CB	遮断器	circuit-breaker	通常状態の電路のほか，異常状態，特に短絡状態における電路をも開閉しうる機器
ACB	気中遮断器	air circuit-breaker	電路の開閉が大気中で行われる遮断器
DS	断路器	disconnecting switch	単に充電した電路を開閉するために用いられるもので，負荷電流の開閉をたてまえとしない機器
F	ヒューズ	fuse	回路に過電流とくに短絡電流が流れたとき，ヒューズエレメントが溶断することによって電流を遮断し，回路を開放する機器
MCCB	配線用遮断器	molded case circuit-breaker	開閉機構，引きはずし装置などを絶縁物の容器内に一体に組立てた気中遮断器
OCB	油遮断器	oil circuit-breaker	電路の開閉を油中で行う遮断器
PF	電力ヒューズ	power fuse	電力回路に使用されるヒューズ
VCB	真空遮断器	vacuum circuit -breaker	電路の開閉を真空中で行う遮断器

[5] 回転機類の文字記号

表8・5 (JEM 1115)

文字記号	用語	英語名	文字記号	用語	英語名
G	発電機	generator	MG	電動発電機	motor-generator
M	電動機	motor	IM	誘導電動機	induction motor

[6] その他の文字記号

表8・6 (JEM 1115)

文字記号	用語	英語名	文字記号	用語	英語名
B	電池	battery	MCL	電磁クラッチ	electromagnetic clutch
BL	ベル	bell	T	変圧器	transformer
BZ	ブザ	buzzer	SL	表示灯	signal lamp
H	ヒータ	heater	GL	緑色ランプ	green lamp
MB	電磁ブレーキ	electromagnetic-brake	RL	赤色ランプ	red lamp

8・3 機能を表すシーケンス制御記号

シーケンス制御記号において，おもな機能を表す文字記号を示したのが，**表8・7** です．

表8・7 機能を表すおもな文字記号 (JEM 1115)

文字記号	用語	英語名	文字記号	用語	英語名
AUT	自動	automatic	L	左	left
AX	補助	auxiliary	L	低	low
B	制動	braking	MAN	手動	manual
BW	後	backward	OFF	開路，切	off
CL	閉	close	ON	閉路，入	on
CO	切換	change-over	OP	開	open
D	下降・下	down	P	プラッギング	plugging
DEC	減	decrease	R	逆	reverse
EM	非常	emergency	R	右	right
F	正	forward	RUN	運転	run
FW	前	forward	RST	復帰	reset
H	高	high	ST	始動	start
HL	保持	holding	STP	停止	stop
IL	インタロック	inter-locking	SY	同期	synchronizing
INC	増	increase	U	上昇・上	up

以上のように，シーケンス制御記号としての文字記号は，英語名の頭文字を大文字で表記するのを原則とし，他と混同しやすい場合には，第2，第3文字まで

用いるようにしています.

シーケンス制御記号によるシーケンス図例

電動機の始動制御回路を例として，シーケンス制御記号によるシーケンス図を示したのが，**図 8·1** です.

このように，シーケンス制御記号は，シーケンス図において図記号に付記して，その機器の名称と機能を理解するうえで便利な記号といえます.

この電動機の始動制御回路のシーケンス動作については，16 章に詳しく説明してあります.

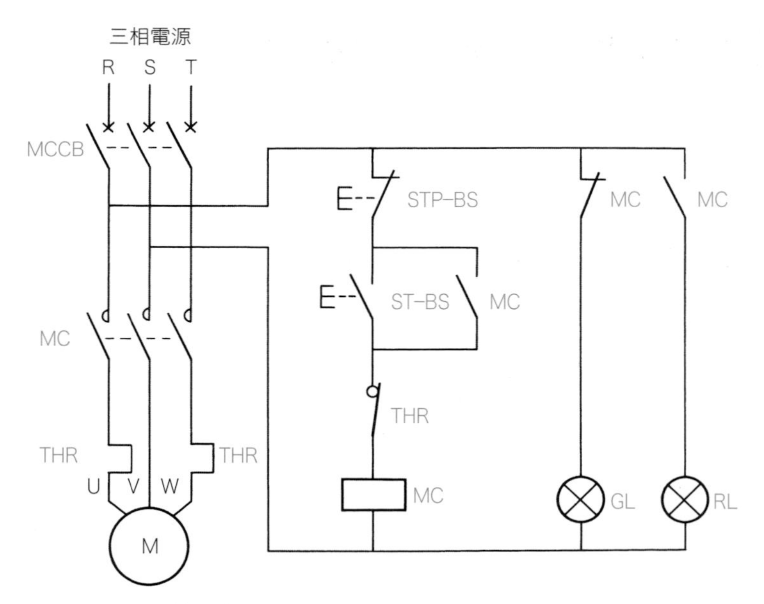

図 8・1 シーケンス制御記号によるシーケンス図〔例〕

9章 制御器具番号の表し方

9・1 制御器具番号とはどういう記号か

制御器具番号とは

制御器具番号とは，日本電機工業会規格 JEM 1090（制御器具番号）を基本とし，電力系統の機器にその用途または機能に応じて，あらかじめ固有の番号を規定した記号で，1 から 99 までの数字を主体とした数字記号をいいます．

制御器具番号は，シーケンス図において，下図のように電気用図記号に添記して，シーケンス動作をより理解しやすくすることは，シーケンス制御記号と全く同じです．

〈図記号に制御器具番号を付記する〔例〕〉

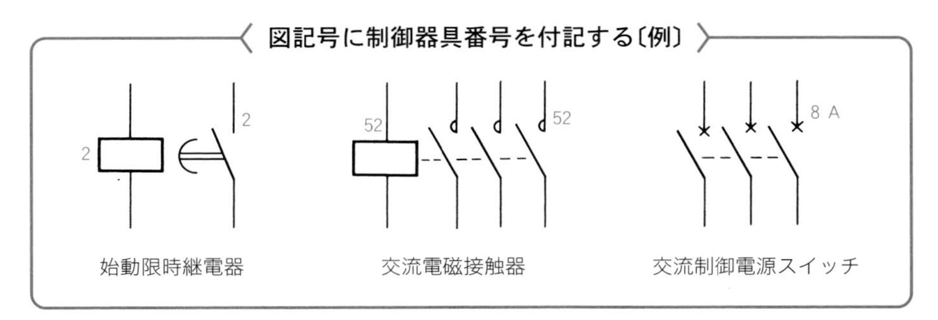

制御器具番号では，機器の名称とともにその機能およびその用途を詳しく知ることができます．

たとえば，遮断器を例にして機能，用途別にその器具番号を示したのが，次ページの表です．

このように器具番号から，その機器がどのような用途に用いられるかを知るこ

器具番号	器具名称	器具番号	器具名称
6	……始動遮断器	52	……交流遮断器
31	……界磁変更遮断器	54	……高速度遮断器
41	……界磁遮断器	72	……直流遮断器
42	……運転遮断器	73	……短絡用遮断器

とができます．

この制御器具番号は，発電，送電，変電，受電など，おもに電力設備に用いられ，その歴史も古く一種の専門用語として通用する記号なので，電力設備のシーケンス制御に関係する技術者は，ぜひとも覚えておく必要があります．

しかし，この場合，制御器具番号を示す数字と対応する機器の名称とは，思考的になんらの関連もありませんから，ただ記憶することが必要です．

基本器具番号・補助記号とは

制御器具番号は，基本器具番号と補助記号からなり，これらを適宜組み合わせて用います．

基本器具番号とは，1から99までの数字に機器の種類，用途，性質などの意味をもたせて，記号化した番号です．

また，**補助記号**とは，基本器具番号だけでは機器の種類，用途，性質などを表すに不十分なときに用いる記号で，原則として，英文電気用語の頭文字をとったアルファベットで示します．

制御器具番号の構成のしかた

制御器具番号は，できるだけ短いのが好ましいので，基本器具番号だけで用途を表現できればよいが，表現できないときは，まず，それと組み合わせうる基本器具番号をつけ，さらに該当する基本器具番号がないときは，補助記号をつけるようにします．

基本器具番号と補助記号の組合せによる制御器具番号の構成のしかたの例を示すと，次のとおりです．

〈基本器具番号だけの場合〉

4……主制御回路用継電器（主制御回路の開閉を行う継電器）

51……交流過電流継電器(交流の過電流，または地絡過電流で動作する継電器)

〈基本器具番号と基本器具番号を組み合わせた場合〉

3-52……交流遮断器用操作スイッチ

（3：操作スイッチ　　52：交流遮断器）

43-95……周波数継電器切換スイッチ

（43：制御回路切換スイッチ　　95：周波数継電器）

〈基本器具番号補助記号を組み合わせた場合〉

72 B……蓄電池充電装置用直流遮断器（72：直流遮断器　B：電池）

27 C……制御電源用不足電圧継電器（27：交流不足電圧継電器　C：制御）

9・2 制御器具番号の基本器具番号と補助記号

制御器具番号を正しく適用するために，1から99の数字からなる基本器具番

表9・1　制御器具番号の基本器具番号

器具番号	器具名称	器具番号	器具名称
1	主幹制御器またはスイッチ	11	試験スイッチまたは継電器
2	始動もしくは閉路限時継電器または始動もしくは閉路遅延継電器	12	過速度スイッチまたは継電器
3	操作スイッチ	13	同期速度スイッチまたは継電器
4	主制御回路用制御器または継電器	14	低速度スイッチまたは継電器
5	停止スイッチまたは継電器	15	速度調整装置
6	始動遮断器・接触器・スイッチまたは継電器	16	表示線監視継電器
7	調整スイッチ	17	表示線継電器
8	制御電源スイッチ	18	加速もしくは減速接触器または加速もしくは減速継電器
9	界磁転極スイッチ・接触器または継電器	19	始動-運転切換接触器または継電器
10	順序スイッチまたはプログラム制御器	20	補機弁

表9・1 つづき

器具番号	器具名称	器具番号	器具名称
21	主機弁	51	交流過電流継電器または地絡過電流継電器
22	漏電遮断器または接触器・継電器	52	交流遮断器または接触器
23	温度調整装置または継電器	53	励磁継電器または励弧継電器
24	タップ切換装置	54	高速度遮断器
25	同期検出装置	55	自動力率調整器または力率継電器
26	静止器温度スイッチまたは継電器	56	スベリ検出器または脱調継電器
27	交流不足電圧継電器	57	自動電流調整器または電流継電器
28	警報装置	58	(予備番号)
29	消火装置	59	交流過電圧継電器
30	機器の状態または故障表示装置	60	自動電圧平衡調整器·電圧平衡継電器
31	界磁変更遮断器・接触器・スイッチまたは継電器	61	自動電流平衡調整器または電流平衡継電器
32	直流逆流継電器	62	停止もしくは開路限時継電器または停止もしくは開路遅延継電器
33	位置検出スイッチまたは装置	63	圧力スイッチまたは継電器
34	電動順序制御器	64	地絡過電圧継電器
35	ブラシ操作装置またはスリップリング短絡装置	65	調速装置
36	極性継電器	66	断続継電器
37	不足電流継電器	67	地絡方向継電器または交流電力方向継電器
38	軸受温度スイッチまたは継電器	68	混入検出器
39	機械的異常監視装置または検出スイッチ	69	流量スイッチまたは継電器
40	界磁電流継電器または界磁喪失継電器	70	加減抵抗器
41	界磁遮断器·スイッチまたは接触器	71	整流素子故障検出装置
42	運転遮断器·スイッチまたは接触器	72	直流遮断器または接触器
43	制御回路切換スイッチ・接触器または継電器	73	短絡用遮断器または接触器
44	距離継電器	74	調整弁
45	直流過電圧継電器	75	制動装置
46	逆相または相不平衡電流継電器	76	直流過電流継電器
47	欠相または逆相電圧継電器	77	負荷調整装置
48	渋滞検出継電器	78	搬送保護位相比較継電器
49	回転機温度スイッチもしくは継電器または過負荷継電器	79	交流再閉路継電器
50	短絡選択継電器または地絡選択継電器	80	直流不足電圧継電器

表9・1　つづき

器具番号	器具名称	器具番号	器具名称
81	調速機駆動装置	91	自動電力調整器または電力継電器
82	直流再閉路継電器	92	扉またはダンパ
83	選択スイッチ・接触器または継電器	93	(予備番号)
84	電圧継電器	94	引外し自由接触器または継電器
85	信号継電器	95	自動周波数調整器または周波数継電器
86	ロックアウト継電器	96	静止器内部故障検出装置
87	差動継電器	97	ランナ
88	補機用遮断器・接触器または継電器	98	連結装置
89	断路器または負荷開閉器	99	自動記録装置
90	自動電圧調整器または自動電圧調整継電器		

表9・2　制御器具番号の補助記号

符号	内容
A	交流 自動 空気 空気圧縮機 空気冷却機 空気圧 風 増幅 電流 アナログ
B	断線 側路 ベル 電池 母線 制動 軸受 遮断 ブロック
C	共通 冷却 搬送 調相機
C	投入 補償 制御 閉
C	コンデンサ
CA	電流補償
CH	充電 線路充電
CO_2	炭酸ガス
CPU	中央処理装置
D	直流 直接 ダイヤル 差動 ディジタル 方向
E	非常 励磁
F	火災 故障 ヒューズ 周波数
F	ファン フィーダ フリッカ 正
FL	フィルタ
G	グリス
G	地絡(グランド) ガス 発電機
H	高 所内 ヒータ 保持
I	内部 初期
IL	インターロック
IR	誘導電圧調整器
INV	逆変換器(インバータ)
J	結合 ジェット
K	三次 ケーシング
L	ランプ 漏れ 下げ，減 ロックアウト 低 線路 負荷 左
LA	避雷器
LD	進み
LG	遅れ
LR	負荷時電圧調整器
M	計器 主 モー素子 動力 電動機

表9・2　つづき

符号	内容
M	手動
N	窒素 中性 負極
O	オーム素子 外部 開 操作
P	プログラム ポンプ 一次 正極 電力，出力，負荷 潮流 圧力 並列 パルス
PC	消弧リアクトル
PLC	プログラマブルコントローラ
PW	パイロット線
Q	油 油圧 油面 油流 圧油装置 圧油ポンプ 無効電力
R	復帰 上げ，増 調整 遠方 受電 回転子 リアクトル 受信 抵抗 逆 継電器 室内 整流器 右
S	ストレーナ ソレノイド 動作
S	同期 短絡 二次 速度 副 送信 固定子 単独 選択 すべり シール 予備（スペア） 始動
SH	スペースヒータ
SU	始動素子
T	変圧器 温度 限時 遅延 引外し タービン 連結 トルク
U	使用
UPS	無停電電源装置
V	電圧 真空 弁
VIB	振動
W	水 水位 水流 水圧 給水 排水
WC	冷却水 冷却水ポンプ
Z	ブザー インピーダンス
A,B,C X,Y,Z	補助（識別用）
ϕ	相

号に対する器具名称を示したのが，**表9･1**です．また，基本器具番号に付記するアルファベットの補助記号と，その内容を示したのが，**表9･2**です．

図8･1に例示したシーケンス制御記号による電動機の始動制御回路のシーケンス図を，制御器具番号に置き替えたのが，**図9･1**です．

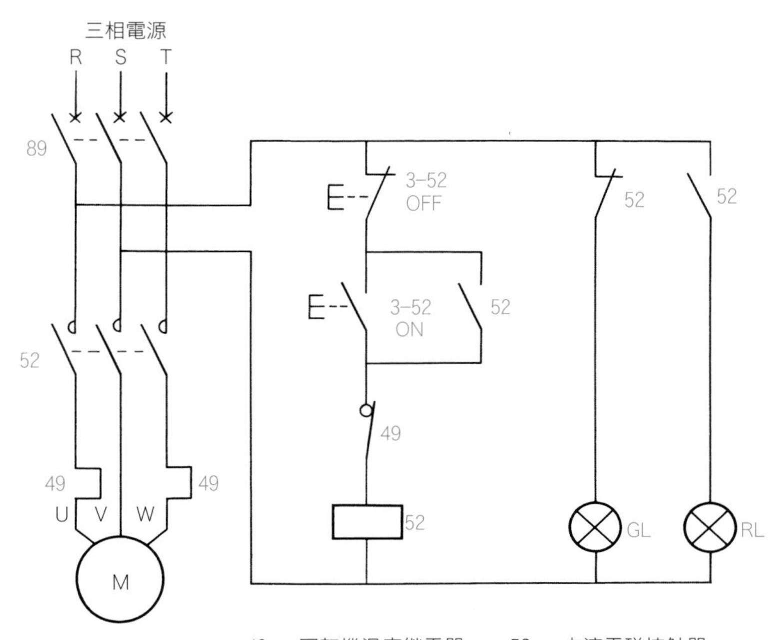

図 9・1 制御器具番号によるシーケンス図〔例〕

10章 シーケンス図の表し方

10・1 シーケンス図の表し方の原則

シーケンス図は，各機器の機構的関連部分を省略して，その機器に属する制御回路をそれぞれ単独に取り出して，動作の順序に配列し，機器の離ればなれになった部分が，どの機器に属するかをすべて記号によって表示するなど，通常の接続図とは，相当異なった表現方法となっています．

そこで，シーケンス図の表し方について，その原則的な考え方を，次に示しておきましたので，十分に理解しておくことが必要です．

〈シーケンス図の表し方の原則〉

1. 各機器は，電気用図記号（2章参照）を用いて表示する．
2. 各機器を表現する図記号は，休止状態で，しかもすべての電源を切り離した状態で示す．
3. 各機器は，機構的関連部分をすべて省略し，使用する図記号は機器一体の表現ではなく，接点，電磁コイルなどのような部分で示す．
4. 機器の各部分が分離して，各所に記載されているから，そのおのおのに機器名を示す文字記号を添記して，その所属，関連を明らかにする．
5. 機器名として添記する文字記号としては，シーケンス制御記号（8章参照）または数字記号である制御器具番号（9章参照）を用いる．
6. 信号の流れ基準によるシーケンス図では，電源回路はいちいち詳細に示さず，制御電源母線として，図の上下に横線で示すか，または左右に縦線で示す．
7. 各機器を結ぶ接続線は，上下の制御電源母線の間に極力まっすぐな縦線で示すか，または左右の制御電源母線の間に極力まっすぐな横線で示す．

8.　各接続線は，実際の機器の配置に関係なく，動作の順序に従って左から右へ，または上から下の順に並べて書くようにする．
9.　シーケンス図としての表現は，おもに制御回路に用いられ，主回路には単線結線図，複線結線図などが用いられる．

10・2 シーケンス図における制御電源母線の表し方

導体の図記号の表し方

シーケンス図において，制御回路内の各機器相互間を接続する導体（配線）の図記号は，**図 10・1**(a) のように実線で表します．

実線の太さは任意ですが，制御回路では比較的細い線を用いるとよく，また，制御の対象である主回路は，通常これを明確に区別するため，太い線を使用するとよいでしょう．

導体のT接続は，一般に図（b）のように，横線に対して縦線を垂直に示します．特に，接続点を加えるときは，図（c）のように，分岐点に塗りつぶした小さい円の接続点図記号（•）を書いて示すが，T接続では接続であることが明らかであることから，図 (b) のように接続点記号（•）を省略してもよいでしょう．

本書では，T接続は，接続点図記号を用いない図（b）で示します．

また，導体が交差する場合は，図（d）のように，接続図記号（•）を書かずに示します．特に，製図の都合上，交差点が接続されていることを示す場合は，接続点図記号（•）を用い図（e）で示します．

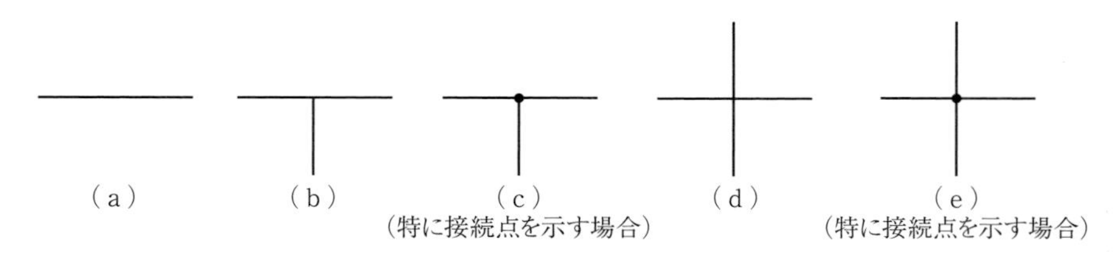

図 10・1　導体の図記号の表し方

直流制御電源母線の表し方

シーケンス図においては，電池あるいは整流器などによる直流電源をいちいち，その電源の図記号を用いて表さず，適宜の間隔をもった上下の横線で，または左右の縦線で示し，直流制御電源母線として表します．

信号の流れ基準による縦書きのシーケンス図では，直流制御電源母線として示す電源母線としては，**図 10･2** のように，上側に正極（+）電源母線を書きP（正極：positive）の記号を表示し，また下側に負極（−）電源母線を書きN（負極：negative）の記号を表示します．

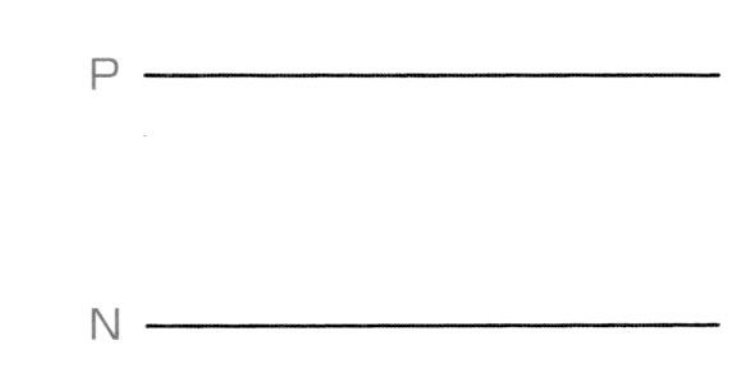

図 10・2　直流制御電源母線の表し方

この上下の直流制御電源電線の間に，各種の制御機器をつないだ接続線を縦線として表します．

たとえば，**図 10･3** のように，上側の正極電源母線と下側の負極電源母線との間にブレーク接点を有する押しボタンスイッチとランプを接続線でつなぐと，直流電源図記号が省略されている直流電源の正（P）極と負（N）極が，この接続線で閉路されるので，ランプに電流が流れ点灯するということになります．

この場合，信号は上側の正極Pから，下側の負極Nの方向に縦に流れるので，信号の流れ基準による縦書きのシーケンス図といいます．

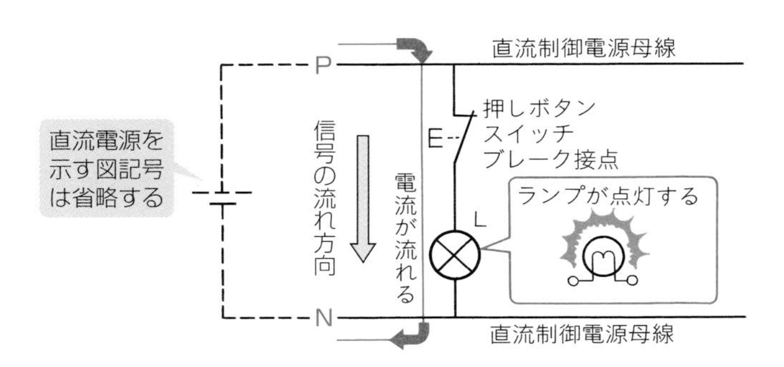

図 10・3　直流制御電源母線では直流電源図記号を省略する

交流制御電源母線の表し方

信号の流れ基準による縦書きのシーケンス図において，交流電源を示すには，直流電源の場合と同様に，**図 10·4** のように，適宜の間隔をもった上下の横線で示し，交流制御電源母線として表します．

図 10・4 交流制御電源母線の表し方

一般に，交流の電源母線には，単相の場合では交流電源の相を表示する R，S の記号を添記して，交流制御電源母線であることを表します．

この上下の交流制御電源母線の間に，各種の制御機器をつないだ接続線を縦線で表します．

たとえば，**図 10·5** のように，上側の R 相電源母線と下側の S 相電源母線との間にブレーク接点を有する押しボタンスイッチとベルを接続線でつなぐと，交流電源図記号が省略されている交流電源の R 相と S 相の線間電圧が，この接続線で閉路されるので，ベルに電流が流れ，鳴ることになります．

この場合，信号は上側の R 相から下側の S 相の方向に縦に流れるので，信号の流れ基準による縦書きのシーケンス図となります．

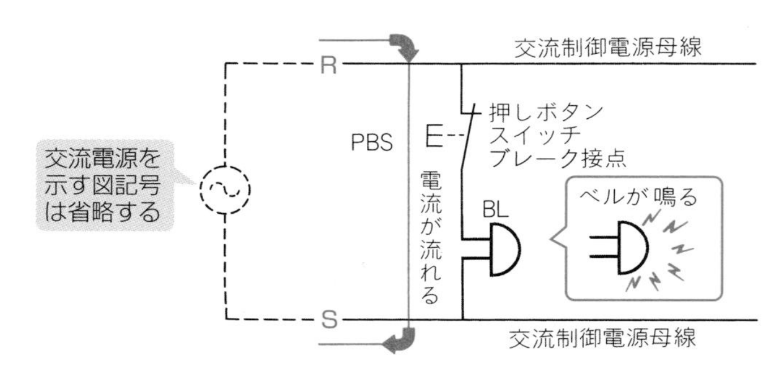

図 10・5 交流制御電源母線では交流電源図記号を省略する

接続線内の機器の配列のしかた

シーケンス図における接続線は，**図 10·6**(a) のように，制御電源母線の間を極力直線とし，上下に往復しないようにします．

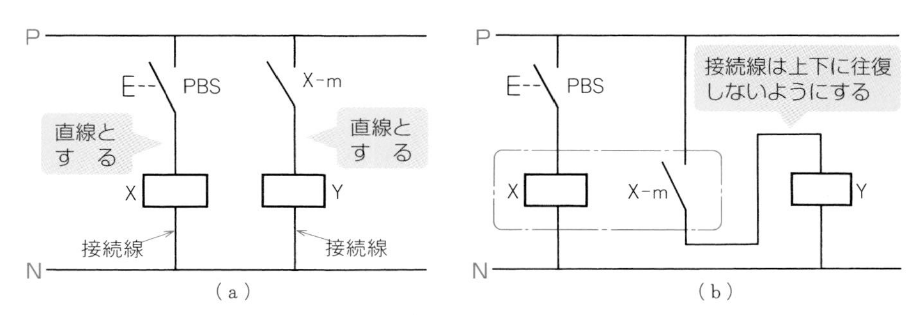

図 10・6　接続線は極力直線とする〔例〕

制御機器の機械的関連を考慮するあまり，図（b）のように，電磁リレーのコイル X ▭ とメーク接点 X-m とを強引に同じ段に書く必要はありません．

また，接続線内の機器の配列としては，**図 10・7** のように，上側制御電源母線

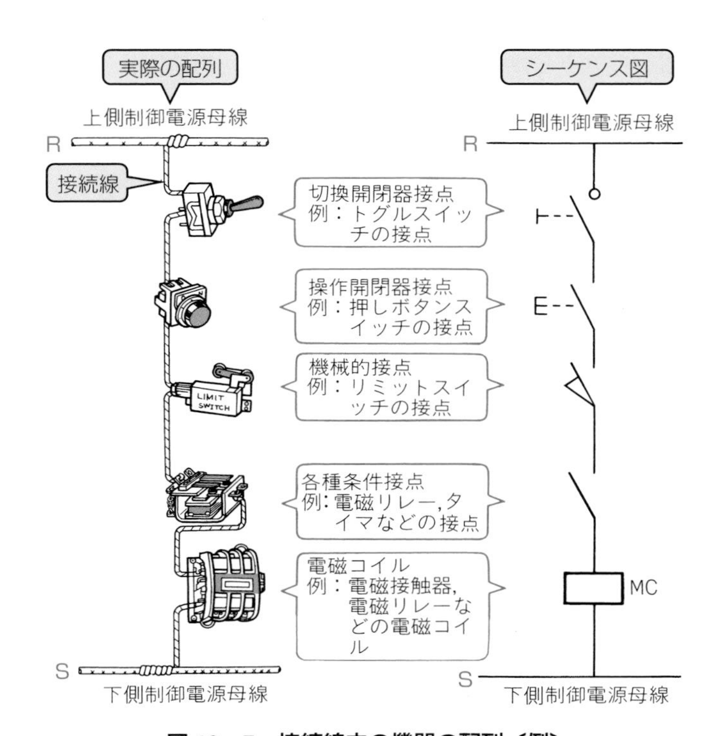

図 10・7　接続線内の機器の配列〔例〕

には，切換開閉器，操作開閉器，電磁リレーなどの接点を順次接続し，電磁リレー，電磁接触器などの電磁コイルは，下側制御電源母線に直接つながるようにします．

このようにすると，図面も見やすく，保守点検のときに電磁コイル端子をはずすときにも便利であり，盤内配線，盤間わたりの連絡線も少なくてすむからです．

10・3 シーケンス図における開閉接点図記号の表し方

開閉接点図記号の特徴

押しボタンスイッチのように手動で操作することにより開閉する機器，電磁リレー，電磁接触器のように電磁力で開閉する機器など，開閉接点を有する機器は，操作あるいは電源との接続の有無によって，接点の開閉状態が変わります．

したがって，シーケンス図において，これら開閉接点を有する機器の図記号を表示するにあたって，その接点可動部の位置が，機器のどのような状態のときを示すか，その原則をはっきり認識しておかないと間違いが生じるおそれがあります．

シーケンス図における押しボタンスイッチの図記号

押しボタンスイッチのように，接点部を手動で操作する機器をシーケンス図に表示するにあたっては，その図記号は押しボタンに手をふれない状態で表します．

したがって，**図 10・8** のように，メーク接点を有する押しボタンスイッチの図記号は，接点が開いているように，また，ブレーク接点を有する押しボタンスイッチの図記号は，接点が閉じているように示します．

シーケンス図における電磁リレーの図記号

電磁リレー，電磁接触器などのように，接点部が電気によって駆動される機器をシーケンス図に表示するにあたっては，その図記号は，電磁コイルに電流が流

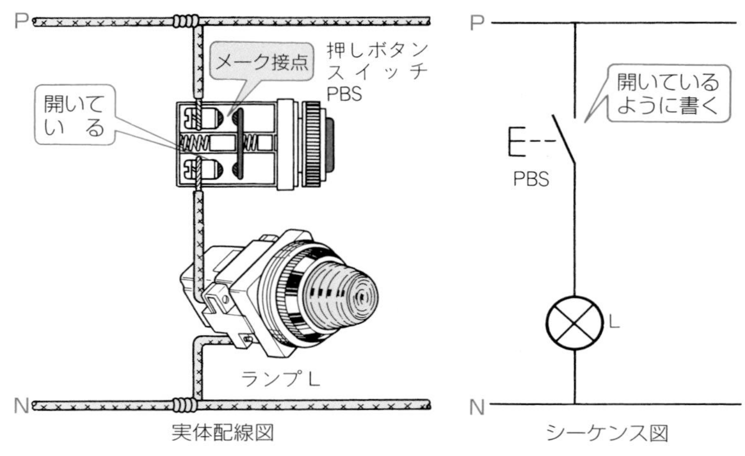

（a）　メーク接点の図記号の表し方

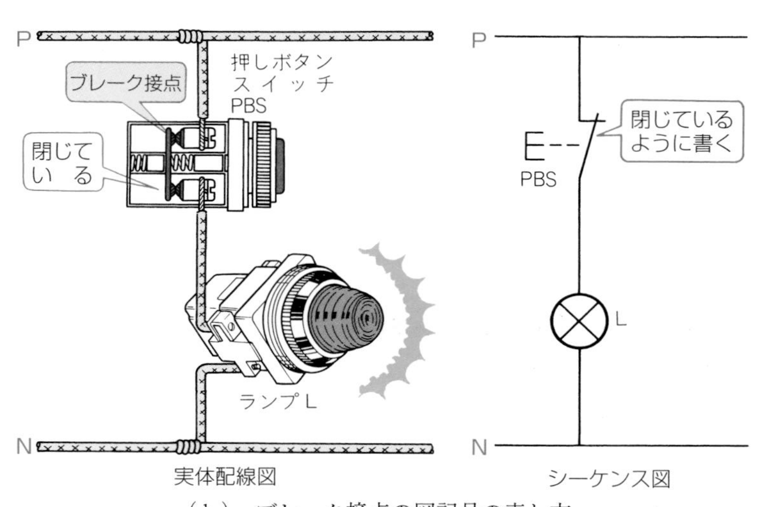

（b）　ブレーク接点の図記号の表し方

図 10・8　シーケンス図における押しボタンスイッチの図記号の表し方

れていない状態で示します．

したがって，**図 10・9** のように，電磁リレーの電磁コイルに電源が接続されているように書かれていても，電磁リレーのメーク接点の図記号は開いているように，また，ブレーク接点は閉じているように示します．

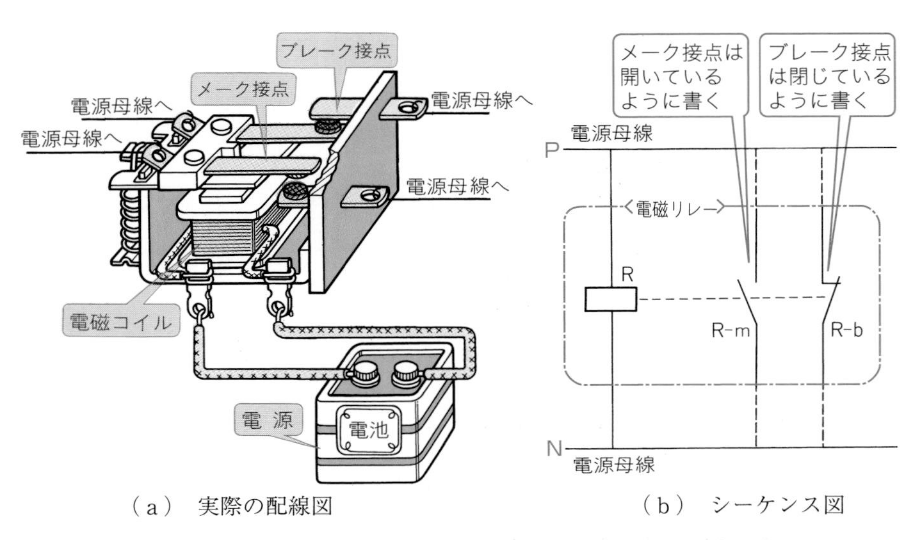

（a） 実際の配線図　　（b） シーケンス図

図 10・9 シーケンス図における電磁リレーの図記号の表し方

なお，動作の過程を説明するシーケンス図においては，電磁リレー，電磁接触器などの開閉接点の図記号は，その機器がどのような状態を示すのかを図面に明記して，電源などが供給されているならば動作している状態で開閉接点を示すようにします．

10·4 シーケンス図の書き方

シーケンス図の書き方の順序

図 10·10 は，押しボタンスイッチ PBS を押すと電磁リレー R が動作してブザー BZ が鳴るようにしたブザー鳴動回路の実際配線図の一例を示した図です．

この電磁リレーによるブザー鳴動回路を例として，シーケンス図の書き方について順を追って説明しましょう．

図 10·10 の実際配線図を上下の制御電源母線によるシーケンス図方式の実体配線図に書き替えたのが，**図 10·11** です．よく対比してください．

図 10·11 の実体配線図をシーケンス図に書き直したのが，**図 10·12** です．

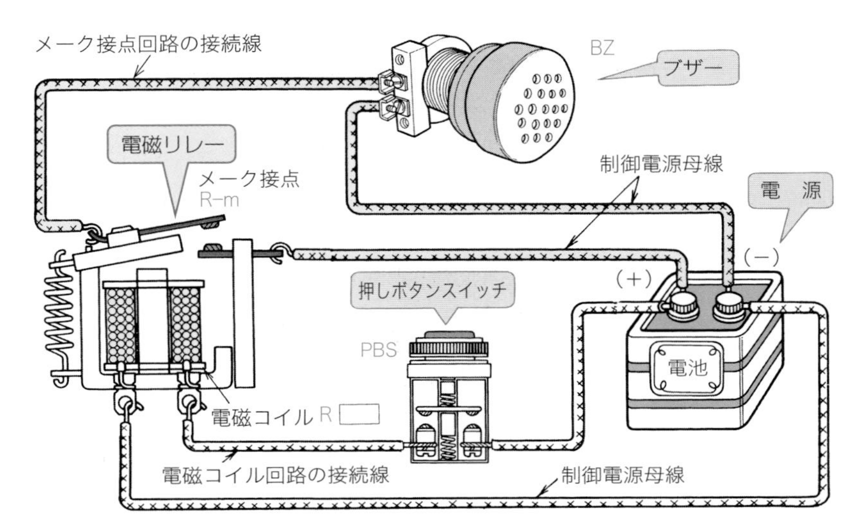

図 10・10　電磁リレーによるブザー鳴動回路の実際配線図〔例〕

《書き方の順序（図 10・12）》

順序〔1〕：制御電源母線を書く．

① 制御電源母線として，上下の横線を書く．

② この回路は電池を電源としているので，上側電源母線に正極 P を，下側電源母線に負極 N の記号を表示する．

順序〔2〕：電磁コイル回路の接続線を書く．

① 上側電源母線に押しボタンスイッチのメーク接点の図記号を，下側電源母線に電磁コイルの図記号を書いて直列につなぎ，縦のまっすぐな接続線とする．
この回路では，ボタンを押す動作が一番初めに行われるので，この接続線は，上下の電源母線の間に左側に寄せて書く．

② 押しボタンスイッチに PBS（push button switch の略）の文字記号を添記する．

③ 電磁コイルには電磁リレーに所属していることを示す R（relay の略）の文字記号を添記する．

順序〔3〕：メーク接点回路の接続線を書く．

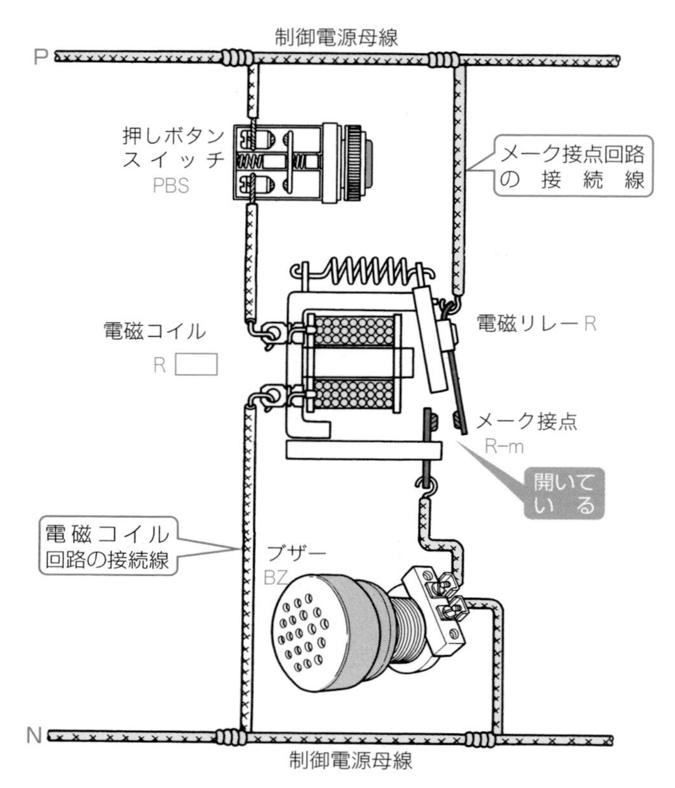

図 10・11 電磁リレーによるブザー鳴動回路の実体配線図〔例〕

① 上側電源母線に電磁リレーのメーク接点の図記号を，下側電源母線にブザーの図記号を書いて直列につなぎ，縦のまっすぐな接続線とする．

電磁リレーのメーク接点は電磁コイルに電流が流れてから動作し閉じるので，この接続線は電磁コイル回路の接続線の右側に書く．

② メーク接点には電磁リレーRに所属していることを示すR-m（小文字mはメーク接点を意味する）の文字記号を添記する．

③ ブザーにBZ（buzzerの略）の文字記号を添記する．

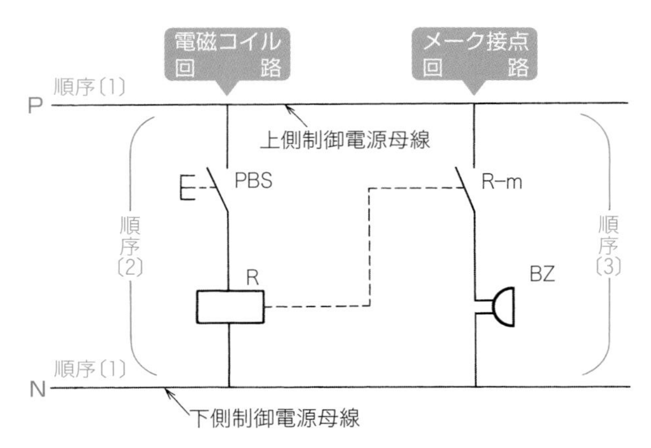

図 10・12　電磁リレーによるブザー鳴動回路のシーケンス図の書き方

シーケンス図に線番号を付す利点

シーケンス図を用いて，シーケンス制御回路の配線作業を行うとか，保守点検あるいは回路の変更などを行うにあたって，制御回路がきわめて簡単な場合は別として，回路が複雑になるほど，相互の関連が多くからみ合って相当慣れた人でもミスをしやすく苦労することがあります．

そこで，シーケンス図を表すにあたって，図中に線番号を記入しておき，配線作業の際に，シーケンス図中の線番号に応じて，それに該当する電線の両端子に線番号（図 10・14 参照）をマーカーで表示するようにしておくと非常に便利といえます．

地番制による線番号の表し方

図 10・13 は，電動機の正逆転制御回路を示すシーケンス図に地番制による線番号を付した一例を示した図です．

この方法は，シーケンス図を碁盤の目の中に正しく書き，縦軸と横軸のおのおのの位置に 1, 2, 3, ……（桁数の多い場合は 01, 02, 03……とする）と番号を付し，これらの縦軸と横軸が交差する点の番号を組み合わせて，その位置を表示するようにします．

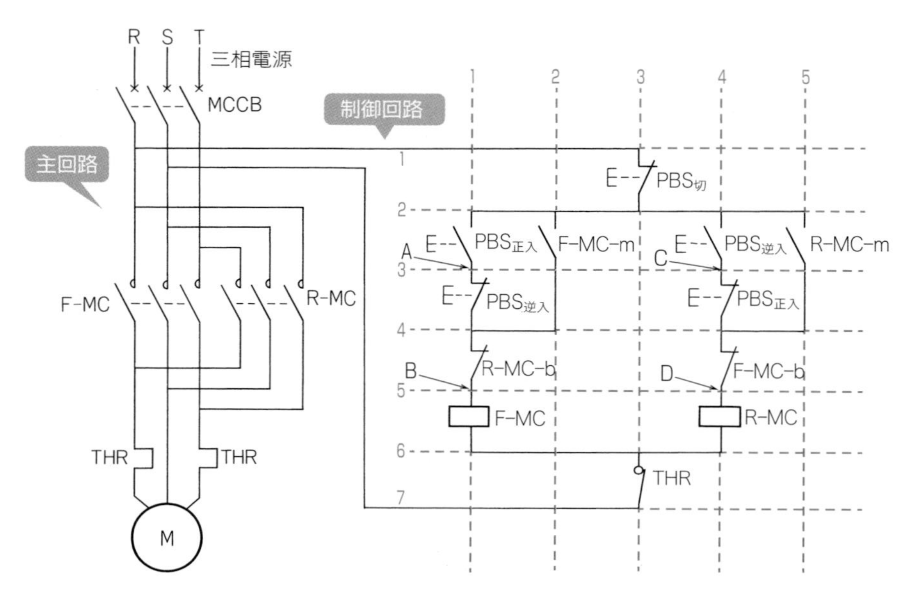

図 10・13　地番制によるシーケンス図の表し方〔例〕（電動機の正逆転制御回路）

たとえば，図中のA点は13，B点は15，C点は43，D点は45で示され，数字の並べ方は縦軸の数字・横軸の数字の順とします．

そして，各点に配線されている電線の両端には，**図 10・14** のようなマーカーでその線番号を表示しておくと，そのマーカーの線番号を見れば，その電線がシーケンス図中のどこの部分の配線であるかがすぐわかります．

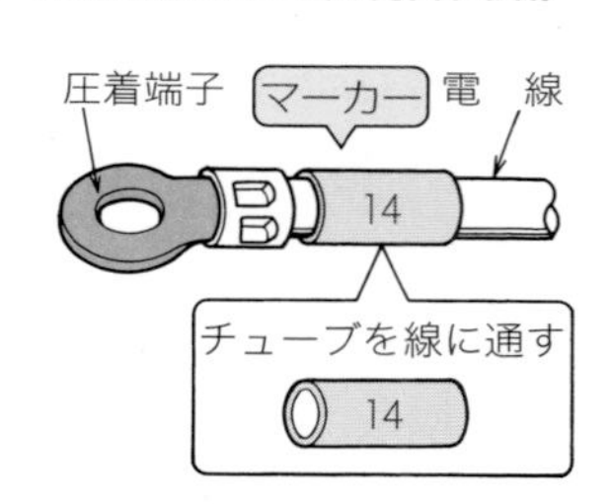

図 10・14　線番号のマーカー〔例〕

縦軸，横軸の線番号をどのような記号にするかは，決められていないので，工夫してみましょう．

この電動機の正逆転制御回路のシーケンス動作の詳しい説明は，17章を参照してください．

C シーケンス図を実体配線図に直すにはどうするか

シーケンス制御回路を配線する場合，シーケンス図から，そのまま配線作業ができるようになることが理想ですが，一度，実体配線図を作ってから行うと，ミスのない配線作業ができます．

そこで，シーケンス図を実体配線図に書き替える場合の基本を示すと，次のとおりです．

〈シーケンス図を実体配線図に書き替える場合の基本〉

1. 実体配線図の機器は，実際の配置に合わせて配列すること．
2. 電線の接続は，必ず端子を経由して行うこと．
3. 外部部品は，端子台を用いて接続するようにすること．
4. 1端子に3本以上の電線を入れないようにすること．
5. シーケンス図の接続点はその線上のどこへ移しても同じであること．
6. 共通線を利用するとか，渡り線を使うとかして，最小本数になるように配線すること．
7. 一つの端子または線上に数個の接続点があるときは，各機器の端子内でまとめること．

C 電線の接続は端子で行う

シーケンス制御回路を配線する場合，シーケンス図では，線の途中に接続点が設けられているように表されているが，実際の配線作業は，必ず機器の端子を経由して行うようにします．

図10・15は，押しボタンスイッチによるOR回路（11・2節参照）のシーケンス図の一例を示した図ですが，A点，B点，C点，D点ともシーケンス図では，線の途中に接続点が設けられているように表されていますが，実際の配線は各機器の端子で行います．

このシーケンス図から，押しボタンスイッチおよびランプなどの機器を実際の配置

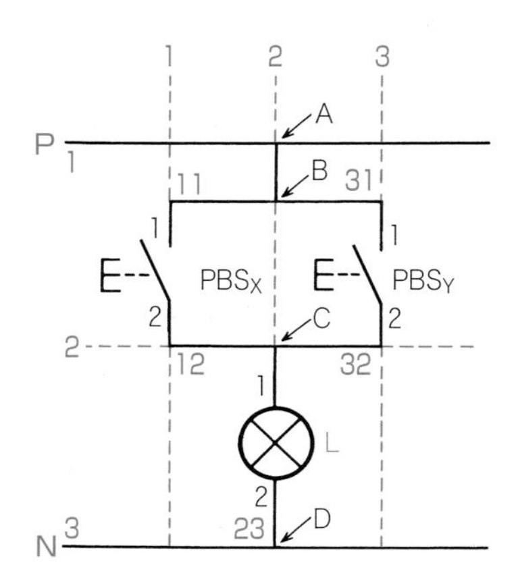

図10・15　押しボタンスイッチによるOR回路のシーケンス図

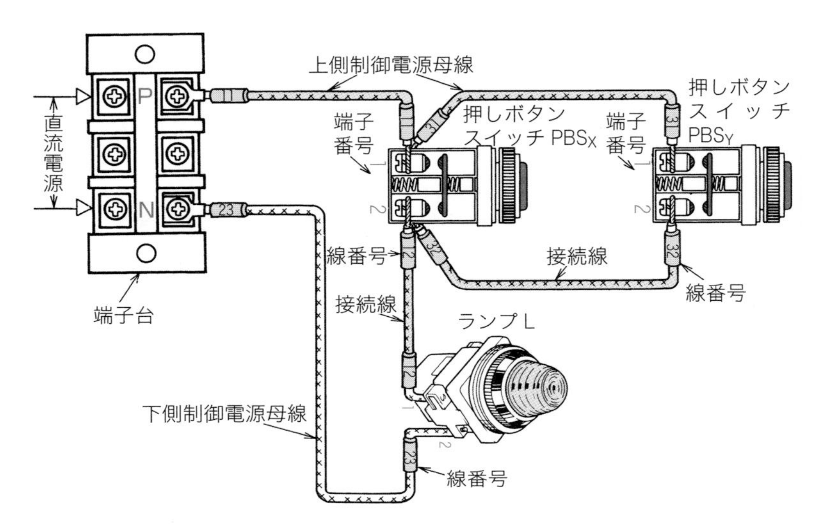

図 10・16　押しボタンスイッチによる OR 回路の実際配線図〔例〕

に合わせて配列し，配線したのが**図 10･16** です．

そして，この配線の方法に合わせて，機器の端子を接続点として，シーケンス図を書き替えたのが，**図 10･17** です．

つまり，直流電源の端子台の P から直接，押しボタンスイッチ PBS_X の端子 1 に，制御電源母線として線番号 11 を配線し，この PBS_X の端子 1 から PBS_Y の端子 1 に線番号 31 を配線して，上側制御電源母線とします．

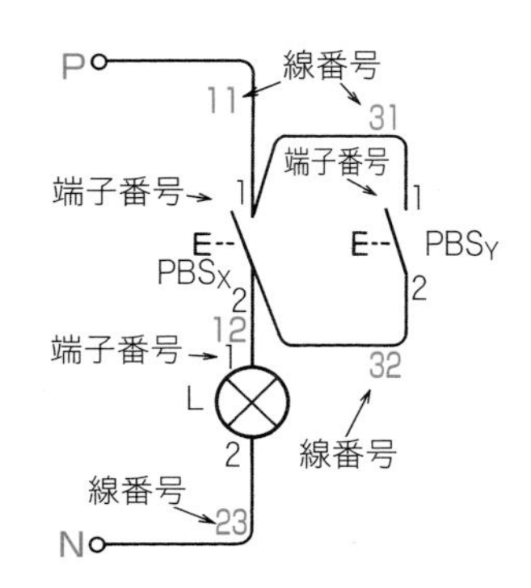

図 10・17　実際の配線に合わせて表したシーケンス図

この場合，シーケンス図の A 点と B 点とが PBS_X の端子 1 となるわけです．

また，PBS_X の端子 2 と PBS_Y の端子 2 を線番号 32 で配線し，PBS_X の端子 2 からランプの端子 1 に線番号 12 で配線します．

この場合，シーケンス図の C 点は PBS_X の端子 2 に相当します．

そして，ランプ L の端子 2 から，直接電源の端子台 N に配線された線番号 23 が下側制御電源母線となります．

このように，シーケンス図と実際の配線とは，大分異なった配線となりますので注意しましょう．

C 接続点は線上を移動してもよい

シーケンス制御回路を配線する場合，シーケンス図中の接続点をその線上に移動すると，配線作業が容易になるばかりでなく，配線本数を節約することができる場合があります．

図 10・18 は，単相モータの主回路の接続図ですが，この配線をするとき，**図 10・19** のように，接続点 A と B を電磁接触器の端子 U と V からとると，モータへの配線は 4 本必要となります．

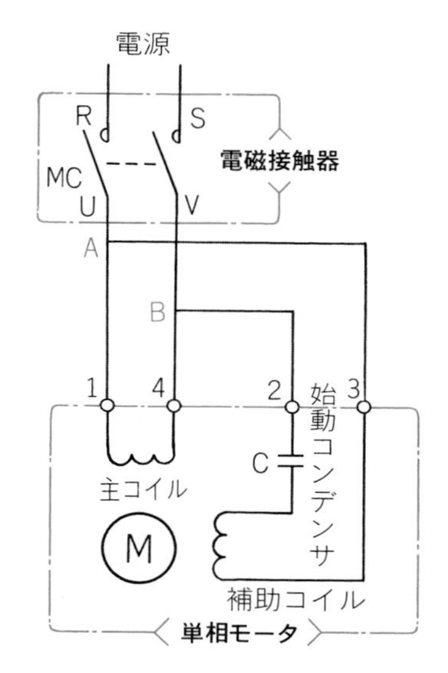

図 10・18　単相モータの主回路〔例〕

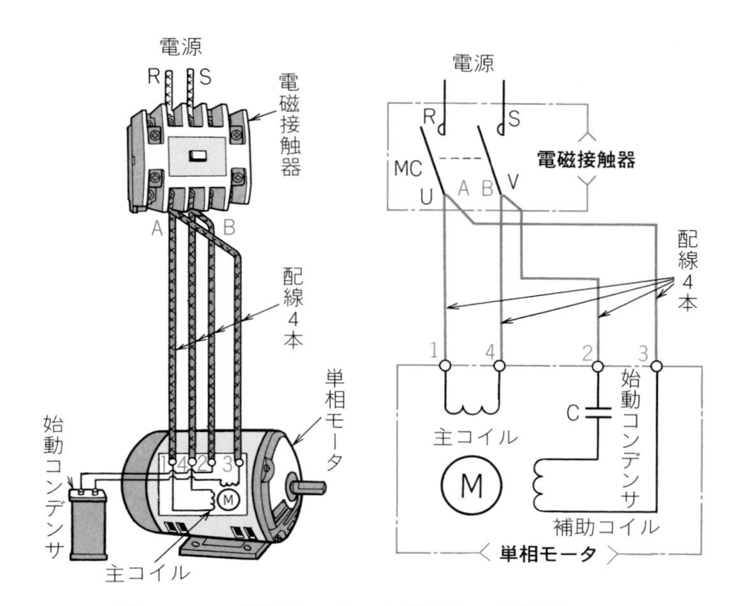

図 10・19　単相モータへの配線は 4 本必要である

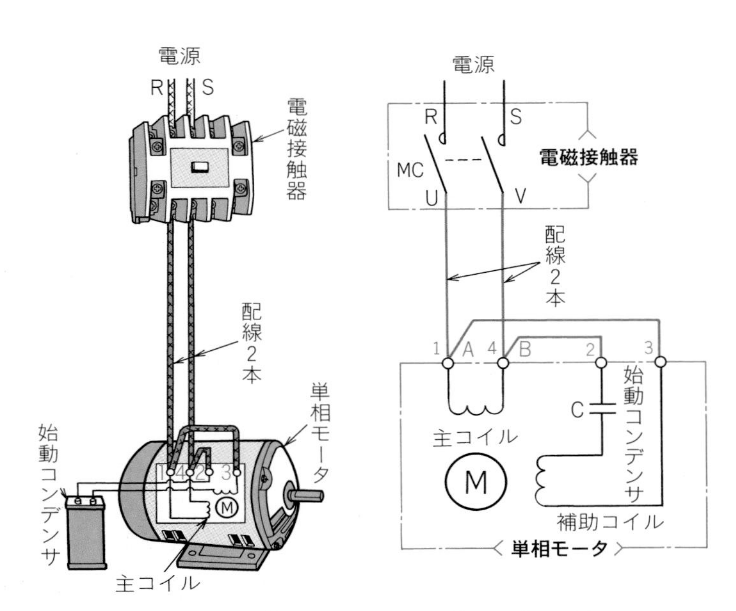

図 10・20　単相モータへの配線は 2 本ですむ

これを**図 10·20** のように，接結点 A と B を同じ線上であるモータの主コイルの端子 1 と 4 からとると，モータへの配線は 2 本でよいことになります.

この場合，電磁接触器とモータが離れているときは，配線が 4 本のところ 2 本でよいわけですから，電線量の節約は大きいものがあるといえます.

このように，共通端子を有する機器への配線には，接続点を移動して配線本数ができるだけ少なくなるように，そして短くなるように心掛ける必要があります.

11章 AND 回路と OR 回路の読み方

シーケンス制御の複雑な制御回路も，分解すればいくつかの基本的な回路が組み合わさって構成されているといえます．

そこで，この章では，そのうちでも最も基本となる AND（論理積）回路，OR（論理和）回路について，また，次の章では，NAND（論理積否定）回路，NOR（論理和否定）回路について，その読み方を説明しましょう．

これらは，大変むずかしい名称がついた回路ですが，シーケンス制御を理解するためには，ぜひとも覚えておかなくてはならない重要な回路といえます．

11･1 AND（論理積）回路の読み方

AND 回路は**論理積回路**ともいい，開閉接点のメーク接点のみを直列に接続した回路をいいます．

押しボタンスイッチによる AND 回路

図 11･1 は，メーク接点を有する 2 個の押しボタンスイッチ PBS_X と PBS_Y を直列にして，ランプ L につなぎ，制御電源に接続した押しボタンスイッチによる AND 回路の実際配線図の一例を示した図です．

この押しボタンスイッチによる AND 回路の実際配線図を上下の制御電源母線によるシーケンス図方式の実体配線図およびシーケンス図に書き替え，対比して示したのが，**図 11･2** です．

それでは，図 11･2 の回路がどのように動作するかを，次に説明しましょう．

[1]　押しボタンスイッチ PBS_X と PBS_Y を両方とも押さないときの動作

制御電源母線に電圧が印加されている状態で，**図 11･3** のように，押しボタンスイッチ PBS_X と PBS_Y を両方とも押さない（ともに入力信号がない）ときは，

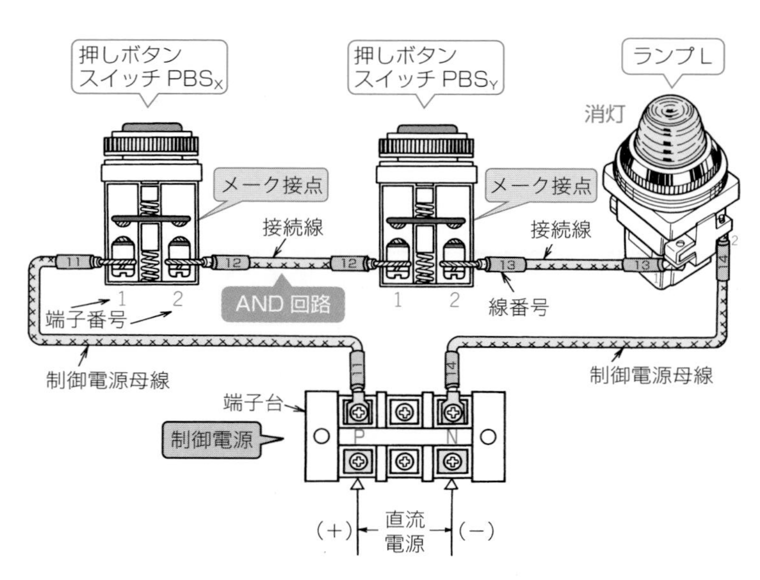

図 11・1　押しボタンスイッチによる AND 回路の実際配線図〔例〕

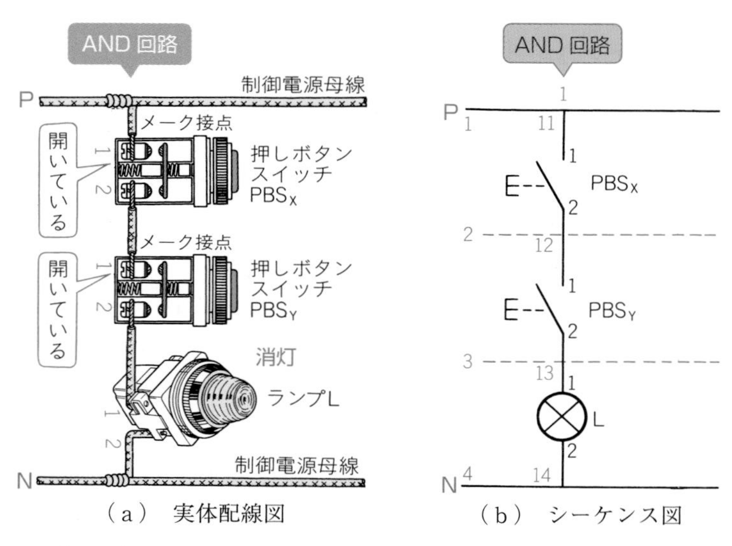

図 11・2　押しボタンスイッチによる AND 回路の実体配線図とシーケンス図〔例〕

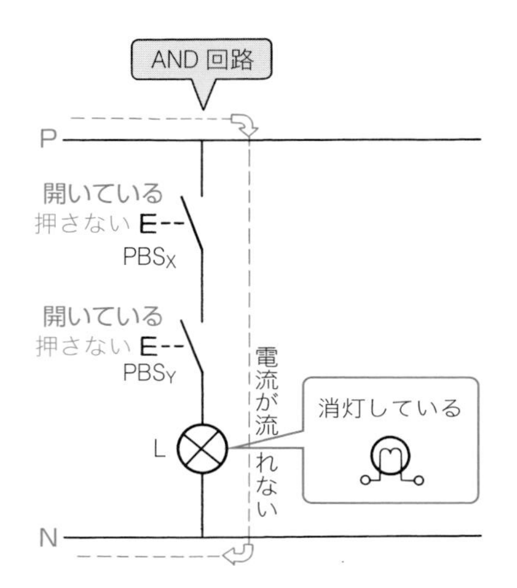

図 11・3　押しボタンスイッチ PBS_X と PBS_Y を両方とも押さないときの動作

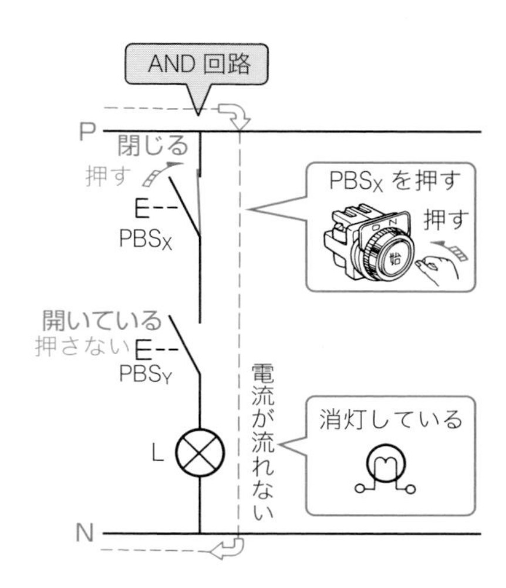

図 11・4　押しボタンスイッチ PBS_X だけを押したときの動作

それぞれのメーク接点は開いていますので，ランプLには電流が流れず消灯したまま（出力信号がない）となります．

［2］　押しボタンスイッチ PBS_X だけを押したときの動作

図 11·4 のように，押しボタンスイッチ PBS_X だけを押してみましょう．

図 11·4 の回路では，PBS_X のメーク接点が閉じても（入力信号がある），PBS_Y のメーク接点が開いている（入力信号がない）ので，ランプLには電流が流れず，消灯したまま（出力信号がない）となります．

［3］　押しボタンスイッチ PBS_Y だけを押したときの動作

次に，**図 11·5** のように，押しボタンスイッチ PBS_Y だけを押してみましょう．

この場合も，PBS_Y のメーク接点が閉じても（入力信号がある），PBS_X のメーク接点が開いている（入力信号がない）ので，ランプLには電流が流れず，消灯したまま（出力信号がない）となります．

［4］　押しボタンスイッチ PBS_X と PBS_Y を両方とも押したときの動作

図 11·6 のように，押しボタンスイッチ PBS_X と PBS_Y を両方とも押してみましょう．

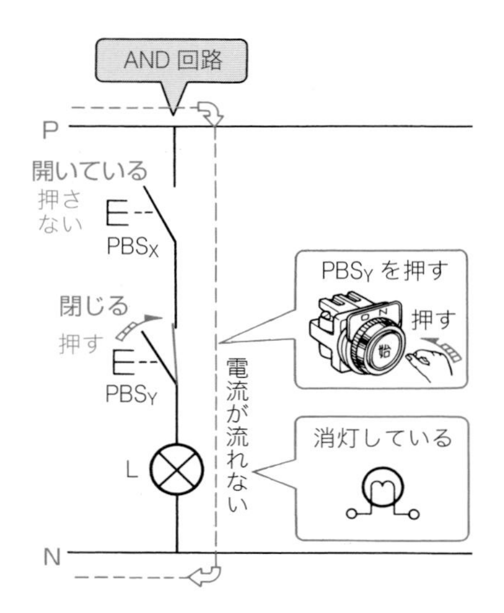

図 11・5　押しボタンスイッチ PBS_Y だけを押したときの動作

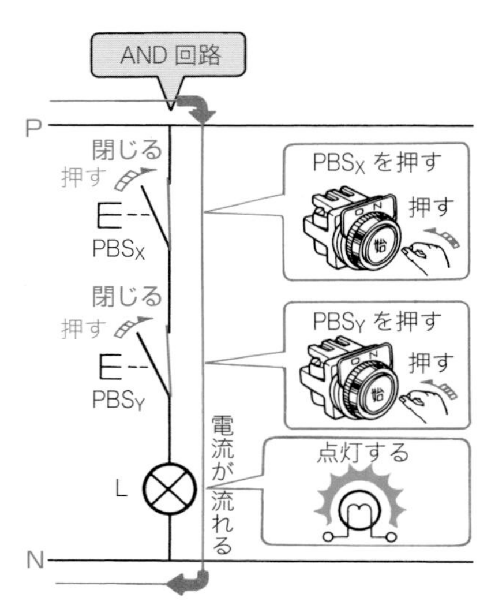

図 11・6　押しボタンスイッチ PBS_X と PBS_Y を両方とも押したときの動作

これで，はじめて PBS_X のメーク接点も閉じ（入力信号がある），PBS_Y のメーク接点も閉じ（入力信号がある）ますから，ランプLには電流が流れ，点灯（出力信号がある）します．

このように，図 11･2(b) の回路ではメーク接点 PBS_X およびメーク接点 PBS_Y が両方とも閉じたとき，つまり，入力信号が一緒に全部与えられたときに，はじめて出力信号が得られる（ランプが点灯する）ことになります．

このメーク接点 PBS_X **および**メーク接点 PBS_Y「閉」という“**および（AND）**”の条件でランプLが点灯することから，図 11･2(b) の回路を **AND**（アンド）**回路**といいます．

AND は，日本語に訳すと「～**および**～」となります．

AND 回路は，この条件を表現している名称といえます．

図 11･2(b) の例では，押しボタンスイッチが2個の場合を示しましたが，一般に，いくつかの開閉接点のメーク接点を直列に接続し，すべてのメーク接点が閉じたときに，出力信号を出す回路を AND 回路といい，この回路を**論理積回路**ともいいます．

C 電磁リレーによる AND 回路

図 11･7 は，電磁リレー X のメーク接点 X-m と電磁リレー Y のメーク接点 Y-m を 2 個直列にして，ランプ L につないで，制御電源に接続した電磁リレーによる AND 回路の実際配線図の一例を示した図です．

図 11･7 の電磁リレーによる AND 回路の実際配線図を上下の制御電源母線によるシーケンス図方式の実体配線図に書き替えたのが**図 11･8** で，図 11･8 をシーケンス図としたのが**図 11･9** です．

それでは，図 11･9 の回路がどのように動作するかを，次に説明しましょう．

［1］ 電磁リレー X と電磁リレー Y が両方とも消磁しているときの動作

① 制御電源母線に電圧が印加されている状態で，**図 11･10**（167 ページ参照）のように，押しボタンスイッチ PBS_X，PBS_Y をともに押さないときは，電磁リレー X および電磁リレー Y の電磁コイル X と電磁コイル Y に電流が流れませんから，消磁状態で両方とも動作しません．

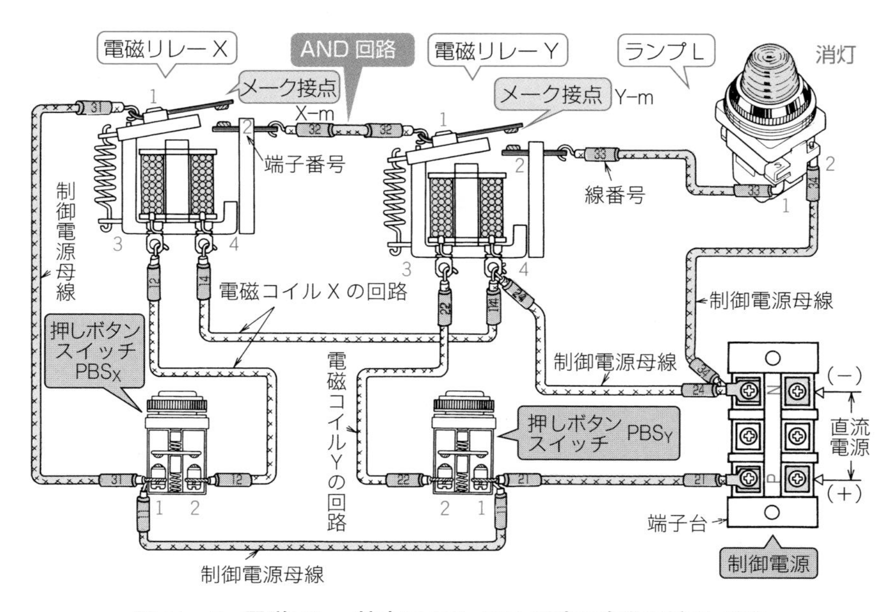

図 11・7　電磁リレー接点による AND 回路の実際配線図〔例〕

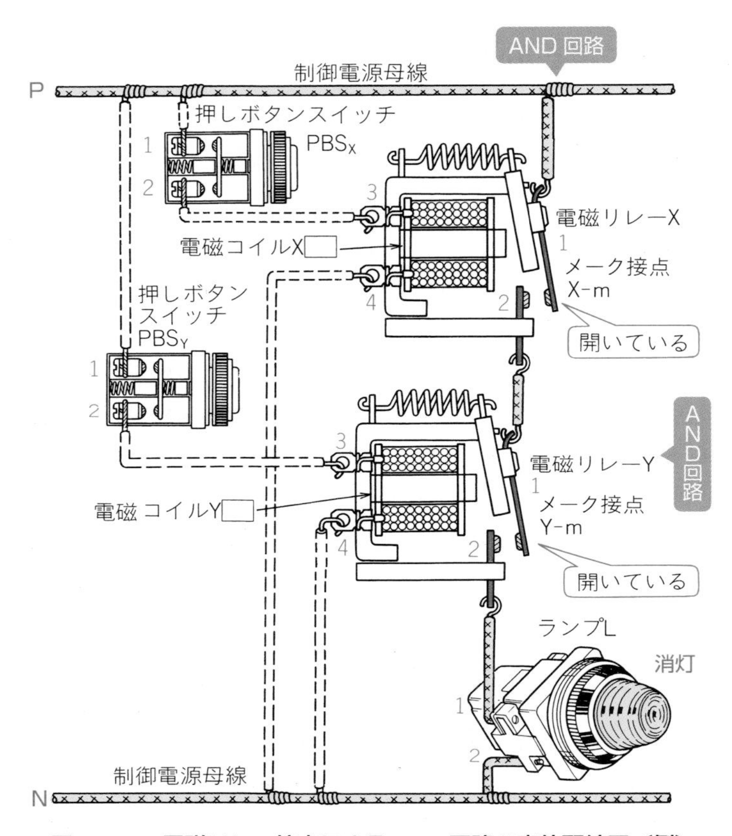

図 11・8　電磁リレー接点による AND 回路の実体配線図〔例〕

② 電磁リレー X および電磁リレー Y が動作していない（入力信号がない）ときは，メーク接点 X-m とメーク接点 Y-m はともに開いていますので，ランプ L には電流が流れず消灯したまま（出力信号がない）となります．

［2］ 電磁リレー X だけを励磁したときの動作

① **図 11・11**（168 ページ参照）のように，電磁コイル X の回路の押しボタンスイッチ PBS_X を押すと電流が流れ，電磁リレー X が励磁して動作（入力信号がある）します．

② 電磁リレー X が動作しますと AND 回路のメーク接点 X-m が閉じます．

③ AND 回路において，メーク接点 X-m が閉路しても，電磁リレー Y のメ

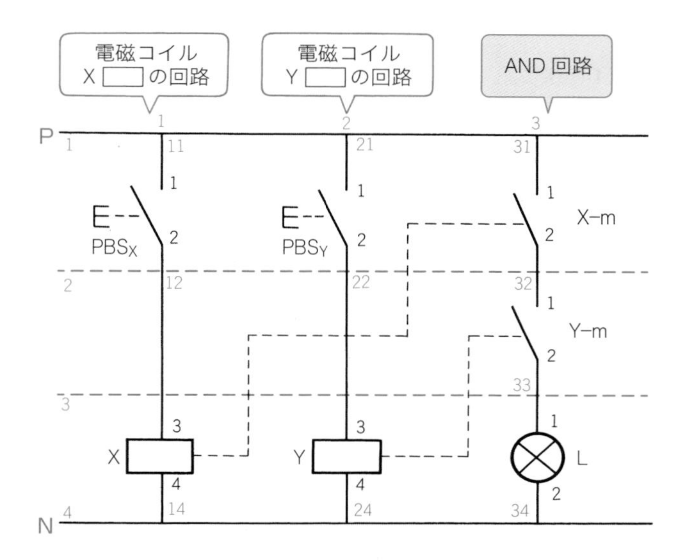

図 11・9　電磁リレー接点による AND 回路のシーケンス図

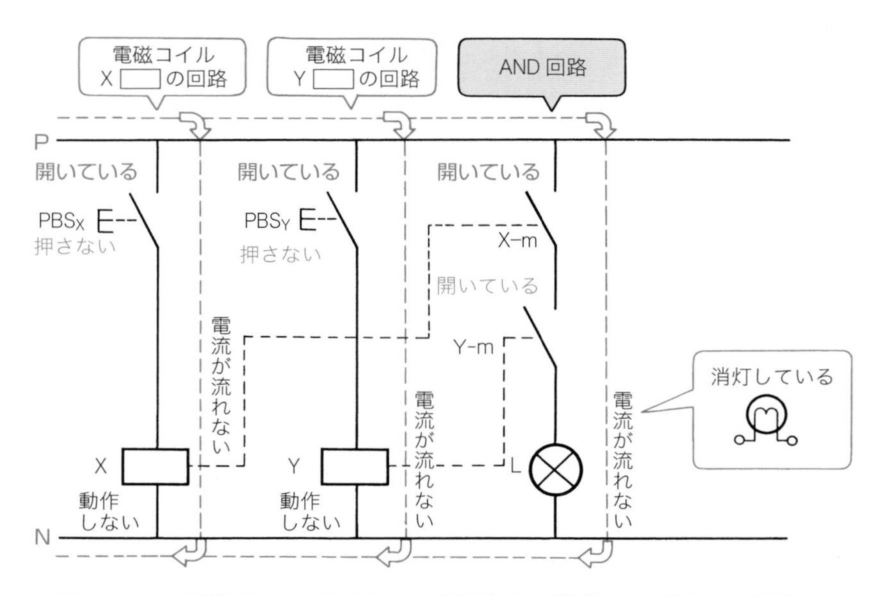

図 11・10　電磁リレー X とリレー Y が両方とも消磁しているときの動作

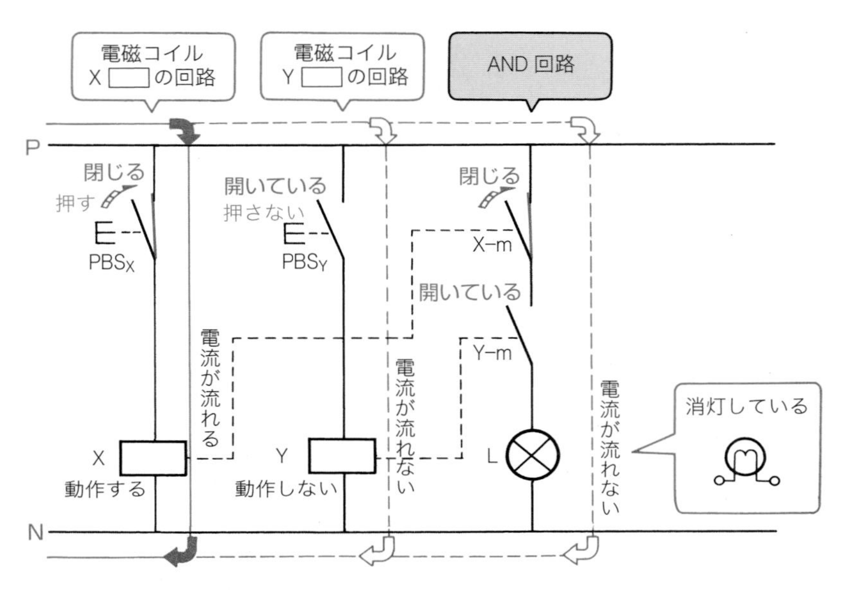

図 11・11　電磁リレーXだけを励磁したときの動作

ーク接点 Y-m が開路（入力信号がない）しているので，ランプ L には電流が流れず，消灯したまま（出力信号がない）となります．

［3］　電磁リレーYだけを励磁したときの動作

① **図 11·12** のように，電磁コイル Y の回路の押しボタンスイッチ PBS_Y を押すと，電流が流れ，電磁リレー Y が励磁して動作（入力信号がある）します．

② 電磁リレー Y が動作しますと AND 回路のメーク接点 Y-m が閉じます．

③ AND 回路において，メーク接点 Y-m が閉路しても，電磁リレー X のメーク接点 X-m が開路している（入力信号がない）ので，ランプ L には電流が流れず，消灯したまま（出力信号がない）となります．

［4］　電磁リレーXと電磁リレーYが両方とも励磁したときの動作

① **図 11·13** のように，電磁コイル X の回路の押しボタンスイッチ PBS_X を押すと，電流が流れ，電磁リレー X が励磁して動作（入力信号がある）します．

② 電磁リレー X が動作しますと AND 回路のメーク接点 X-m が閉じます．

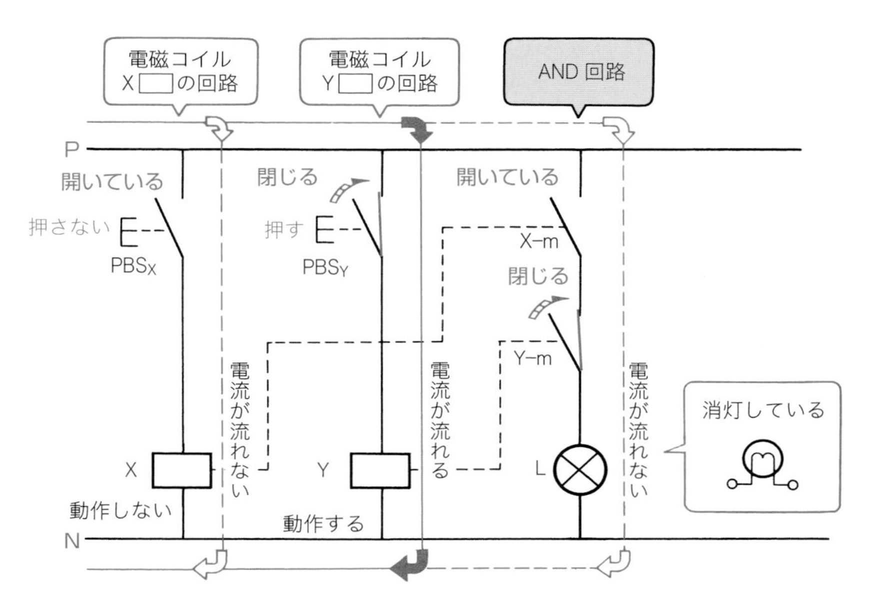

図 11・12　電磁リレーYだけを励磁したときの動作

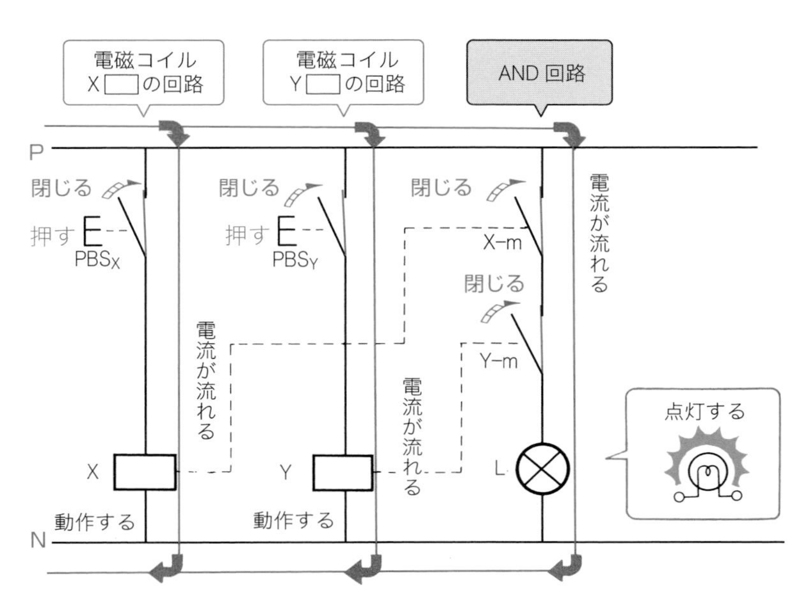

図 11・13　電磁リレーXと電磁リレーYが両方とも励磁したときの動作

③　電磁コイル Y の回路の押しボタンスイッチ PBS_Y を押すと，電流が流れ，電磁リレー Y が励磁して動作（入力信号がある）します．

④　電磁リレー Y が動作しますと AND 回路のメーク接点 Y-m が閉じます．

⑤　AND 回路において，メーク接点 X-m とメーク接点 Y-m が閉路していますので，ランプ L に電流が流れ，ランプ L は点灯（出力信号がある）します．

以上のように，図 11·9 の回路は電磁リレー X のメーク接点 X-m **および**電磁リレー Y のメーク接点 Y-m が，ともに閉路という“**および（AND）**”の条件で，ランプ L が点灯することから**電磁リレー接点による AND 回路**といいます．

したがって，AND 回路は二つまたはそれ以上の入力信号がともに入力されていることを検出する**条件制御**として，よく用いられます．

C AND 回路のタイムチャート

図 11·9（167 ページ参照）の押しボタンスイッチのメーク接点による AND 回路を例として，そのタイムチャートを示したのが，**図 11·14** です．

押しボタンスイッチ PBS_X と PBS_Y がともに閉じているときにのみ，ランプ L が点灯します．

この状態で，PBS_X を押す手を離しますと，復帰して開きますので，PBS_Y が

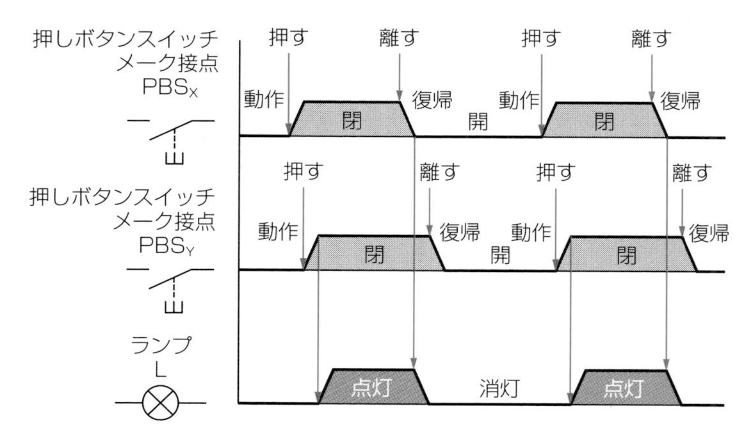

図 11・14　押しボタンスイッチのメーク接点による AND 回路のタイムチャート〔例〕

閉じていてもランプLは消灯します．

また，PBS_Yを押す手を離しますと，復帰して開きますので，PBS_Xが閉じていてもランプLは消灯します．

11·2 OR（論理和）回路の読み方

OR回路は**論理和回路**ともいい，開閉接点のメーク接点のみを並列に接続した回路をいいます．

押しボタンスイッチによるOR回路

図11·15は，メーク接点を有する2個の押しボタンスイッチPBS_XとPBS_Y

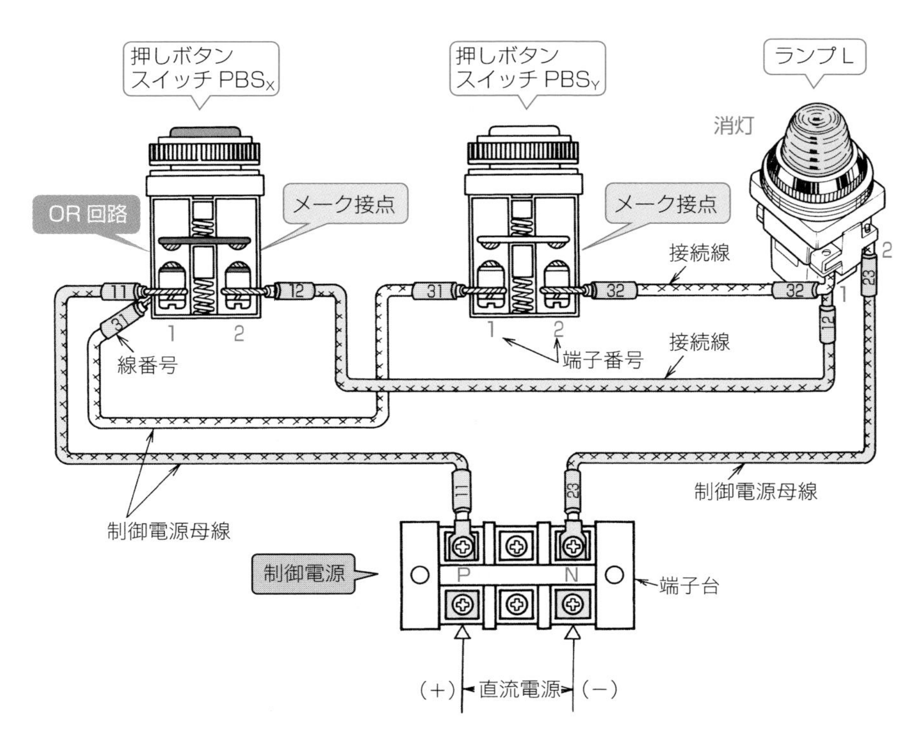

図11・15　押しボタンスイッチによるOR回路の実際配線図〔例〕

を並列にした回路を，ランプLに直列につないで，制御電源に接続した押しボタンスイッチによる OR 回路の実際配線図の一例を示した図です．

図 11·15 の押しボタンスイッチによる OR 回路の実際配線図を，上下の制御電源母線によるシーケンス図方式の実体配線図に書き替えたのが**図 11·16** で，図 11·16 をシーケンス図にしたのが**図 11·17** です．

それでは，図 11·17 の回路がどのように動作するかを，次に説明しましょう．

［1］ 押しボタンスイッチ PBS_X と PBS_Y を両方とも押さないときの動作

制御電源母線に電圧が印加されている状態で，**図 11·18** のように，押しボタンスイッチ PBS_X と PBS_Y をともに押さないとき（ともに入力信号がない）は，それぞれのメーク接点は開いているので，ランプLには電流が流れず消灯したまま（出力信号がない）となります．

［2］ 押しボタンスイッチ PBS_X だけを押したときの動作

図 11·19 のように，押しボタンスイッチ PBS_X だけを押してみましょう．

図 11·19 の回路では，PBS_X のメーク接点が閉じる（入力信号がある）と，PBS_Y のメーク接点が開いて（入力信号がない）いても，PBS_X のメーク接点の回路を通ってランプLに電流が流れ，点灯します．

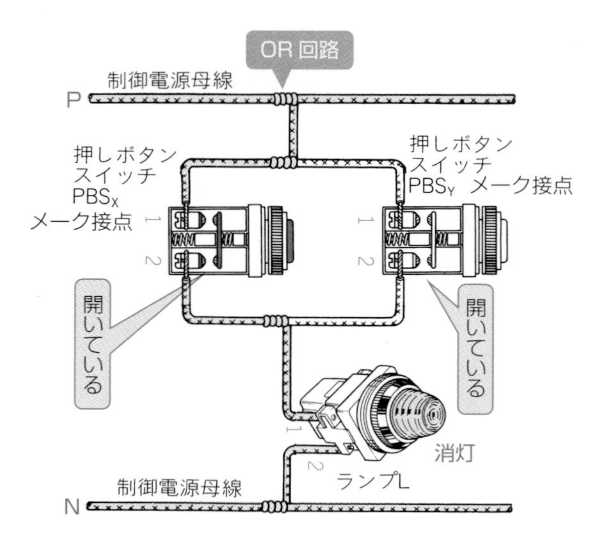

図 11・16 押しボタンスイッチによる OR 回路の実体配線図〔例〕

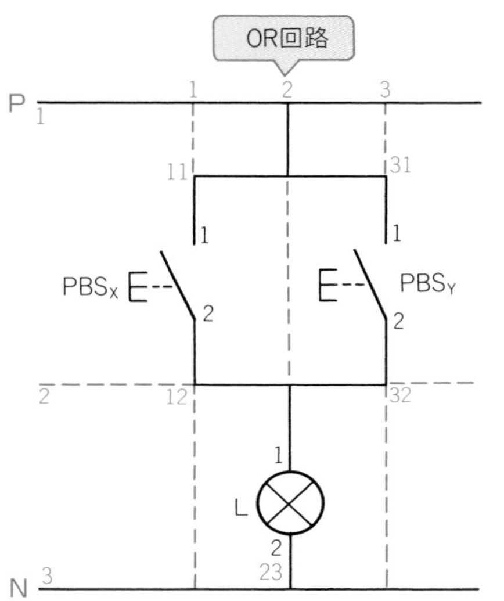

図 11・17　押しボタンスイッチによる OR 回路のシーケンス図

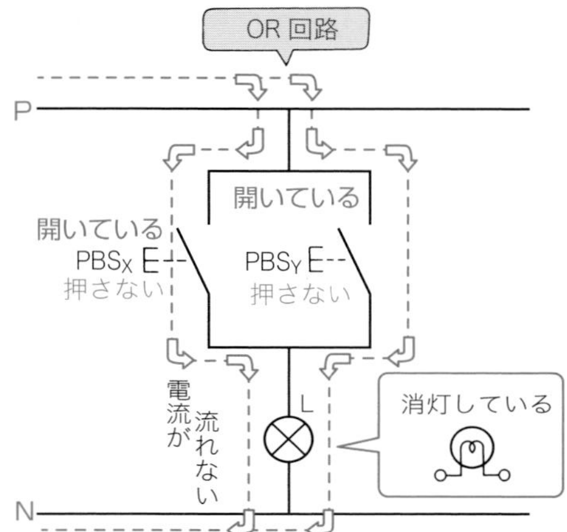

図 11・18　押しボタンスイッチ PBS_X と PBS_Y をともに押さないときの動作

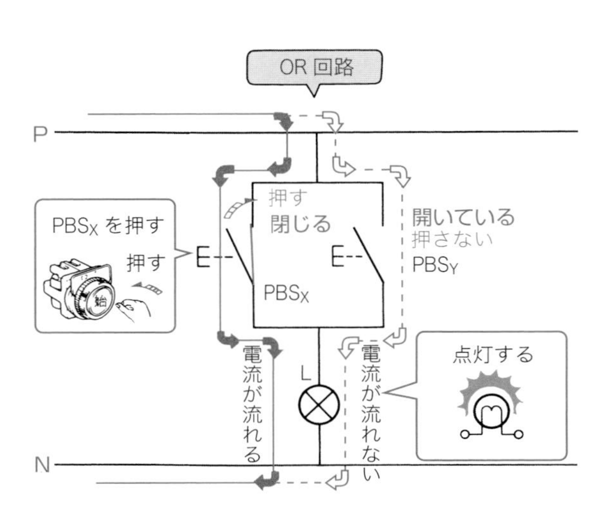

図 11・19　押しボタンスイッチ PBS_X だけを押したときの動作

［3］ 押しボタンスイッチ PBS_Y だけを押したときの動作

次に，**図 11・20** のように，押しボタンスイッチ PBS_Y だけを押してみましょう．

図 11・20 の回路では，PBS_Y のメーク接点が閉じる（入力信号がある）と，PBS_X のメーク接点が開いて（入力信号がない）いても，PBS_Y のメーク接点の回路を通って，ランプ L に電流が流れ，点灯します．

このように，図 11・17 の回路では接点 PBS_X または接点 PBS_Y のどちらか一つが閉じる（入力信号がある）と，ランプ L が点灯し出力信号が得られることがわかります．

このメーク接点 PBS_X **または**メーク接点 PBS_Y のいずれか一方が「閉」じるという“**または（OR）**”の条件で，ランプ L が点灯し出力が得られることから，この回路を **OR（オア）回路**といいます．

OR は，日本語に訳すと「～**または**～」となります．OR 回路は，この条件を表現している名称といえます．

図 11・17 の例では，押しボタンスイッチが 2 個の場合を示しましたが，一般に，いくつかの開閉接点のメーク接点を並列に接続し，いずれか一方の接点が閉じたときに，出力信号を出す回路を OR 回路といい，この OR 回路を**論理和回路**ともいいます．

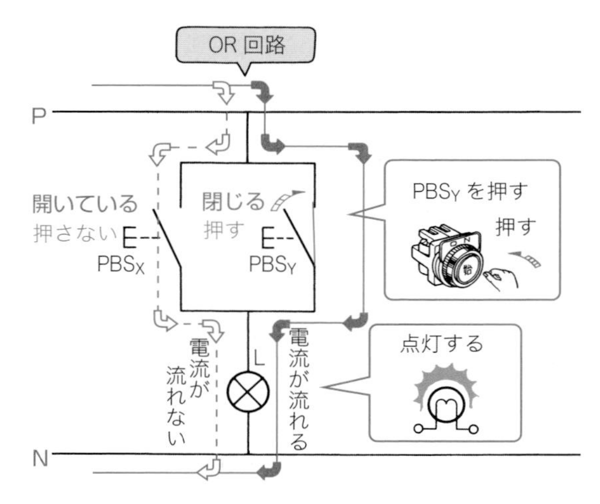

図 11・20　押しボタンスイッチ PBS_Y だけを押したときの動作

電磁リレーによるOR回路

図 11･21 は，電磁リレー X のメーク接点 X-m と電磁リレー Y のメーク接点 Y-m を 2 個並列にして，ランプ L につないで，制御電源に接続した電磁リレーによる OR 回路の実際配線図の一例を示した図です．

図 11･21 の電磁リレーによる OR 回路の実際配線図を上下の制御電源母線によるシーケンス図方式の実体配線図に書き替えたのが **図 11･22** で，図 11･22 をシーケンス図としたのが **図 11･23**（177 ページ参照）です．

それでは，図 11･23 の回路がどのように動作するかを，次に説明しましょう．

［1］ 電磁リレー X と電磁リレー Y が両方とも消磁しているときの動作

① 制御電源母線に電圧が印加されている状態で，**図 11･24**（177 ページ参照）のように，押しボタンスイッチ PBS_X，PBS_Y を両方とも押さないときは，電磁リレー X および電磁リレー Y の電磁コイル X と電磁コイル Y

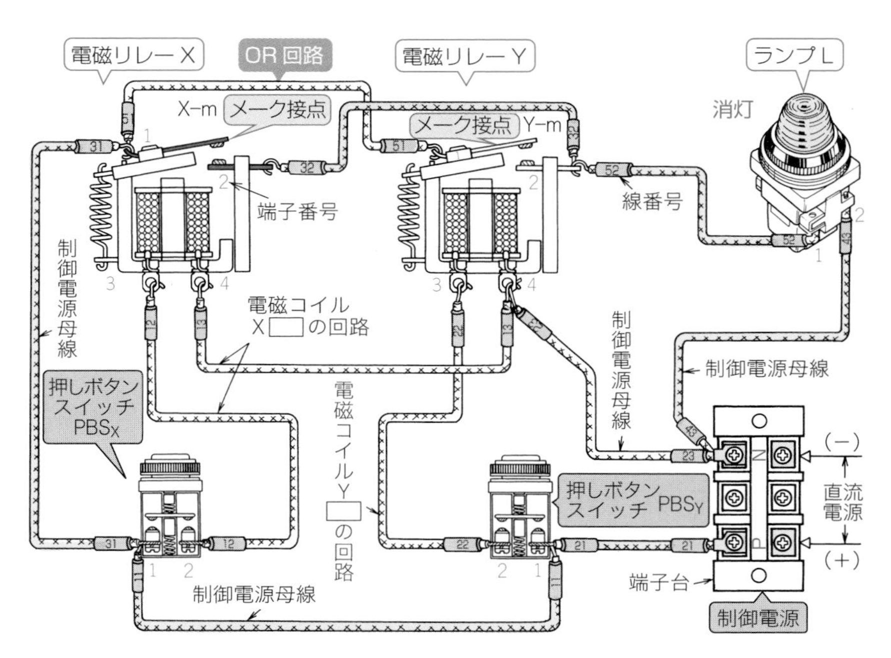

図 11・21　電磁リレー接点による OR 回路の実際配線図〔例〕

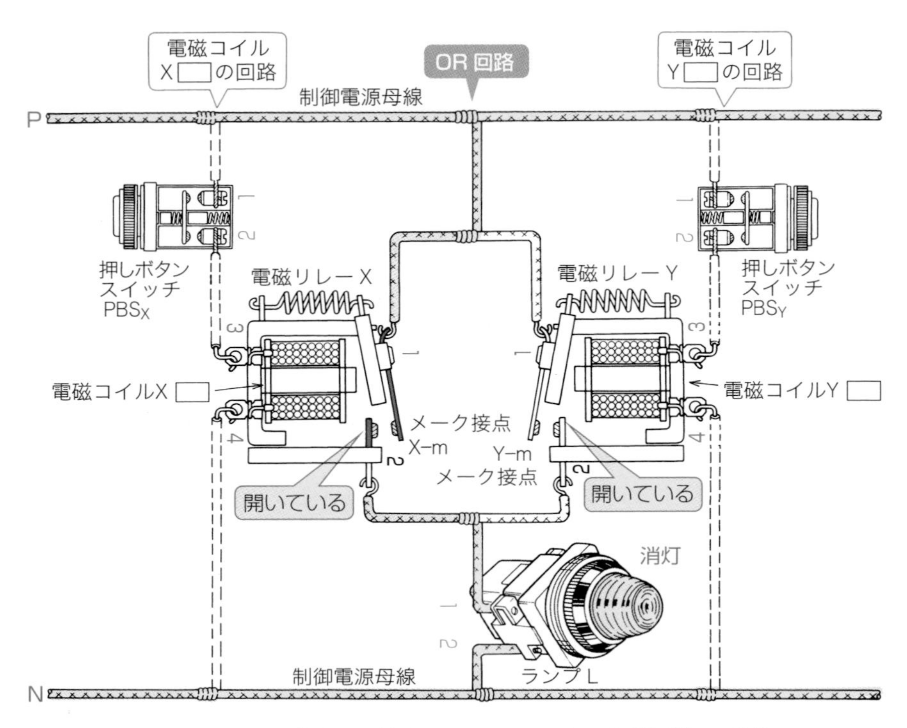

図11・22 電磁リレー接点によるOR回路の実体配線図〔例〕

に電流が流れませんから，消磁状態，つまり復帰しています．

② 電磁リレーXおよび電磁リレーYが復帰している（入力信号がない）ときは，メーク接点X-mとメーク接点Y-mは，両方とも開いているので，ランプLには電流が流れず消灯したまま（出力信号がない）となります．

［2］ 電磁リレーXだけを励磁したときの動作

① **図11·25**（178ページ参照）のように，電磁コイルXの回路の押しボタンスイッチPBS_Xを押すと，電流が流れ電磁リレーXが励磁して動作（入力信号がある）します．

② 電磁リレーXが動作すると，OR回路のメーク接点X-mが閉じます．

③ OR回路において，メーク接点X-mが閉路（入力信号がある）しますと，メーク接点Y-mが開路（入力信号がない）していてもメーク接点X-m

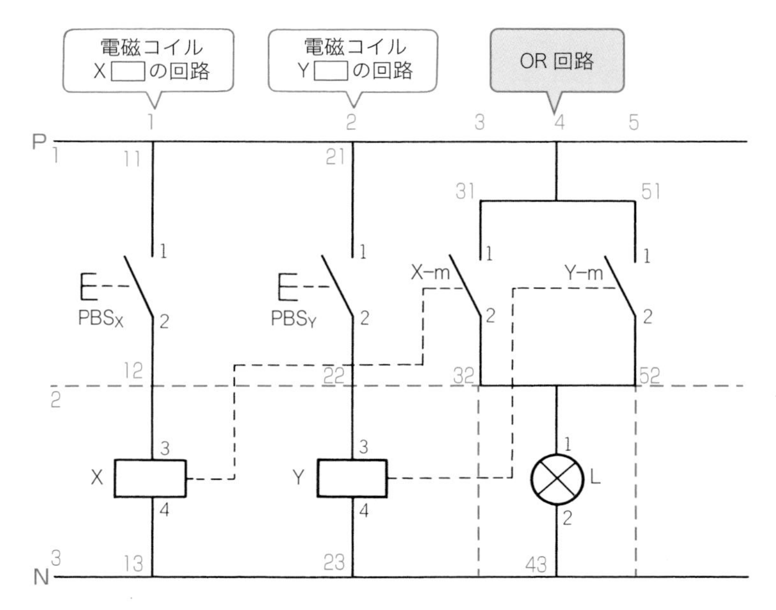

図 11・23　電磁リレー接点による OR 回路のシーケンス図

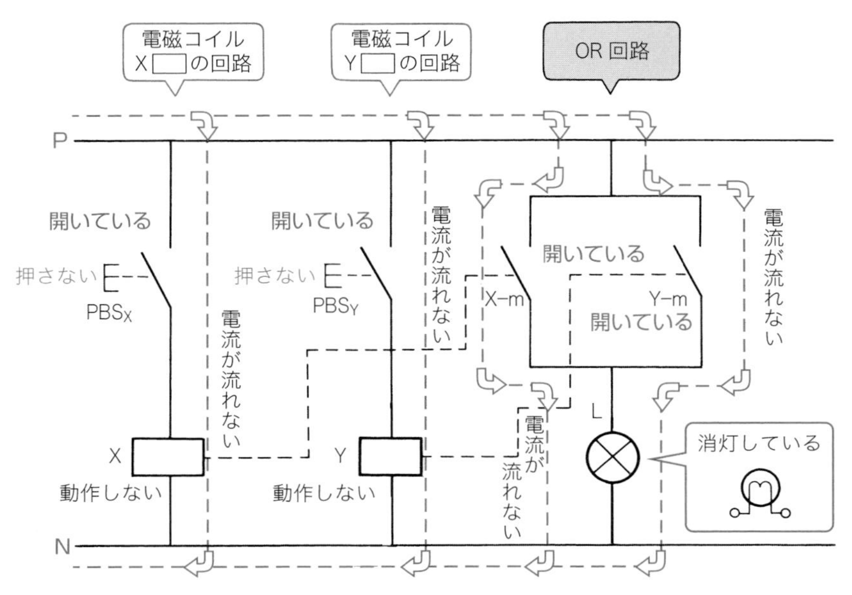

図 11・24　電磁リレー X と電磁リレー Y が両方とも消磁しているときの動作

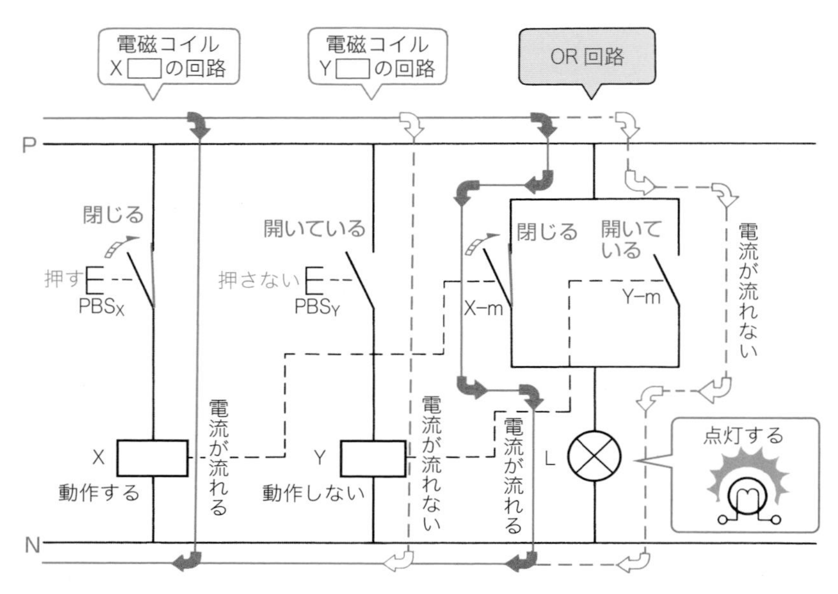

図11・25　電磁リレーXだけを励磁したときの動作

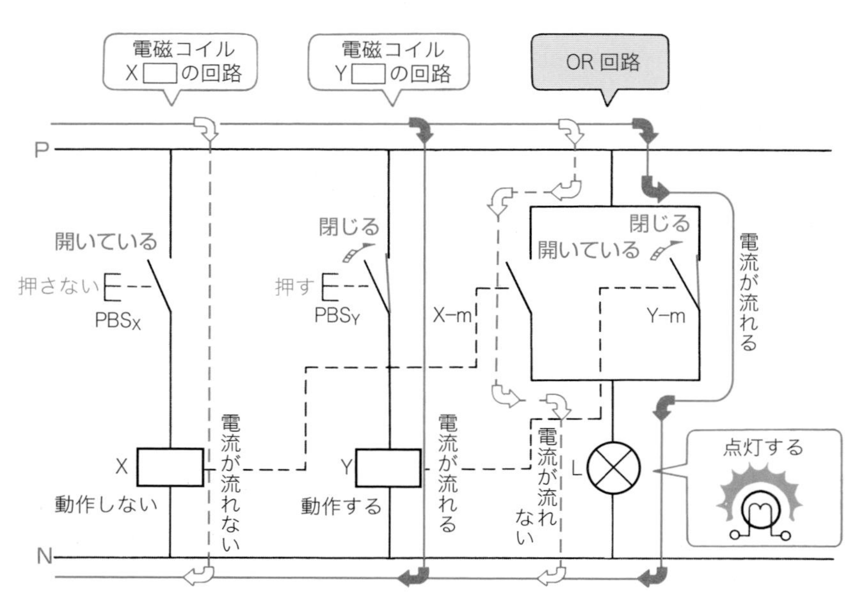

図11・26　電磁リレーYだけを励磁したときの動作

の回路を通って，ランプLに電流が流れ点灯（入力信号がある）します．

［3］ 電磁リレーYだけを励磁したときの動作

① **図11·26**のように，電磁コイルYの回路の押しボタンスイッチPBS_Yを押すと，電流が流れ電磁リレーYが励磁して，動作（入力信号がある）します．

② 電磁リレーYが動作すると，OR回路のメーク接点Y-mが閉じます．

③ OR回路において，メーク接点Y-mが閉路（入力信号がある）しますと，メーク接点X-mが開路（入力信号がない）していてもメーク接点Y-mの回路を通って，ランプLに電流が流れ点灯（出力信号がある）します．

以上のように，図11·23（177ページ参照）の回路は電磁リレーXのメーク接点X-mまたは電磁リレーYのメーク接点Y-mのどちらか一方が入力信号により「閉路」したとき，ランプLが点灯し，出力信号を出すことから**電磁リレー接点によるOR回路**といいます．

C OR回路のタイムチャート

図11·17（173ページ参照）の押しボタンスイッチのメーク接点によるOR回路を例として，そのタイムチャートを示したのが，**図11·27**です．

OR回路では，先に示した図11·19（173ページ参照）および図11·20（174ペ

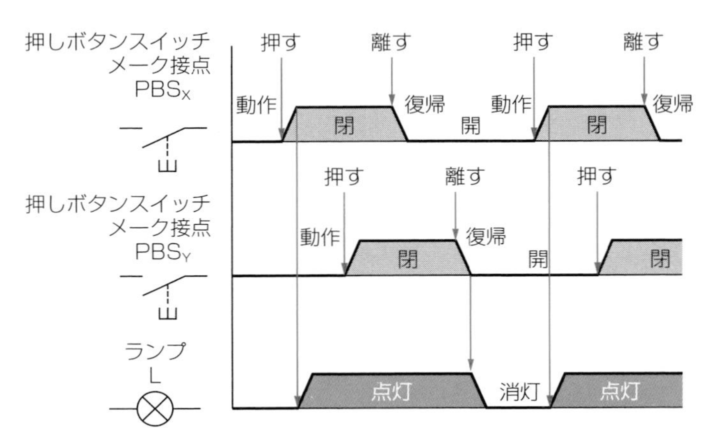

図11・27 押しボタンスイッチのメーク接点によるOR回路のタイムチャート〔例〕

ージ参照）のように，押しボタンスイッチ PBS_X または PBS_Y のどちらかのメーク接点が閉じれば，ランプLが点灯します．

したがって，ランプLが消灯するのは，図11·18（173ページ参照）のように，両方のボタンスイッチから手を離したときだけということになります．

12章 NAND 回路と NOR 回路の読み方

12・1 NAND（論理積否定）回路の読み方

NAND 回路とは，AND 回路と NOT 回路を組み合わせた回路で，AND 条件を否定する機能をもっているところから，「AND」の前に NOT の「N」をつけて，**NAND**（ナンド）と呼び，**論理積否定回路**ともいいます．

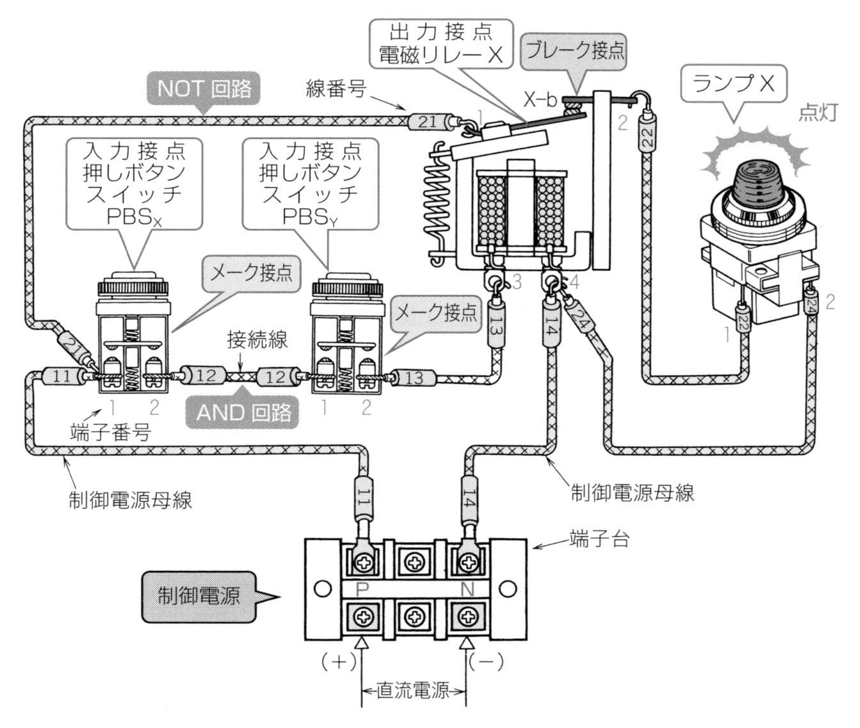

図 12・1　押しボタンスイッチを入力接点とする NAND 回路の実際配線図〔例〕

C 押しボタンスイッチによる NAND 回路

図 12・1 は，メーク接点を有する 2 個の押しボタンスイッチ PBS_X と PBS_Y を直列にして，AND 回路とし，電磁リレー X の電磁コイルにつなぐとともに，NOT 回路として，電磁リレー X のブレーク接点 X-b をランプ L につないで，制御電源に接続した押しボタンスイッチ PBS_X, PBS_Y を入力接点とし，電磁リレー X のブレーク接点 X-b を出力接点とする NAND 回路の実際配線図の一例を示した図です.

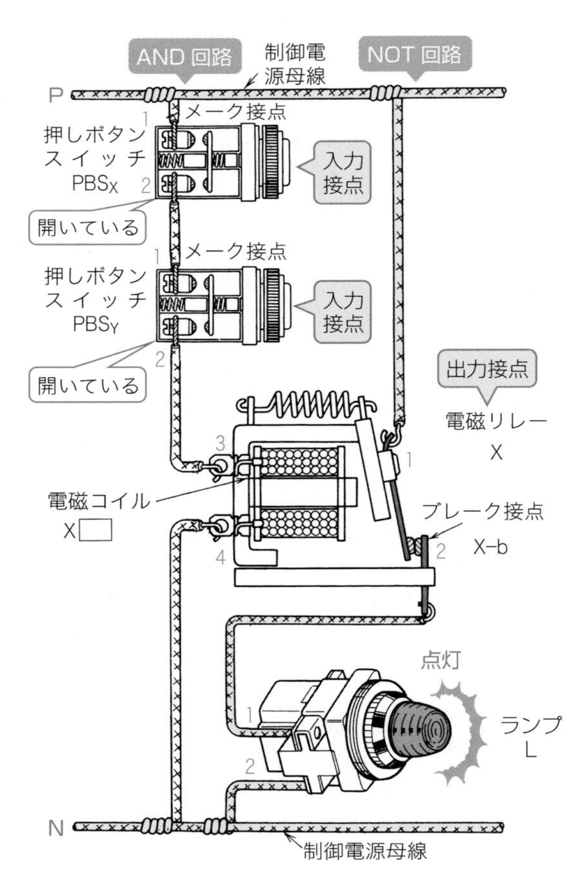

図 12・2　押しボタンスイッチを入力接点とする NAND 回路の実体配線図〔例〕

図 12·1 の実際配線図を上下の制御電源母線によるシーケンス図方式の実体配線図に書き替えたのが**図 12·2** で，図 12·2 をシーケンス図としたのが**図 12·3** です．

それでは，図 12·3 の回路がどのように動作するかを，次に説明しましょう．

［1］ 押しボタンスイッチ PBS_X だけを押したときの動作

制御電源母線に電圧が印加されている状態で，**図 12·4** のように，押しボタンスイッチ PBS_X だけを押すと，そのメーク接点が閉じます．

図 12·4 の回路で PBS_X が閉路（入力信号がある）しても，PBS_Y のメーク接点が

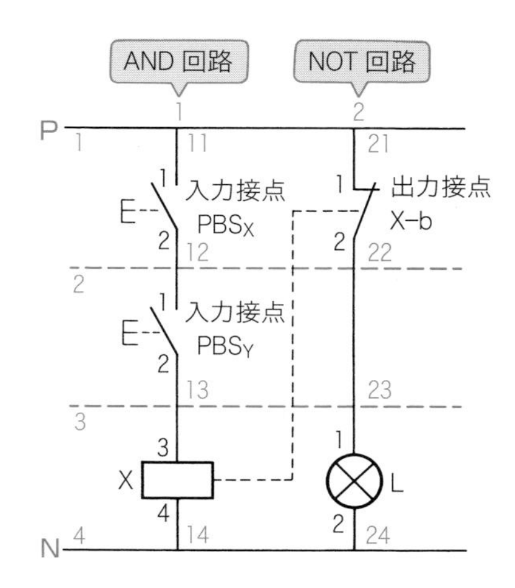

図 12・3 押しボタンスイッチを入力接点とする NAND 回路のシーケンス図

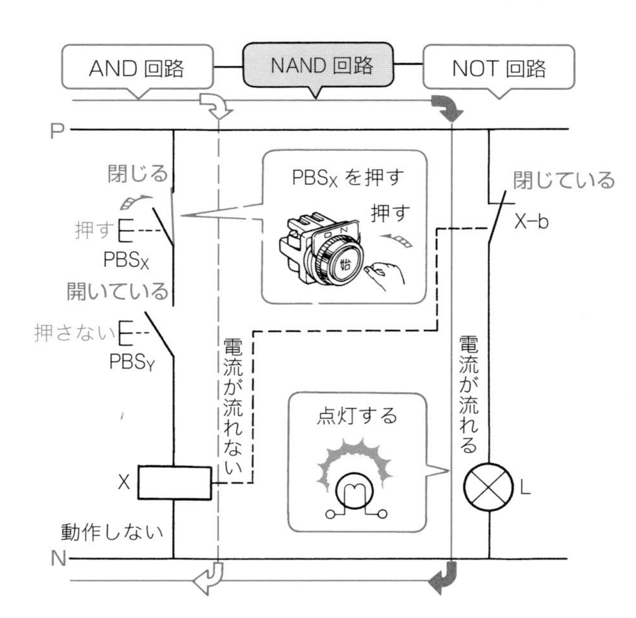

図 12・4 押しボタンスイッチ PBS_X だけを押したときの動作

開路（入力信号がない）しているので，電磁コイル X には電流が流れず，電磁リレー X は動作しません.

したがって，電磁リレー X のブレーク出力接点 X-b は閉じたままなので，ランプ L には電流が流れ点灯（出力信号がある）します.

［2］ 押しボタンスイッチ $\mathrm{PBS_Y}$ だけを押したときの動作

図 12·5 のように，押しボタンスイッチ $\mathrm{PBS_Y}$ だけを押すと，そのメーク接点が閉じます.

この場合も，$\mathrm{PBS_Y}$ が閉路（入力信号がある）しても，$\mathrm{PBS_X}$ のメーク接点が開路（入力信号がない）しているので，電磁コイル X には電流が流れず，電磁リレー X は動作しません.

したがって，電磁リレー X のブレーク出力接点 X-b は閉じたままなので，ランプ L には電流が流れ点灯（出力信号がある）します.

［3］ 押しボタンスイッチ $\mathrm{PBS_X}$ と $\mathrm{PBS_Y}$ を両方とも押したときの動作

次に，**図 12·6** のように，押しボタンスイッチ $\mathrm{PBS_X}$ と $\mathrm{PBS_Y}$ を両方とも押すと，両方のメーク接点が閉路（入力信号がある）して，電磁コイル X に電流が

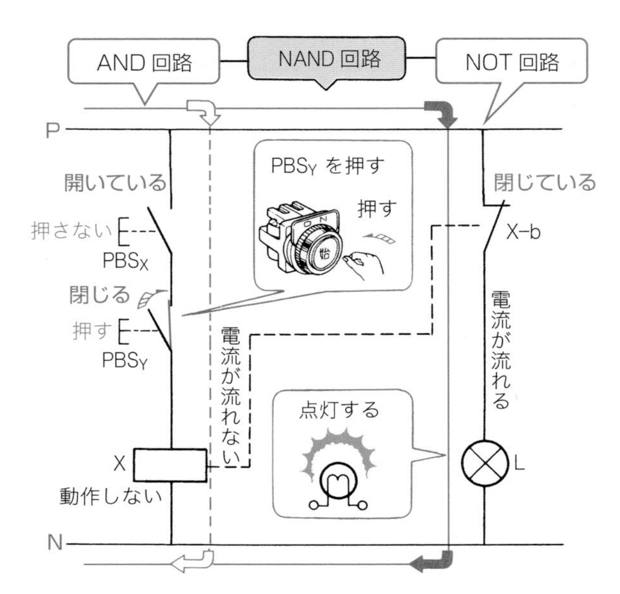

図 12・5　押しボタンスイッチ $\mathrm{PBS_Y}$ だけを押したときの動作

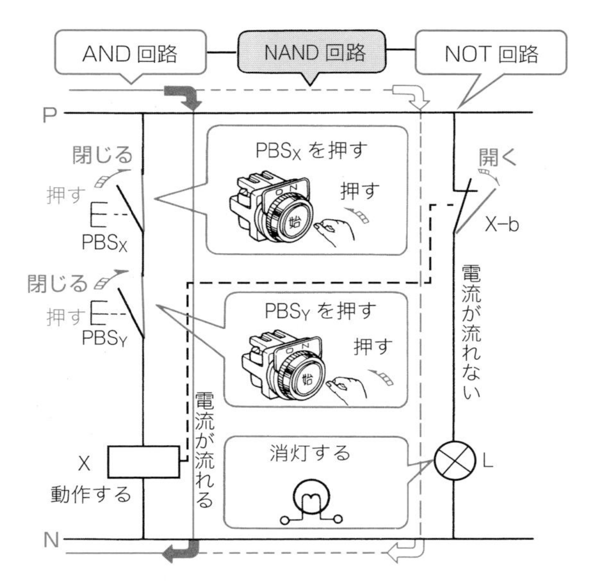

図 12・6　押しボタンスイッチ PBS_X と PBS_Y をともに押したときの動作

流れるので，電磁リレー X が動作し，ブレーク出力接点 X-b が開き，ランプ L には電流が流れず消灯（出力信号がない）します．

以上のように，図 12･3（183 ページ参照）の回路では，PBS_X および PBS_Y が，両方とも閉じたとき，つまり，入力信号が一緒に全部与えられたとき，ランプ L が消灯し，出力信号が得られないことになります．

それ以外のとき，すなわち，押しボタンスイッチ PBS_X，PBS_Y のどちらか一方または両方とも，開路（入力信号がない）していれば，ランプ L は点灯し，出力信号が得られます．

図 12･3 の回路は，メーク接点 PBS_X **および**(AND) メーク接点 PBS_Y が「閉」(入力信号がある) という“**および (AND)**”の条件で，ランプ L が消灯（出力信号なし「NOT」）することから，AND の条件を否定 (NOT) した機能をもつ AND と NOT を組み合わせた，**ボタンスイッチを入力接点とする NAND 回路**といいます．

C 電磁リレーによる NAND 回路

図 12･7 は，電磁リレー X のメーク接点 X-m と電磁リレー Y のメーク接点

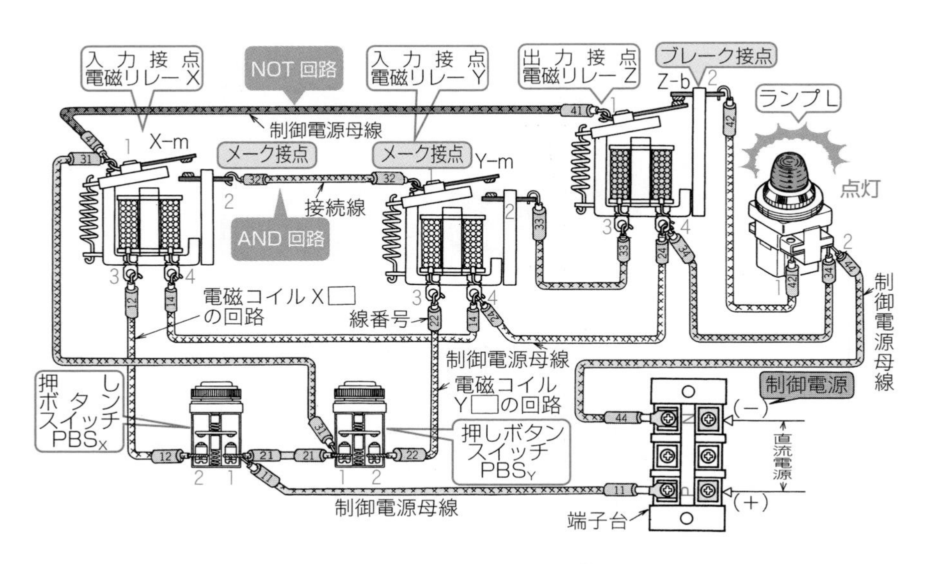

図 12・7　電磁リレー接点による NAND 回路の実際配線図〔例〕

Y-m を直列にして，AND 回路とし，電磁リレー Z の電磁コイルにつなぐとともに，NOT 回路として，電磁リレー Z のブレーク接点 Z-b をランプ L につないで，制御電源に接続した電磁リレーのメーク接点 X-m，Y-m を入力接点とし，電磁リレー Z のブレーク接点 Z-b を出力接点とする NAND 回路の実際配線図の一例を示した図です．

図 12·7 の実際配線図を上下の制御電源母線によるシーケンス図方式の実体配線図に書き替えたのが**図 12·8** で，これをシーケンス図としたのが**図 12·9** です．

それでは，図 12·9 の回路がどのように動作するかを，次に説明しましょう．

［1］　電磁リレー X だけを励磁したときの動作

① **図 12·10**（188 ページ参照）のように，電磁コイル X の回路の押しボタンスイッチ PBS_X を押すと閉路し，電流が流れ電磁リレー X が励磁して動作（入力信号がある）します．

② 電磁リレー X が動作すると AND 回路のメーク接点 X-m が閉じます．

③ AND 回路において，メーク接点 X-m が閉路（入力信号がある）しても，メーク接点 Y-m が開路（入力信号がない）しているので，電磁コイル Z に電流が流れず，電磁リレー Z は動作しません．

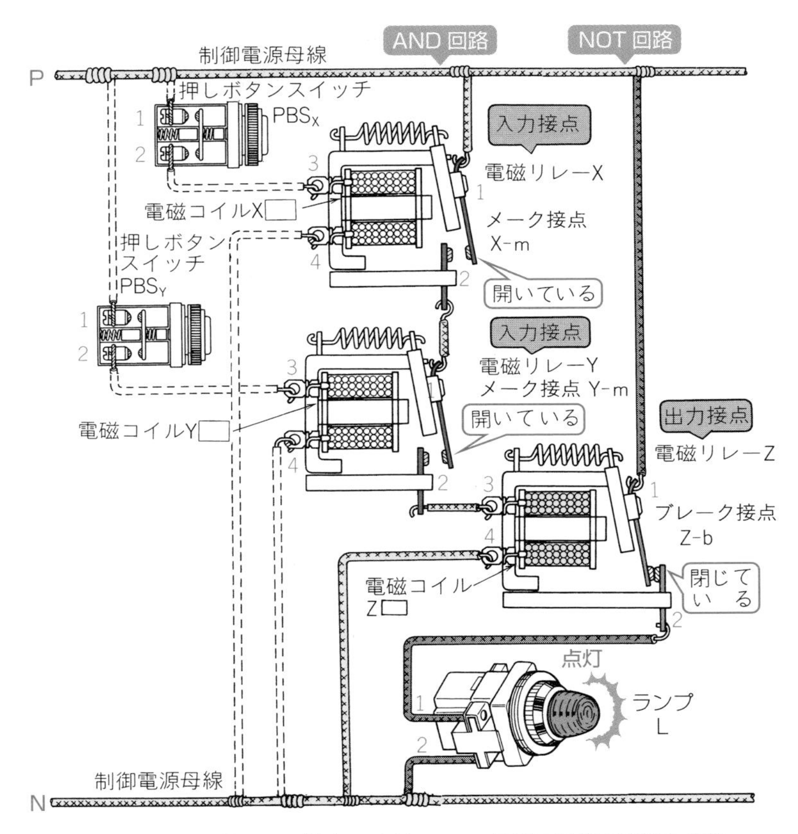

図 12・8　電磁リレー接点による NAND 回路の実体配線図〔例〕

したがって，電磁リレー Z のブレーク出力接点 Z-b は閉じたままなので，ランプ L には電流が流れ点灯（出力信号がある）します．

［2］　電磁リレー Y だけを励磁したときの動作

① **図 12・11**（189 ページ参照）のように，電磁コイル Y の回路の押しボタンスイッチ PBS_Y を押すと閉じて，電流が流れ電磁リレー Y が励磁し動作（入力信号がある）します．

② 電磁リレー Y が動作すると AND 回路のメーク接点 Y-m が閉じます．

③ AND 回路において，メーク接点 Y-m が閉路（入力信号がある）しても，メーク接点 X-m が開路（入力信号がない）しているので，電磁コイル Z

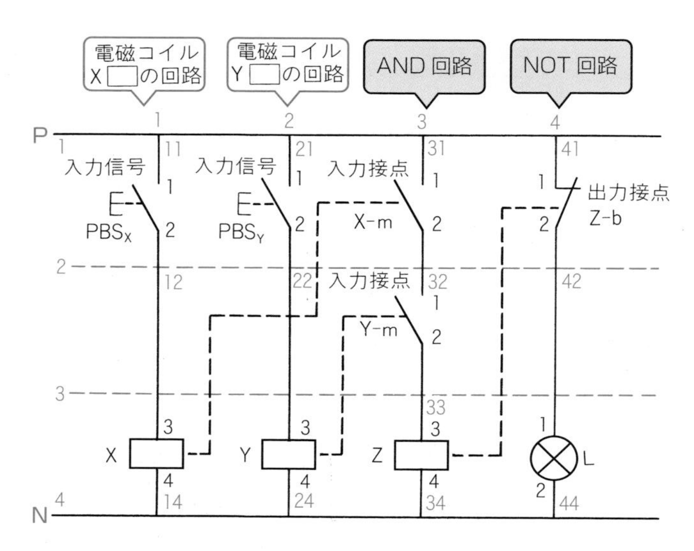

図 12・9　電磁リレー接点による NAND 回路のシーケンス図

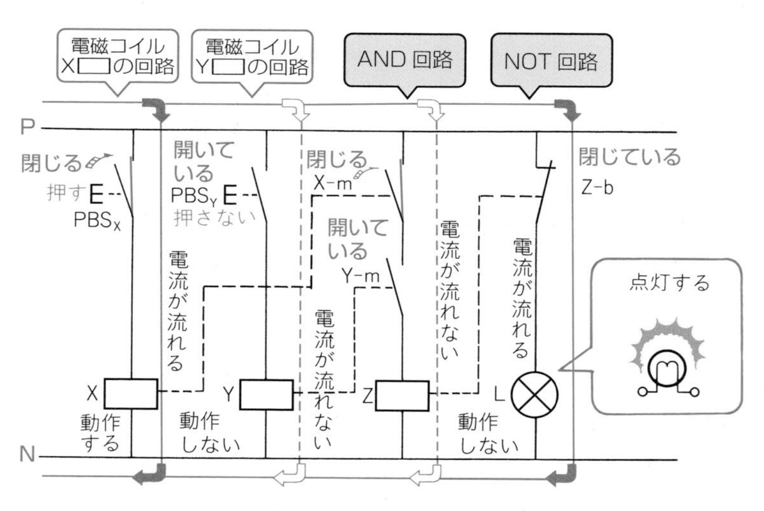

図 12・10　電磁リレー X だけを励磁したときの動作

に電流が流れず，電磁リレー Z は動作しません．

したがって，電磁リレー Z のブレーク出力接点 Z-b は閉じたままなので，ランプ L には電流が流れ点灯（出力信号がある）します．

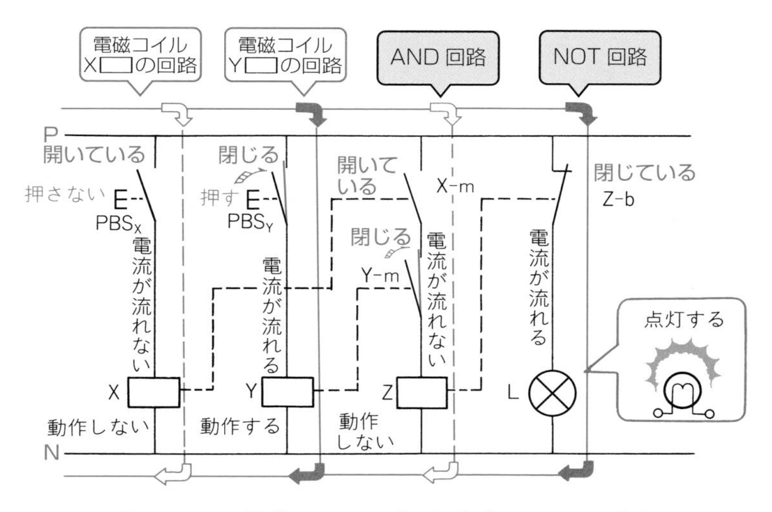

図 12・11　電磁リレーYだけを励磁したときの動作

［3］ 電磁リレーXと電磁リレーYを両方とも励磁したときの動作

① **図 12・12** のように，押ボタンスイッチ PBS_X と PBS_Y を両方とも押すと，電磁リレーXと電磁リレーYが励磁して，動作（入力信号がある）します．

② 電磁リレーXと電磁リレーYが動作するとAND回路のメーク接点X-m

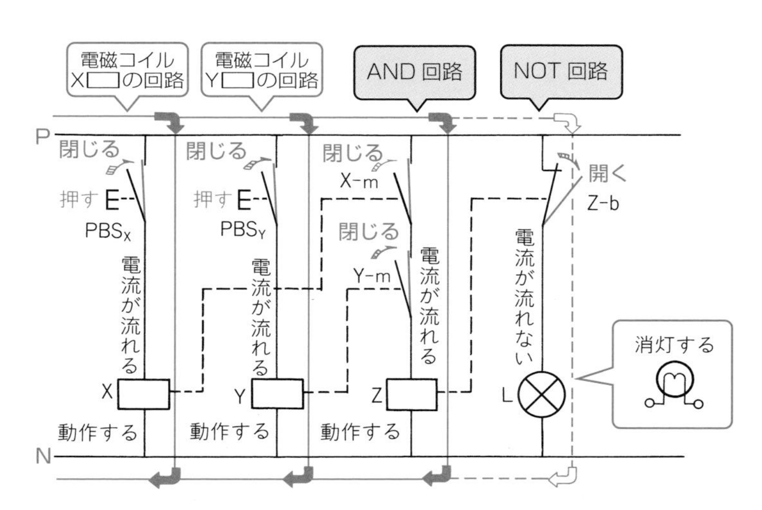

図 12・12　電磁リレーXと電磁リレーYを両方とも励磁したときの動作

とメーク接点 Y-m が両方とも閉じます.

③ AND 回路において，メーク接点 X-m とメーク接点 Y-m が両方とも閉路（入力信号がある）しますと，電磁コイル Z に電流が流れ，電磁リレー Z が動作します.

したがって，電磁リレー Z のブレーク出力接点 Z-b が開き，ランプ L には電流が流れず消灯（出力信号がない）します.

図 12･9（188 ページ参照）の回路は，電磁リレー X のメーク接点 X-m **および**（AND）電磁リレー Y のメーク接点 Y-m が，入力信号により両方とも閉路したとき，ランプ L が消灯（NOT）して，出力信号が得られないことから，AND の条件を否定（NOT）した機能をもつ AND と NOT の組合せ回路となります.

図 12･9 の回路を**電磁リレー接点を入力接点とした NAND 回路**といいます.

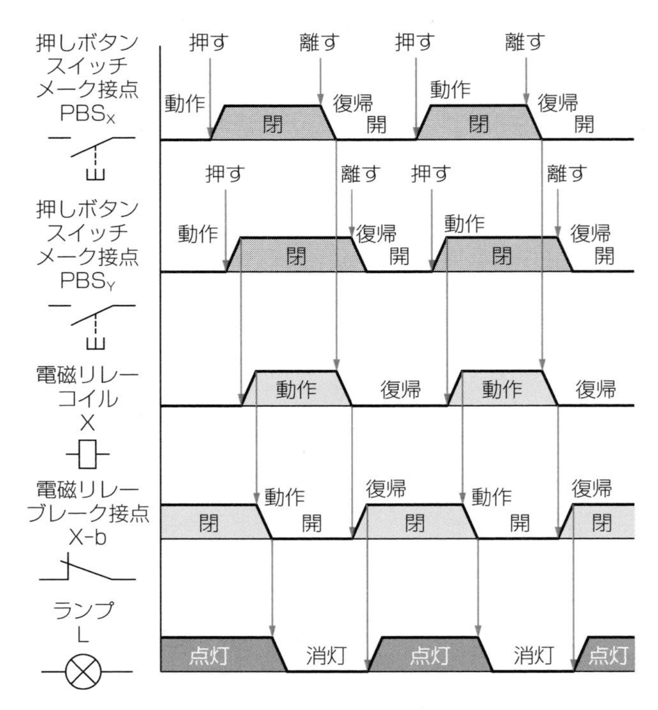

図 12・13 押しボタンスイッチ（メーク接点）を入力接点とする NAND 回路のタイムチャート〔例〕

NAND 回路のタイムチャート

図 12・3（183 ページ参照）の押しボタンスイッチを入力接点とする NAND 回路を例として，そのタイムチャートを示したのが，**図 12・13** です．

NAND 回路では，図 12・6（185 ページ参照）のように，PBS_X および PBS_Y の押しボタンスイッチを両方とも押しているときランプが消灯し，図 12・4（183 ページ参照），図 12・5（184 ページ参照）のように，PBS_X と PBS_Y のどちらかのボタンスイッチしか押していないときは，ランプが点灯していることになります．

12・2　NOR（論理和否定）回路の読み方

NOR 回路とは，OR 回路と NOT 回路を組み合わせた回路で，OR 条件を否定する機能をもっているところから，「OR」の前に NOT の「N」をつけて **NOR（ノア）** と呼び，**論理和否定回路**ともいいます．

押しボタンスイッチによる NOR 回路

図 12・14 は，メーク接点を有する 2 個の押しボタンスイッチ PBS_X と PBS_Y を並列にして，OR 回路とし，電磁リレー X の電磁コイルにつなぐとともに，NOT 回路として，電磁リレー X のブレーク接点 X-b をランプ L につないで，制御電源に接続した押しボタンスイッチ PBS_X，PBS_Y を入力接点とし，電磁リレー X のブレーク接点 X-b を出力接点とする NOR 回路の実際配線図の一例を示した図です．

図 12・14 の実際配線図を上下の制御電源母線によるシーケンス図方式の実体配線図に書き替えたのが**図 12・15** です．

また図 12・5 をシーケンス図としたのが**図 12・16**（194 ページ参照）です．

それでは，図 12・16 の回路がどのように動作するかを，次に説明しましょう．

［1］　押しボタンスイッチ PBS_X と PBS_Y を両方とも押さないときの動作

制御電源母線に電圧が印加されている状態で，**図 12・17**（194 ページ参照）のように，押しボタンスイッチ PBS_X と PBS_Y を両方とも押さないときは，それぞれのメーク接点は開いている（入力信号がない）ので，電磁コイル X には電

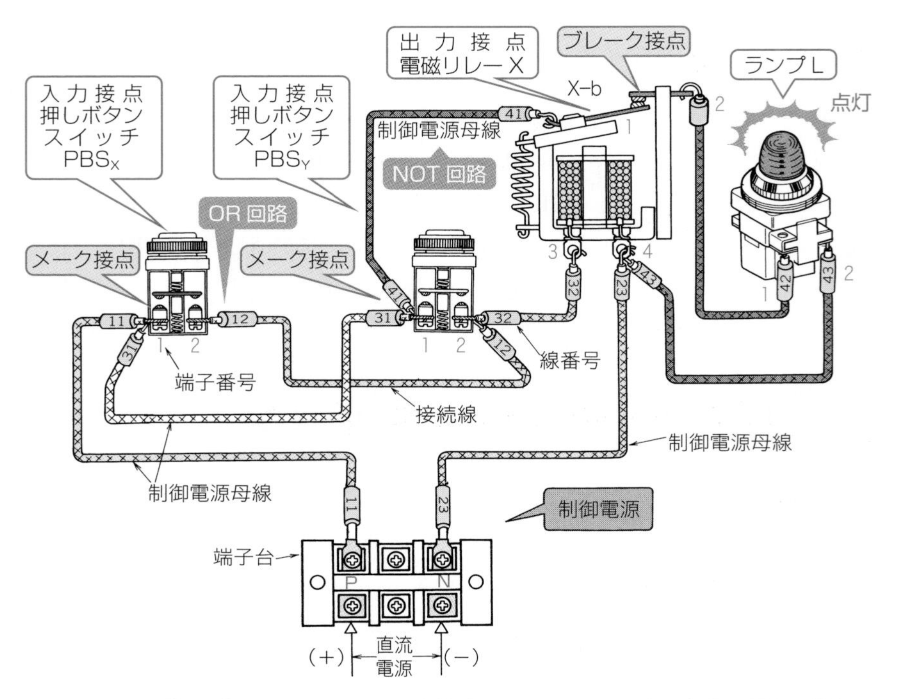

図 12・14 押しボタンスイッチを入力接点とする NOR 回路の実際配線図〔例〕

流が流れず，電磁リレー X は動作しません．

したがって，電磁リレー X のブレーク出力接点 X-b は閉じたままなので，ランプ L には電流が流れ点灯（出力信号がある）します．

［2］ 押しボタンスイッ PBS_X だけを押したときの動作

図 12･18（195 ページ参照）のように，押しボタンスイッチ PBS_X だけを押すと，そのメーク接点が閉じます．

図 12･18 の回路で PBS_X が閉路（入力信号がある）すると，PBS_Y のメーク接点が開路（入力信号がない）していても，PBS_X の回路を通って，電磁コイル X に電流が流れるので，電磁リレー X は動作します．

したがって，電磁リレー X のブレーク出力接点 X-b が開き，ランプ L には電流が流れず消灯（出力信号がない）します．

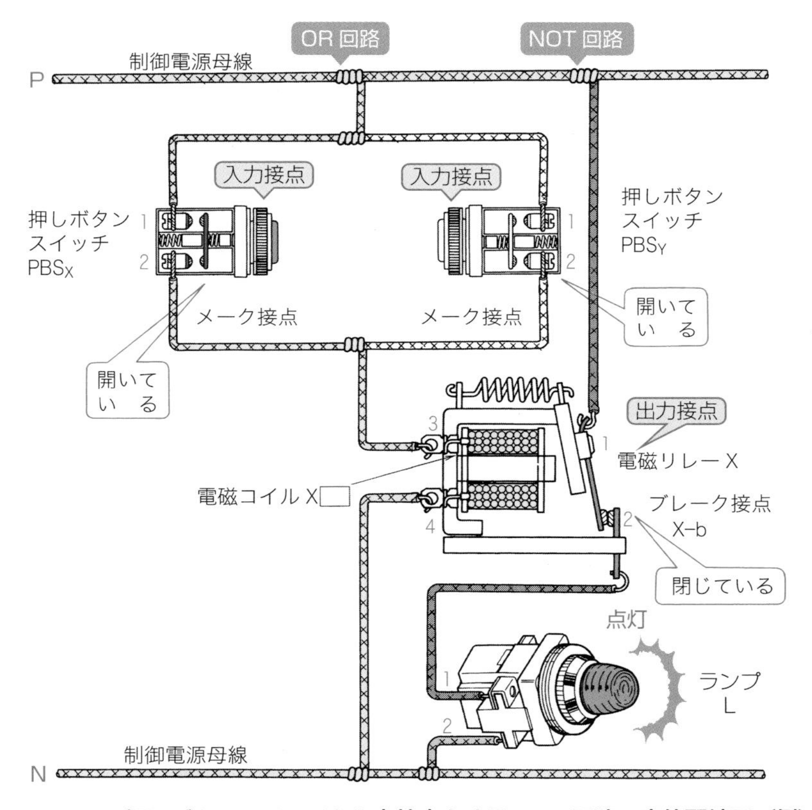

図 12・15　押しボタンスイッチを入力接点とする NOR 回路の実体配線図〔例〕

［3］　押しボタンスイッチ PBS_Y だけを押したときの動作

図 12·19（195 ページ参照）のように，押しボタンスイッチ PBS_Y だけを押すと，そのメーク接点が閉じます．

この場合も，PBS_Y が閉路（入力信号がある）すると，PBS_X のメーク接点が開路（入力信号がない）していても，PBS_Y の回路を通って，電磁コイル X に電流が流れるので，電磁リレー X は動作します．

したがって，電磁リレー X のブレーク出力接点 X-b が開き，ランプ L には電流が流れず消灯（出力信号がない）します．

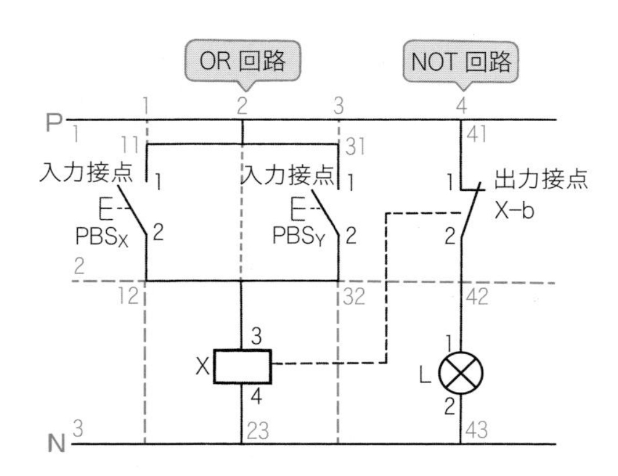

図 12・16 押しボタンスイッチを入力接点とする NOR 回路のシーケンス図

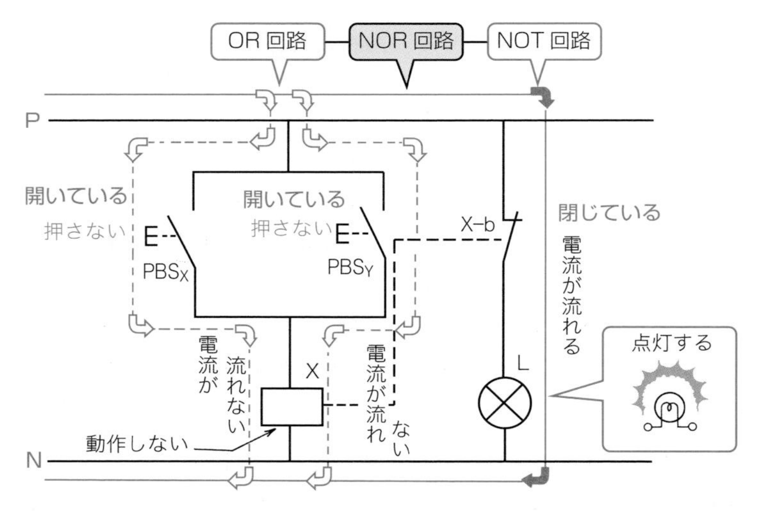

図 12・17 押しボタンスイッチ PBS_X と PBS_Y をともに押さないときの動作

［4］ 押しボタンスイッチ PBS_X と PBS_Y を両方とも押したときの動作

次に，**図 12·20**（196 ページ参照）のように，押しボタンスイッチ PBS_X と PBS_Y を両方とも押すと，ともにメーク接点が閉路（入力信号がある）して，電磁コイル X に電流が流れるので，電磁リレー X が動作し，ブレーク出力接点 X-b が開き，ランプ L には電流が流れず消灯（出力信号がない）します．

以上のように，図 12·16 の回路では，押しボタンスイッチ PBS_X または PBS_Y

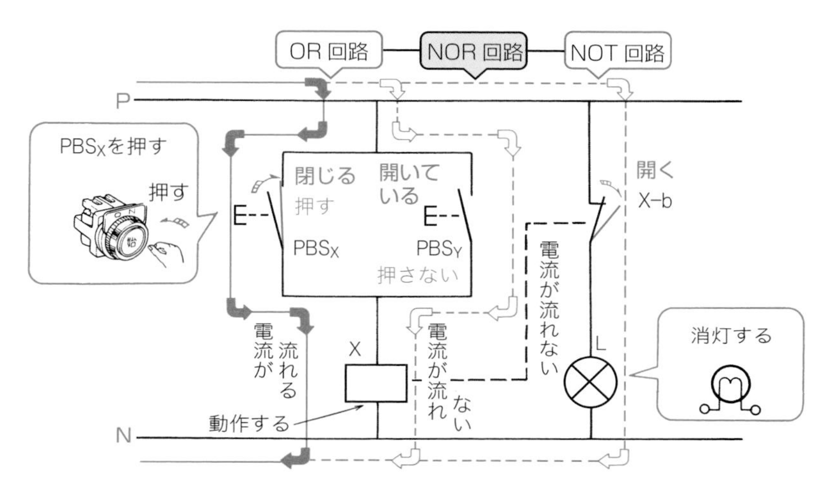

図 12・18　押しボタンスイッチ PBS_X だけを押したときの動作

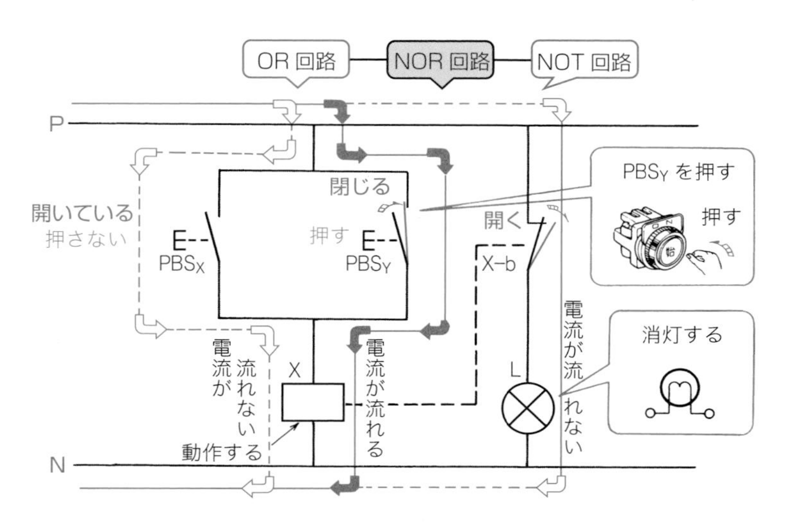

図 12・19　押しボタンスイッチ PBS_Y だけを押したときの動作

のいずれか一方または両方が閉じたとき，電磁リレー X が動作し，そのブレーク接点 X-b が開いて，ランプ L に電流が流れず消灯します．

そして，PBS_X と PBS_Y のいずれもが開いているときのみ，電磁リレー X は復帰し，そのブレーク接点 X-b が閉じ，ランプ L に電流が流れ点灯します．

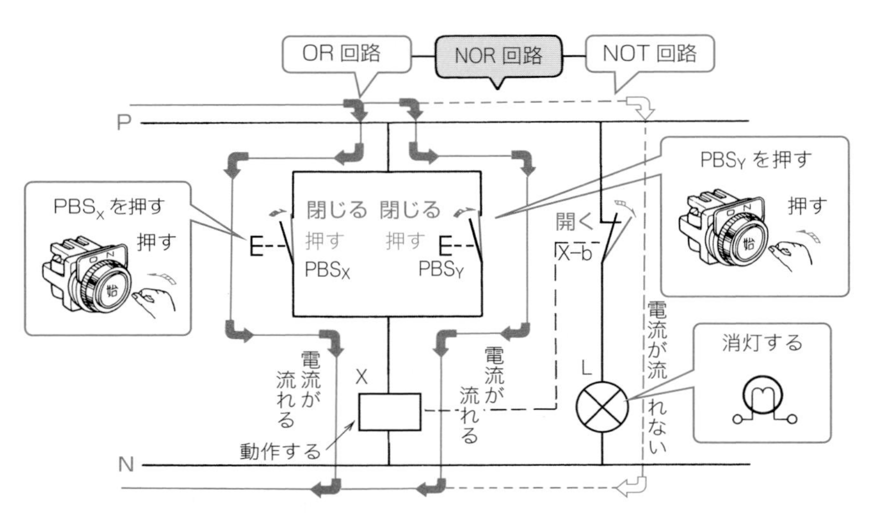

図 12・20　押しボタンスイッチ PBS_X と PBS_Y を両方とも押したときの動作

図 12·16（194 ページ参照）の回路は，PBS_X **または**（OR）PBS_Y が閉（入力信号がある）という“**または**（**OR**）”の条件で，ランプ L が消灯（出力信号がない「NOT」）することから，OR の条件を否定（NOT）した機能をもつ OR と NOT を組み合わせた**ボタンスイッチを入力接点とする NOR 回路**といえます．

電磁リレーによる NOR 回路

図 12·21 は，電磁リレー X のメーク接点 X-m と電磁リレー Y のメーク接点 Y-m を並列にして，OR 回路とし，電磁リレー Z の電磁コイルにつなぐとともに，NOT 回路として，電磁リレー Z のブレーク接点 Z-b をランプ L につないで，制御電源に接続した電磁リレーのメーク接点 X-m，Y-m を入力接点とし，電磁リレー Z のブレーク接点 Z-b を出力接点とする NOR 回路の実際配線図の一例を示した図です．

図 12·21 の実際配線図を上下の制御電源母線によるシーケンス図方式の実体配線図に書き替えたのが**図 12·22** です．また，図 12·22 をシーケンス図としたのが**図 12·23** です．

それでは，図 12·23 の回路がどのように動作するかを，次に説明しましょう．

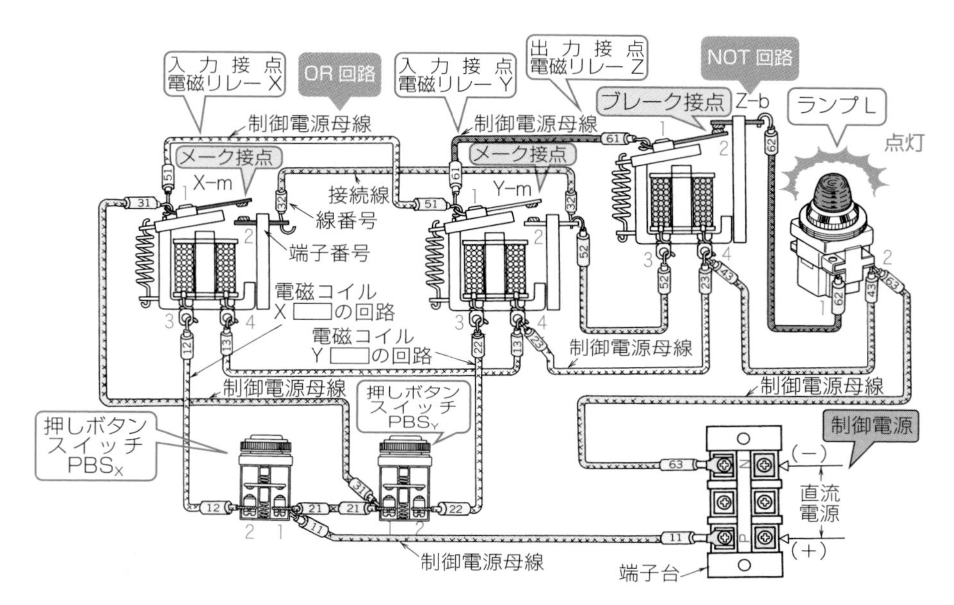

図 12・21　電磁リレー接点による NOR 回路の実際配線図〔例〕

［1］　電磁リレー X と電磁リレー Y が両方とも消磁しているときの動作

① 制御電源母線に電圧が印加されている状態で，**図 12・24**（199 ページ参照）のように，押しボタンスイッチ PBS_X と PBS_Y を両方とも押さないときは，電磁リレー X および電磁リレー Y の電磁コイル X と電磁コイル Y に電流が流れませんから，消磁状態で両方とも動作しません．

② 電磁リレー X および電磁リレー Y が動作（入力信号がない）していないときは，そのメーク接点 X-m と Y-m はともに開いているので，電磁コイル Z に電流が流れず，電磁リレー Z は動作しません．
したがって，NOT 回路の電磁リレー Z のブレーク出力接点 Z-b は閉じたままなので，ランプ L には電流が流れ点灯（出力信号がある）します．

［2］　電磁リレー X だけを励磁したときの動作

① **図 12・25**（199 ページ参照）のように，電磁コイル X の回路の押しボタンスイッチ PBS_X を押すと，電流が流れ電磁リレー X が励磁して動作（入力信号がある）します．

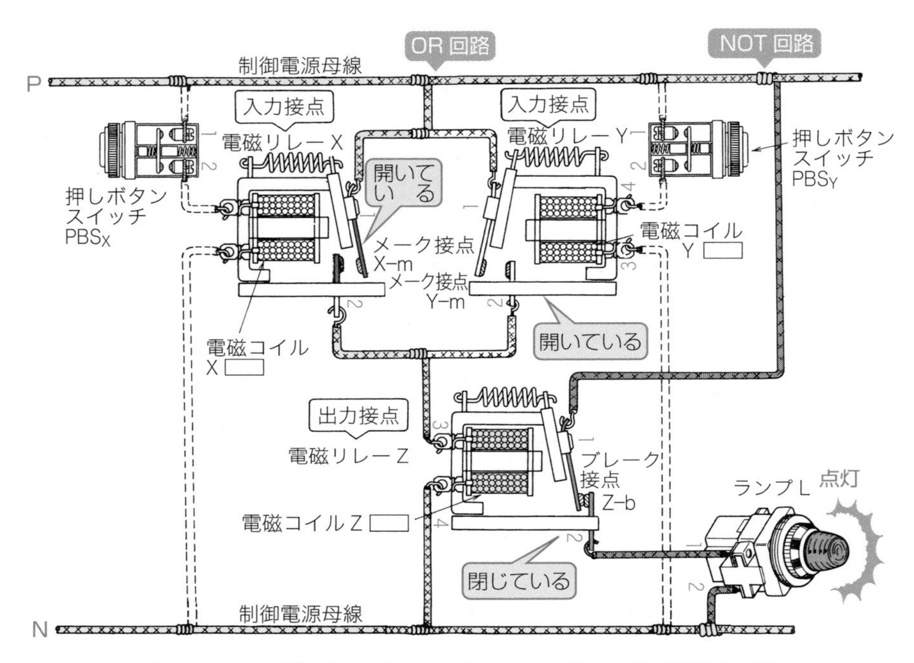

図 12・22　電磁リレー接点による NOR 回路の実体配線図〔例〕

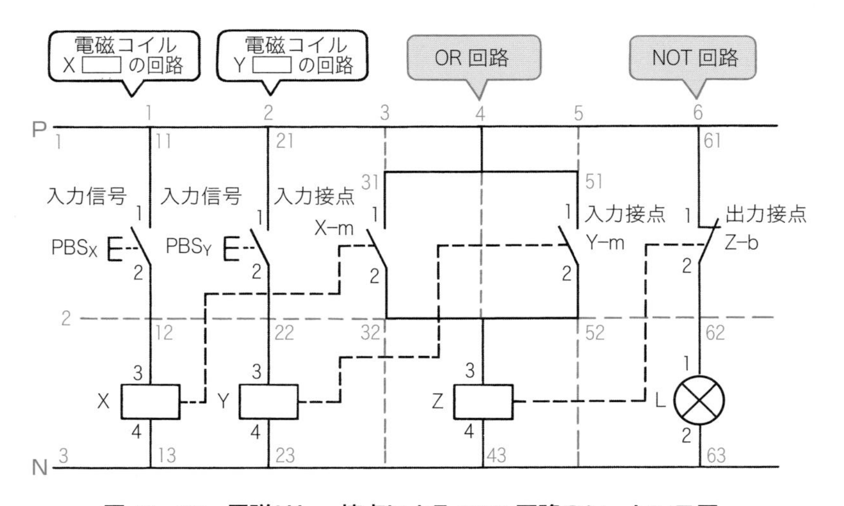

図 12・23　電磁リレー接点による NOR 回路のシーケンス図

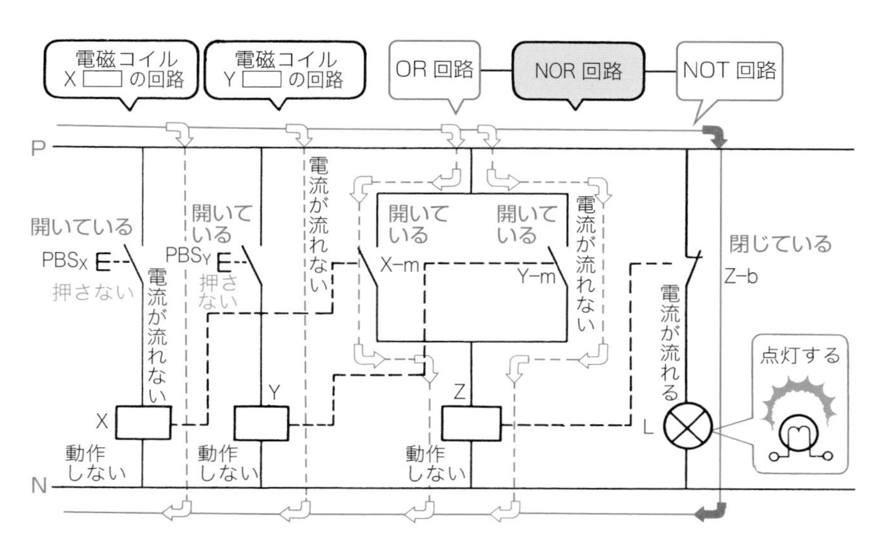

図 12・24　電磁リレー X と電磁リレー Y が両方とも消磁しているときの動作

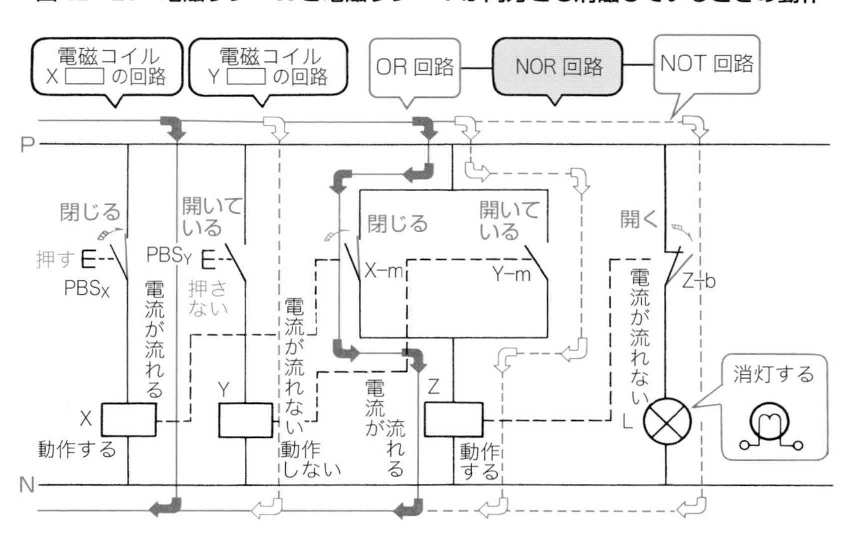

図 12・25　電磁リレー X だけを励磁したときの動作

② 電磁リレー X が動作すると OR 回路のメーク接点 X-m が閉じます.

③ OR 回路において，メーク接点 X-m が閉路（入力信号がある）すると，メーク接点 Y-m が開路（入力信号がない）していても，メーク接点 X-m

の回路を通って，電磁コイル Z に電流が流れ，電磁リレー Z は動作します．したがって，NOT 回路の電磁リレー Z のブレーク出力接点 Z-b が開き，ランプ L には電流が流れず消灯（出力信号がない）します．

［3］ 電磁リレー Y だけを励磁したときの動作

① **図 12·26** のように，電磁コイル Y の回路の押しボタンスイッ PBS_Y を押すと，電流が流れ電磁リレー Y が励磁して動作（入力信号がある）します．

② 電磁リレー Y が動作すると OR 回路のメーク接点 Y-m が閉じます．

③ OR 回路において，メーク接点 Y-m が閉路（入力信号がある）すると，メーク接点 X-m が開路（入力信号がない）していても，メーク接点 Y-m の回路を通って，電磁コイル Z に電流が流れ，電磁リレー Z は動作します．したがって，NOT 回路の電磁リレー Z のブレーク出力接点 Z-b が開き，ランプ L には電流が流れず消灯（出力信号がない）します．

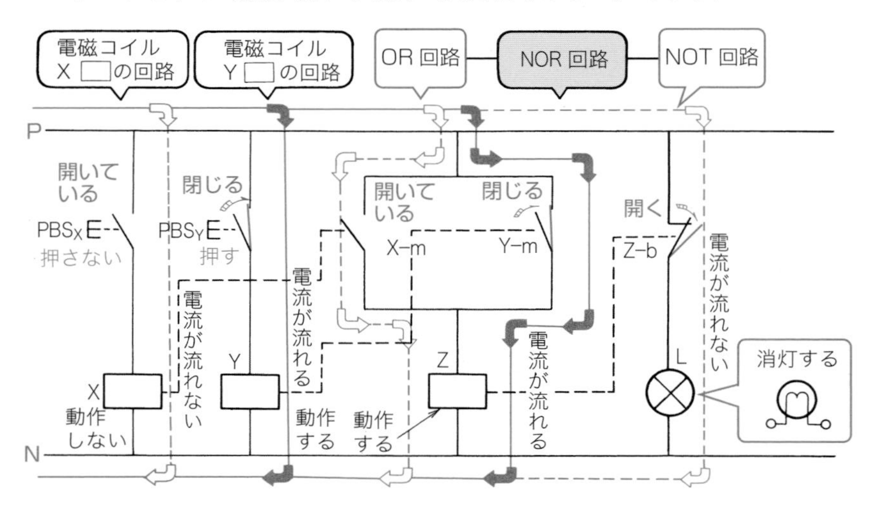

図 12・26 電磁リレー Y だけを励磁したときの動作

［4］ 電磁リレー X と電磁リレー Y を両方とも励磁したときの動作

① **図 12·27** のように，押しボタンスイッチ PBS_X と PBS_Y を押すと，電磁リレー X と電磁リレー Y が励磁して動作（入力信号がある）します．

② 電磁リレー X と電磁リレー Y が動作すると，OR 回路のメーク接点 X-m

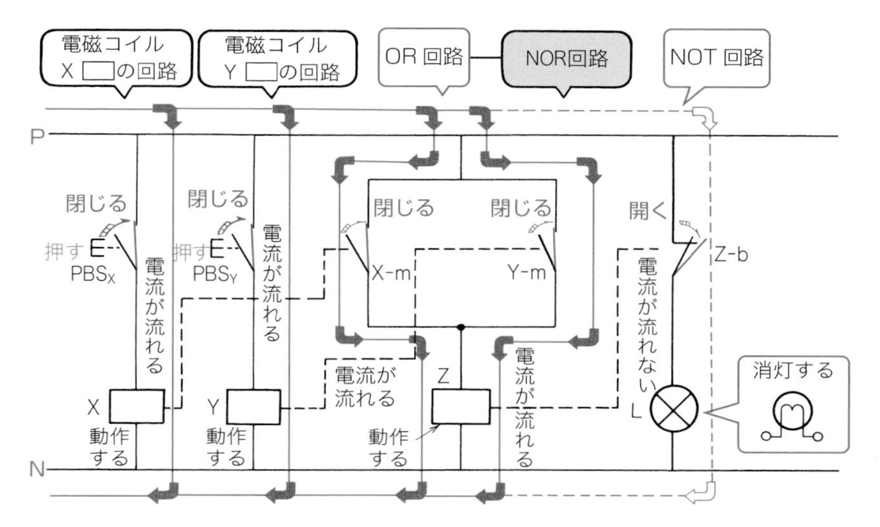

図 12・27　電磁リレー X と電磁リレー Y を両方とも励磁したときの動作

とメーク接点 Y-m が閉じます.

③　OR 回路において，メーク接点 X-m とメーク接点 Y-m が両方とも閉路（入力信号がある）すると，電磁コイル Z に電流が流れ，電磁リレー Z が動作します.

したがって，NOT 回路の電磁リレー Z のブレーク出力接点 Z-b が開き，ランプ L には電流が流れず消灯（出力信号がない）します.

以上のように，図 12･23（198 ページ参照）の回路では，電磁リレー X のメーク接点 X-m または電磁リレー Y のメーク接点 Y-m のいずれか一方，または両方が閉じたとき，電磁リレー Z が動作し，そのブレーク接点 Z-b が開いて，ランプ L には電流が流れず消灯します.

そして，メーク接点 X-m とメーク接点 Y-m のいずれもが開いているときのみ，電磁リレー Z は復帰し，そのブレーク接点 Z-b が閉じ，ランプ L には電流が流れ点灯します.

図 12･23 の回路はメーク接点 X-m **または**（OR）メーク接点 Y-m が閉（入力信号がある）という“**または（OR）**”の条件で，ランプ L が消灯（出力信号がない「NOT」）することから，OR の条件を否定（NOT）した機能をもつ OR と

NOT を組み合わせた**電磁リレー接点を入力接点とした NOR 回路**といえます．

NOR 回路のタイムチャート

図 12･16（194 ページ参照）の押しボタンスイッチを入力接点とする NOR 回路を例として，そのタイムチャートを示したのが，**図 12･28** です．

NOR 回路では，図 12･17（194 ページ参照）のように，押しボタンスイッチ PBS_X と PBS_Y をともに押していないとき，ランプが点灯し，その他，図 12･18，図 12･19，図 12･20（195，196 ページ参照）のように，PBS_X と PBS_Y のどちらか一方，または両方とも押しているときは，ランプが消灯することになります．

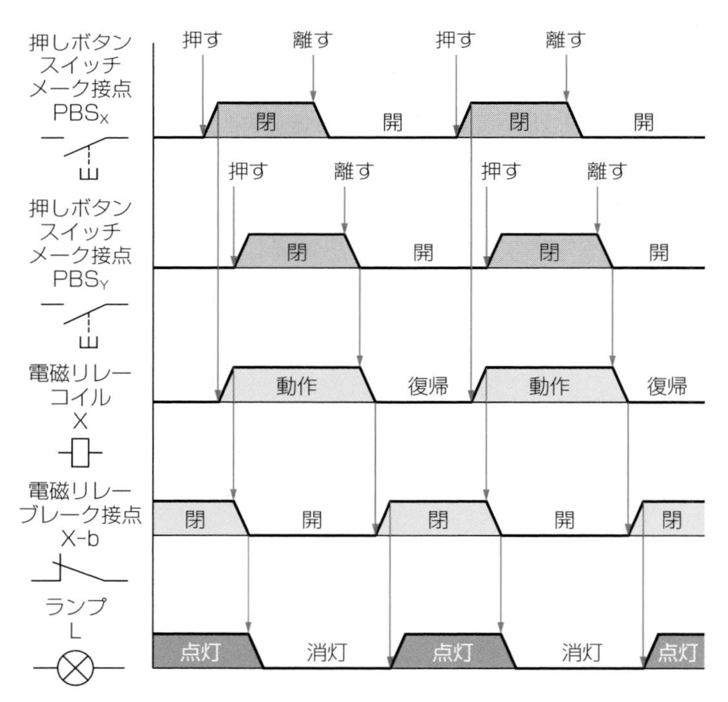

図 12・28　押しボタンスイッチ（メーク接点）を入力接点とする NOR 回路タイムチャート〔例〕

13章 自己保持回路の読み方

13・1 復帰優先の自己保持回路の読み方

自己保持回路とは

自己保持回路とは，たとえば，押しボタンスイッチを用いて，電磁リレーの電磁コイルに電流を流し動作させたとき，ボタンを押す手を離すと，電磁コイルに

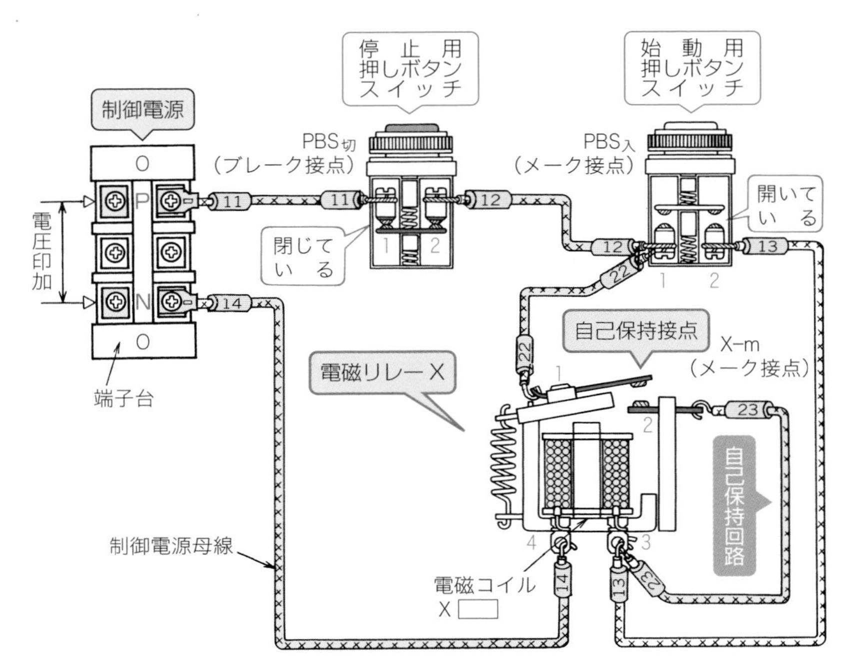

図 13・1　復帰優先の自己保持回路の実際配線図〔例〕

電流が流れなくなり，電磁リレーは電磁操作自動復帰の機能をもつことから，復帰してしまうので，電磁リレー自身のメーク接点で別の励磁回路を作って，連続的に動作し続けるようにした回路をいいます．

図 13·1 は，ブレーク接点を有する停止用押しボタンスイッチ $\mathrm{PBS}_{切}$ と，メーク接点を有する始動用押しボタンスイッチ $\mathrm{PBS}_{入}$ を直列に接続し **AND 回路**（11·1 節参照）として，電磁リレー X の電磁コイル X に接続し，始動用押しボタンスイッチ $\mathrm{PBS}_{入}$ と並列に電磁リレー X の自己のメーク接点 X-m を並列に接続し **OR 回路**（11·2 節参照）として接続した，**復帰優先の自己保持回路**の実際配線図の一例を示した図です．

図 13·1 の実際配線図を上下の制御電源母線によるシーケンス図方式の実体配

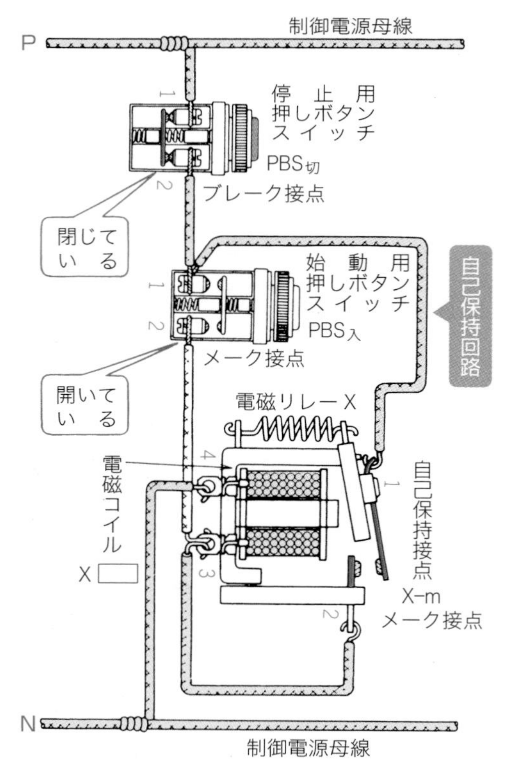

図 13・2　復帰優先の自己保持回路の実体配線図〔例〕

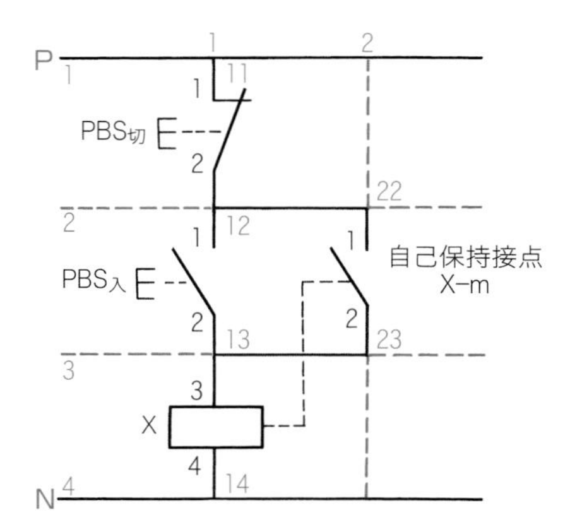

図 13・3　復帰優先の自己保持回路のシーケンス図

線図に書き替えたのが**図 13·2** です．

また，図 13·2 をシーケンス図としたのが，**図 13·3** です．

図 13·3 の回路は，電磁リレーの自己のメーク接点によって，動作し続けるよう保持することから**自己保持回路**といいます．

自己保持回路は電磁リレー，電磁接触器などの操作回路には，必ずといってよいほど用いられている最も基本的な回路といえます．

自己保持回路の組み方

それでは，この自己保持回路の組み方について，順を追って説明することにしましょう．

［1］　電磁リレーの始動回路

図 13·4 のように，電磁リレー X を動作させるのに，メーク接点を有する押しボタンスイッチ $PBS_{入}$ を電磁リレーの電磁コイル X の回路につないでみましょう．

そこで，いま**図 13·5** のように，始動用押しボタンスイッチ $PBS_{入}$ を押すと，電磁コイル X に電流が流れて，電磁リレー X は動作します．

しかし，押しボタンスイッチは手動操作自動復帰の機能をもつことから，ボタンを押す手を離すと，メーク接点 $PBS_{入}$ は自動的に復帰して開くので，電磁コイル X に電流が流れなくなり，電磁リレー X は復帰します．

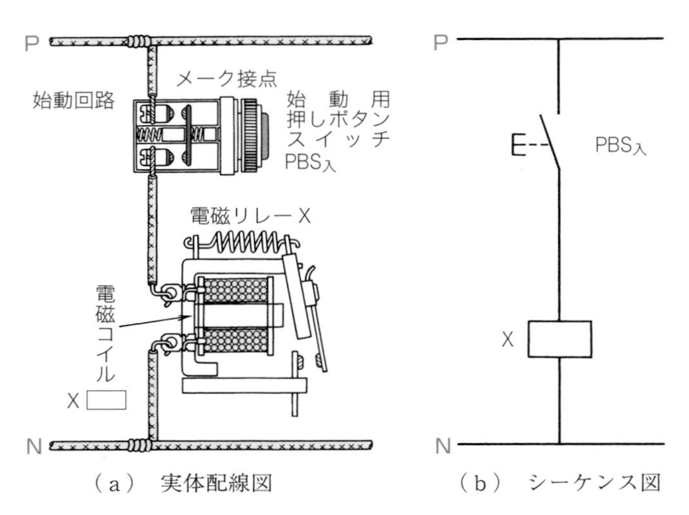

（a） 実体配線図　（b） シーケンス図

図 13・4 電磁リレーの始動回路の実体配線図〔例〕とシーケンス図

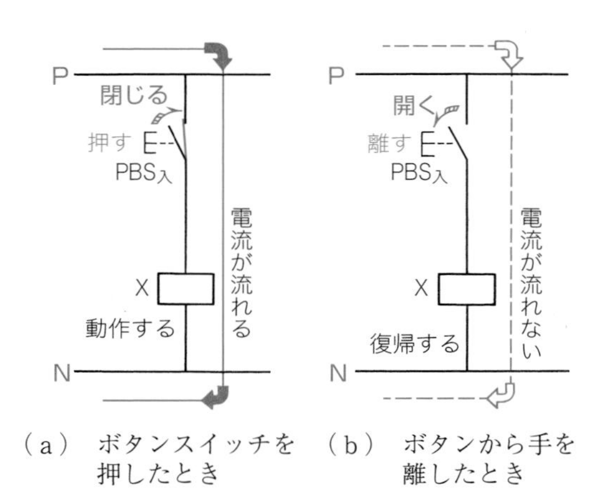

（a） ボタンスイッチを押したとき　（b） ボタンから手を離したとき

図 13・5 電磁リレーの始動回路の動作

ということは，電磁リレーXを連続的に長時限動作させておくには，ボタンを押し続けなくてはならないということになります．これでは非常に不便です．

［2］ 電磁リレーの自己の接点による保持回路

そこで，**図 13·6** のように，押しボタンスイッチ $PBS_{入}$ と電磁リレーXの自己のメーク接点X-mとを並列に接続して **OR 回路**としてみましょう．

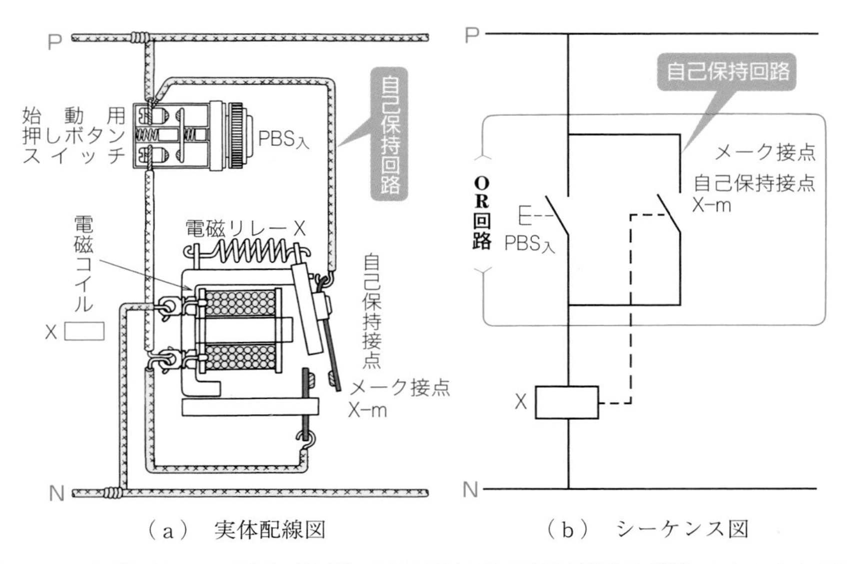

図 13・6　電磁リレーの自己の接点による保持回路の実体配線図〔例〕とシーケンス図

図 13･6(b) の回路において，**図 13･7**(a) のように，PBS入を押して，電磁コイル X に電流を流して電磁リレー X を動作させると，そのメーク接点 X-m が閉じるので，図 (b) のように，ボタンから手を離しても，電磁コイル X には電磁リレー X の自己のメーク接点 X-m を通って，電流が流れますから，電磁リレー X は連続的に動作することになります．

この目的に用いられる電磁リレー X のメーク接点 X-m を**自己保持接点**といいます．また，PBS入は電磁リレー X を最初に動作させる働きをするので，**始動用押しボタンスイッチ**というのです．

［3］　電磁リレーの停止回路

図 13･6 の回路では，電磁リレー X は連続的に動作しますが，復帰させることができません．

そこで，先に示した図 13･3（205 ページ参照）のように，ブレーク接点を有する停止用押しボタンスイッチ PBS切を，PBS入と自己保持メーク接点 X-m を並列に接続した **OR 回路**と直列に **AND 回路**として接続し，この PBS切の操作によって，電磁リレー X を復帰させるようにします．

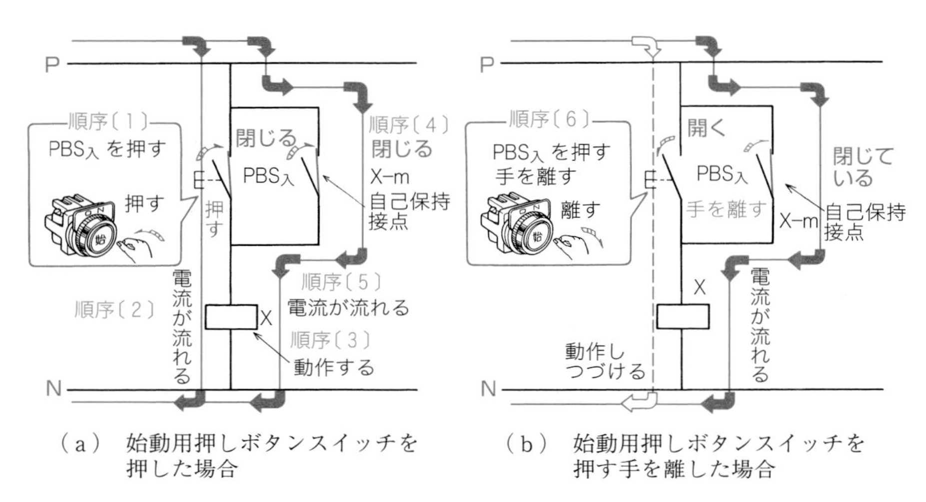

（a） 始動用押しボタンスイッチを押した場合

（b） 始動用押しボタンスイッチを押す手を離した場合

図 13・7 電磁リレーの自己の接点による保持回路の動作

このように，自己保持回路においては，始動用押しボタンスイッチ $PBS_{入}$ と停止用押しボタンスイッチ $PBS_{切}$ を入力接点として，**動作命令**と**復帰命令**とを個々に与えることになります．

自己保持の動作のしかた

自己保持回路における自己保持のシーケンス動作を示したのが，**図 13・8** です．この動作順序を次に説明しましょう．

《シーケンス動作順序（図 13・8）》

順序〔1〕：回路 Ⓐ の始動用押しボタンスイッチ $PBS_{入}$ を押す．

順序〔2〕：$PBS_{入}$ を押すと，そのメーク接点が閉じ，回路 Ⓐ の電磁コイル X に電流が流れ，電磁リレー X は動作する．

順序〔3〕：電磁リレー X が動作すると，自己保持メーク接点 X-m が閉じ，回路 Ⓑ を通って電磁コイル X に電流が流れる．

順序〔4〕：$PBS_{入}$ を押す手を離すと，そのメーク接点が復帰して開く．

順序〔5〕：$PBS_{入}$ が開いても，回路 Ⓑ の自己保持メーク接点 X-m を通って，電磁コイル X には電流が流れるので，電磁リレー X は動作をし続ける．この状態を電磁リレー X が**自己保持した**という．

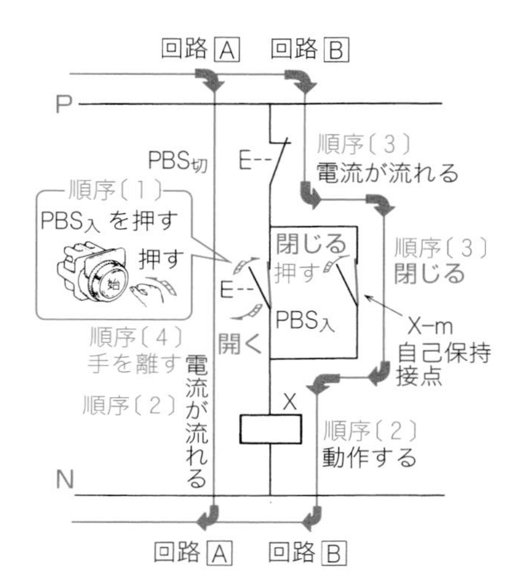

図 13・8 復帰優先の自己保持回路の自己保持の動作

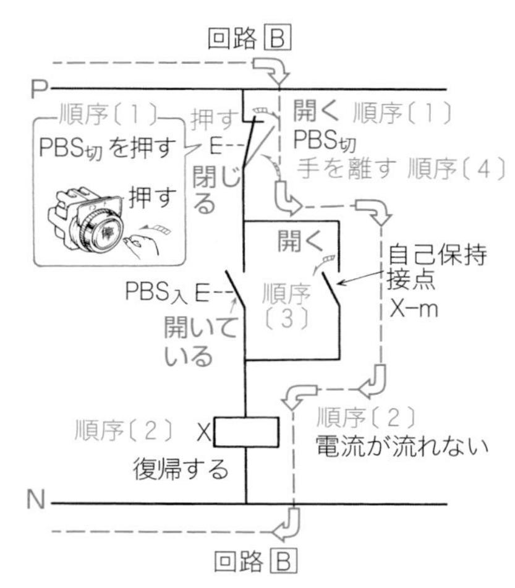

図 13・9 復帰優先の自己保持回路の自己保持を解く動作

自己保持を解く動作のしかた

図 13·8 の自己保持している状態において，停止用押しボタンスイッチ PBS切を押して，自己保持を解く動作を示したのが，**図 13·9** です.

《シーケンス動作順序（図 13·9）》

順序〔1〕：回路 B の停止用押しボタンスイッチ PBS切 を押す.

順序〔2〕：PBS切 を押すと，そのブレーク接点が開き，回路 B の電磁コイル X に電流が流れなくなり，電磁リレー X は復帰する.

順序〔3〕：電磁リレー X が復帰すると，回路 B の自己保持メーク接点 X-m が開く.

順序〔4〕：PBS切 を押す手を離すと，そのブレーク接点が復帰して閉じる.

順序〔5〕：PBS切 が閉じても，OR 回路の自己保持メーク接点 X-m と始動用押しボタンスイッチ PBS入 が両方とも開いているので，電磁コイル X には電流が流れず，電磁リレー X は復帰したままとなる．この状態を電磁リレー X の**自己保持を解く**という.

このように，自己保持回路は押しボタンスイッチを操作して作られるパルス状

（短時限に急峻な変化をする信号）の始動，停止の信号を連続的な運転・停止の信号に変える機能をもっているといえます．

電磁リレー接点による自己保持回路

これまでは，**動作命令**と**復帰命令**を与える入力接点として押しボタンスイッチ

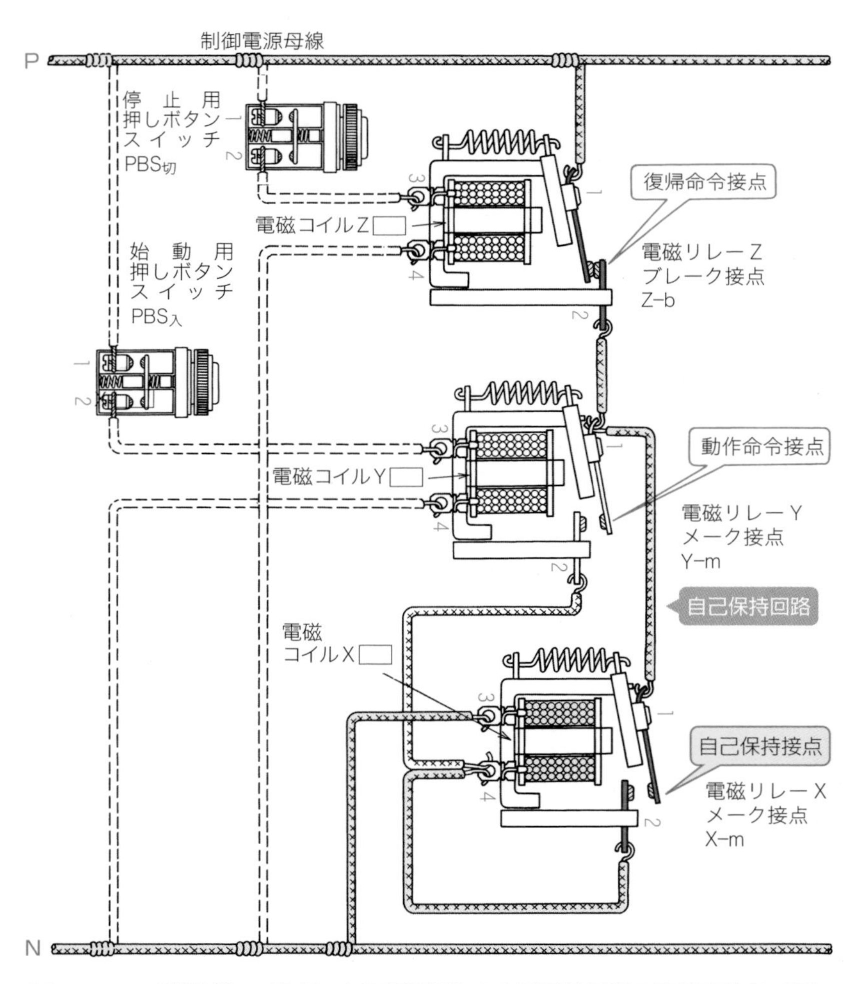

図 13・10　電磁リレー接点による復帰優先の自己保持回路の実体配線図〔例〕

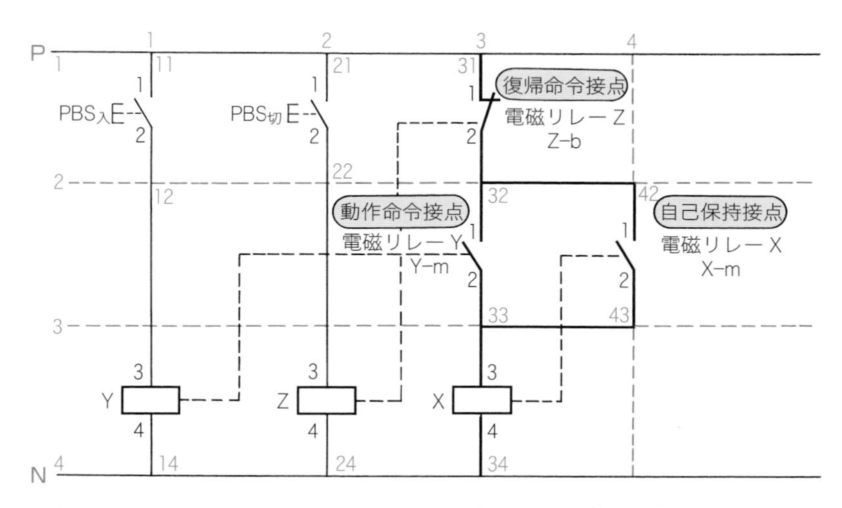

図 13・11　電磁リレー接点による復帰優先の自己保持回路のシーケンス図

PBS入 と PBS切 を用いた場合を示しましたが，この入力接点としては，必ずしも押しボタンスイッチでなくても，電磁リレー接点でもかまいません．

図 13·10 は，**動作命令**を与える PBS入 の代わりに別の電磁リレー Y のメーク接点 Y-m を，また，**復帰命令**を与える PBS切 の代わりに別の電磁リレー Z のブレーク接点 Z-b を用いて，復帰優先の自己保持回路とした場合の実体配線図の一例を示した図です．

また，図 13·10 をシーケンス図に書き替えたのが，**図 13·11** です．

C 動作命令と復帰命令を同時に与えたときの動作

図 13·12 のように，電磁リレー接点による復帰優先の自己保持回路において，**動作命令**と**復帰命令**とが，同時に与えられた場合について説明しましょう．

図 13·12 の回路では，電磁リレー X の電磁コイル X の回路がメーク接点 Y-m とブレーク接点 Z-b を直列に接続した **AND 回路**となっているので，**復帰命令**を与えるブレーク接点 Z-b が動作して開くと，**動作命令**を与えるメーク接点 Y-m が，同時に動作して閉じても，電磁コイル X には電流が流れず，電磁リレー X は復帰したままとなります．

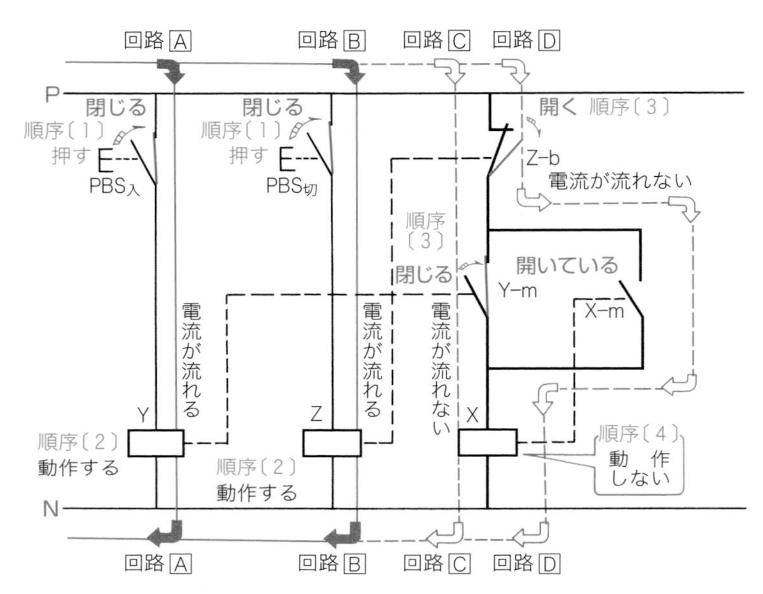

図 13・12 復帰優先の自己保持回路で動作命令と復帰命令が同時に与えられたときの動作順序

《シーケンス動作順序（図 13・12）》

順序〔1〕：回路 A の動作命令として，始動用押しボタンスイッチ PBS入 を押す．
同時に回路 B の復帰命令として停止用押しボタンスイッチ PBS切 を押す．

順序〔2〕：PBS入 を押すと，そのメーク接点が閉じ，電磁コイル Y に電流が流れ，電磁リレー Y が動作する．
PBS切 を押すと，そのメーク接点が閉じ，電磁コイル Z に電流が流れ，電磁リレー Z が同時に動作する．

順序〔3〕：電磁リレー Y が動作すると，回路 C のメーク接点 Y-m が閉じる．
電磁リレー Z が動作すると，回路 C のブレーク接点 Z-b が同時に開く．

順序〔4〕：回路 C において，メーク接点 Y-m が閉じても，ブレーク接点 Z-b が開いているので，電磁コイル X に電流が流れず，電磁リレー X

は動作しない．

なお，回路 Ⓓ においても，ブレーク接点 Z-b および自己保持接点のメーク接点 X-m が開いているので，電磁コイル X には，電流が流れない．

このように，この自己保持回路はメーク接点 Y-m「閉」による**動作命令**よりも，ブレーク接点 Z-b「開」による**復帰命令**のほうが優先しますので，**復帰優先の自己保持回路**というのです．

Ⓒ 復帰優先の自己保持回路のタイムチャート

図 13·3（205 ページ参照）に示した押しボタンスイッチによる復帰優先の自己保持回路において，動作命令の $\mathrm{PBS}_{入}$ と復帰命令の $\mathrm{PBS}_{切}$ を別々に動作させたときのタイムチャートを示したのが，**図 13·13** です．

また，図 13·11 に示したように，入力接点として，電磁リレー Y のメーク接点 Y-m，電磁リレー Z のブレーク接点 Z-b を用いた場合，これらの接点が別々に動作するときは，図 13·13 と同じタイムチャートとなりますが，メーク接点

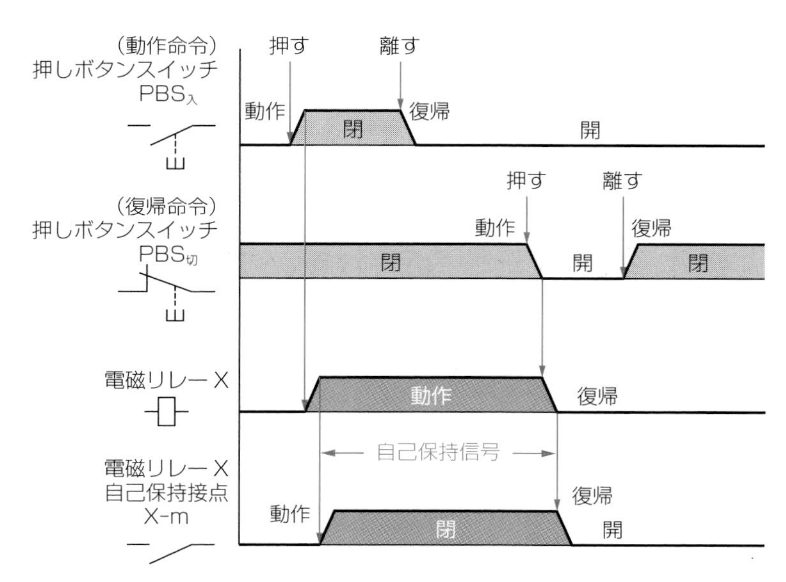

図 13・13　押しボタンスイッチによる復帰優先の自己保持回路のタイムチャート〔例〕

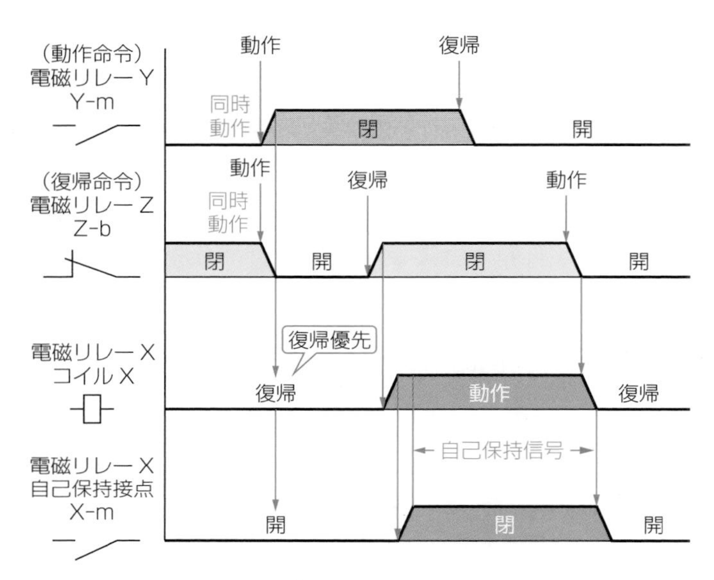

図 13・14 電磁リレー接点による復帰優先の自己保持回路のタイムチャート〔例〕

Y-m とブレーク接点 Z-b が同時に動作すると，**図 13･14** のように，ブレーク接点 Z-b の「開」による復帰が優先します．

図 13･3（205 ページ参照）の押しボタンスイッチによる復帰優先の自己保持回路でも，$PBS_{入}$ と $PBS_{切}$ を同時に押すと，$PBS_{切}$ による復帰が優先し，電磁リレー X は動作せず復帰したままとなります．

13･2 動作優先の自己保持回路の読み方

動作優先の自己保持回路とは

図 13･15 は，ブレーク接点の停止用押しボタンスイッチ $PBS_{切}$ と，電磁リレー X の自己保持メーク接点 X-m を直列に接続し **AND 回路**として，そして，この AND 回路とメーク接点の始動用押しボタンスイッチ $PBS_{入}$ とを並列に接続し **OR 回路**を作って電磁コイル X に接続した動作優先の自己保持回路の実際配線図の一例を示した図です．

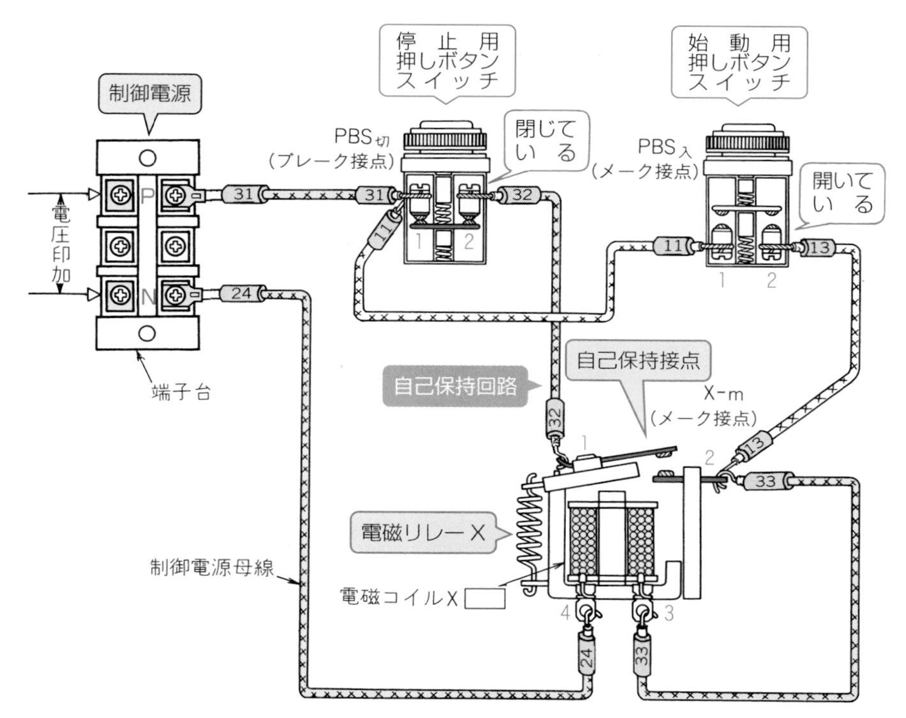

図 13・15 動作優先の自己保持回路の実際配線図〔例〕

図 13·15 の実際配線図を上下の制御電源母線によるシーケンス図方式の実体配線図およびシーケンス図に書き替え，対比したのが，**図 13·16** および**図 13·17** です．

C 自己保持の動作のしかた

動作優先自己保持回路における自己保持の動作を示したのが，**図 13·18** です．この動作順序を次に説明しましょう．

《シーケンス動作順序（図 13·18）》

順序〔1〕：回路 Ⓐ の始動用押しボタンスイッチ $PBS_入$ を押す．

順序〔2〕：$PBS_入$ を押すと，そのメーク接点が閉じ，回路 Ⓐ の電磁コイル X に電流が流れ，電磁リレー X は動作する．

順序〔3〕：電磁リレー X が動作すると，自己保持メーク接点 X-m が閉じ，

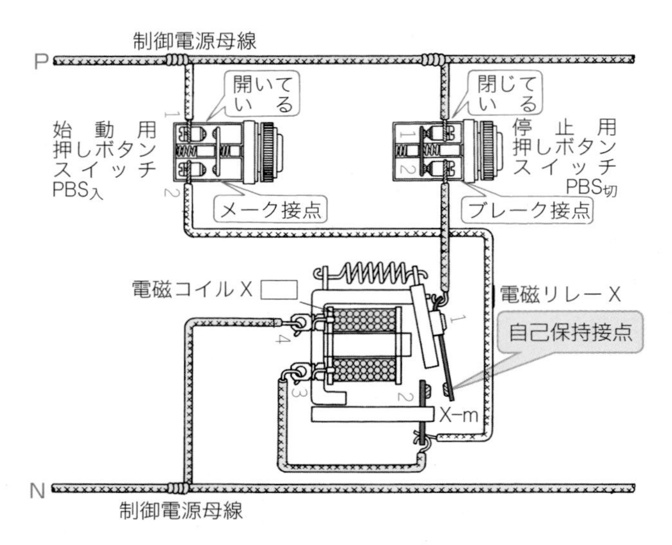

図 13・16　動作優先の自己保持回路の実体配線図〔例〕

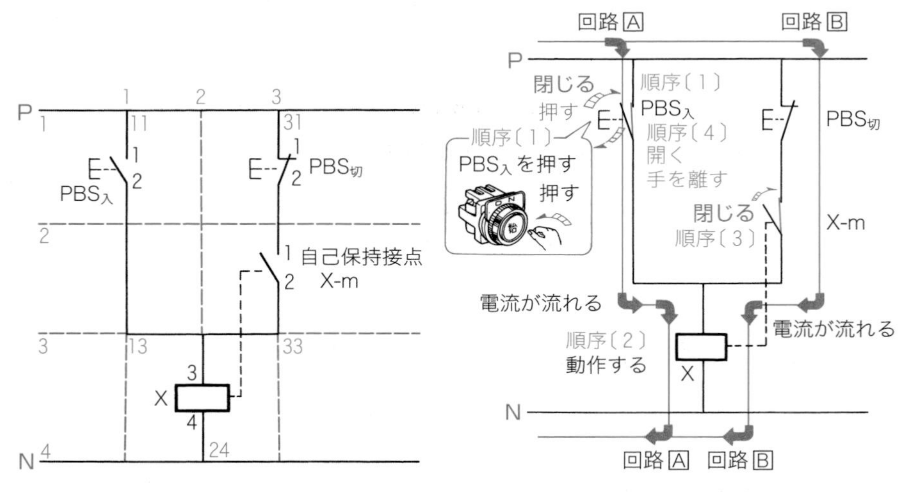

図 13・17　動作優先の自己保持回路のシーケンス図

図 13・18　動作優先の自己保持回路の自己保持の動作順序

回路Ｂを通って電磁コイルXに電流が流れ自己保持する．

順序〔4〕：PBS入を押す手を離すと，そのメーク接点が復帰して開く．

順序〔5〕：PBS入が開いても，回路Ｂの自己保持メーク接点X-mを通って，電磁コイル X には電流が流れるので，電磁リレー X は動作をし続ける．

自己保持を解く動作のしかた

図 13・18 の自己保持している状態において，停止用押しボタンスイッチ $PBS_{切}$ を押して，自己保持を解く動作を示したのが，**図 13・19** です．

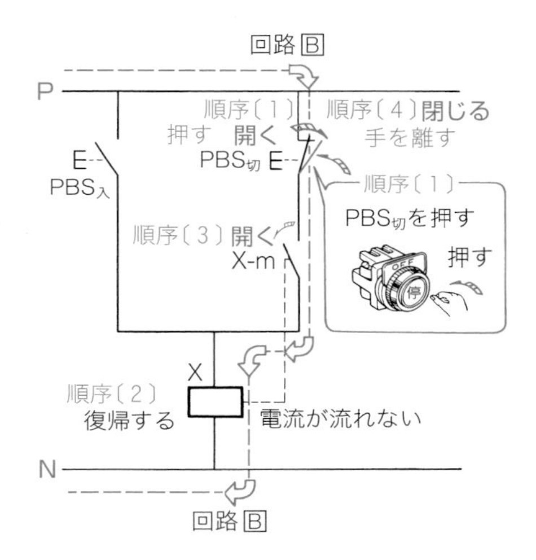

図 13・19 動作優先の自己保持回路の自己保持を解く動作順序

《シーケンス動作順序（図 13・19）》

順序〔1〕：回路 B の停止用押しボタンスイッチ $PBS_{切}$ を押す．

順序〔2〕：$PBS_{切}$ を押すと，そのブレーク接点が開き，回路 B の電磁コイル X に電流が流れなくなり，電磁リレー X は復帰する．

順序〔3〕：電磁リレー X が復帰すると，回路 B の自己保持メーク接点 X-m が開き，自己保持を解く．

順序〔4〕：$PBS_{切}$ を押す手を離すと，そのブレーク接点が復帰して閉じる．

順序〔5〕：$PBS_{切}$ が閉じても，自己保持メーク接点 X-m と $PBS_{入}$ がともに開いているので，電磁コイル X には電流が流れず，電磁リレー X は復帰したままとなる．

電磁リレー接点による動作優先の自己保持回路

図 13・20 は，図 13・16 において**動作命令**を与える押しボタンスイッチ $PBS_{入}$ の代わりに別の電磁リレー Y のメーク接点 Y-m を，また，**復帰命令**を与える押しボタンスイッチ $PBS_{切}$ の代わりに別の電磁リレー Z のブレーク接点 Z-b を用いた，動作優先の自己保持回路の実体配線図の一例を示した図です．

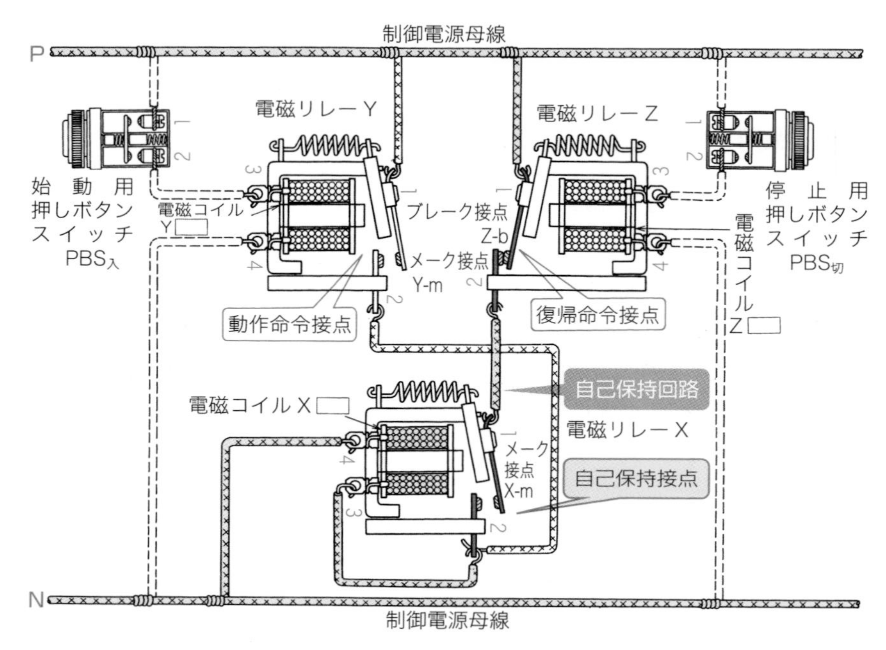

図 13・20 電磁リレー接点による動作優先の自己保持回路の実体配線図〔例〕

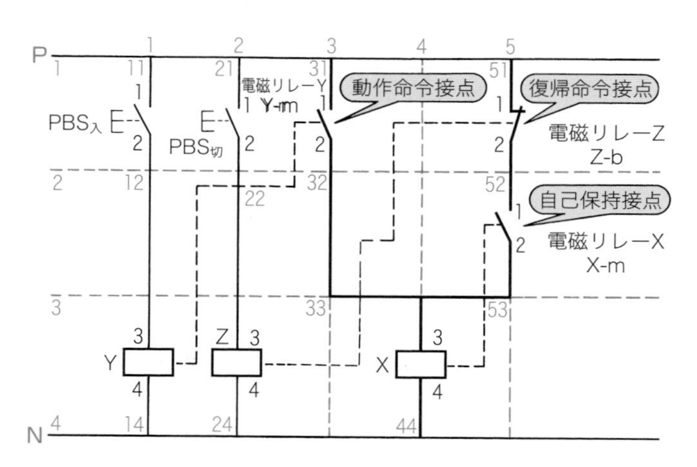

図 13・21 電磁リレー接点による動作優先の自己保持回路のシーケンス図

図 13·20 をシーケンス図に書き替えたのが，**図 13·21** です．

C 動作命令と復帰命令を同時に与えたときの動作

図 13·22 の電磁リレー接点による動作優先の自己保持回路において，**動作命令**と**復帰命令**とが，同時に与えられた場合の動作について説明しましょう．

図 13·22 の回路では，電磁リレー X の電磁コイル X の回路がメーク接点 Y-m とブレーク接点 Z-b とが並列に接続された **OR 回路**となっていますから，復帰命令を与えるブレーク接点 Z-b が動作して開いても，動作命令を与えるメーク接点 Y-m が，同時に動作して閉じると，このメーク接点 Y-m の回路 Ⓒ を通って，電磁コイル X に電流が流れますから，電磁リレー X は動作します．

《シーケンス動作順序（図 13·22）》

順序〔1〕：回路 Ⓐ の始動用押しボタンスイッチ $PBS_{入}$ を押す．
同時に回路 Ⓑ の停止用押しボタンスイッチ $PBS_{切}$ を押す．

順序〔2〕：$PBS_{入}$ を押すと，そのメーク接点が閉じ，電磁コイル Y に電流が流れ，電磁リレー Y が動作する．
同時に $PBS_{切}$ を押すと，そのメーク接点が閉じ，電磁コイル Z に

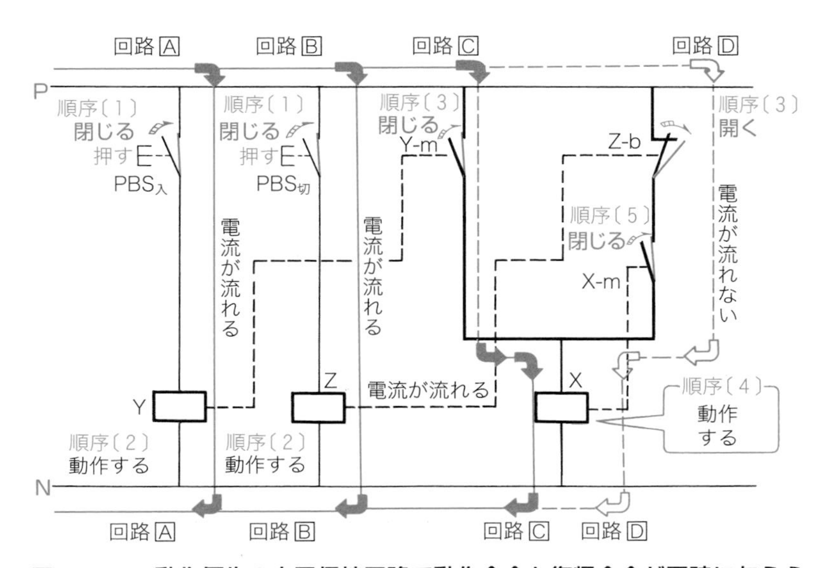

図 13・22　動作優先の自己保持回路で動作命令と復帰命令が同時に与えられたときの動作順序

電流が流れ，電磁リレーZが動作する.

順序〔3〕：電磁リレーYが動作すると，回路Ⓒのメーク接点Y-mが閉じる.

電磁リレーZが動作すると，回路Ⓓのブレーク接点Z-bが同時に開く.

順序〔4〕：メーク接点Y-mが閉じているので，ブレーク接点Z-bが開いていても，電磁コイルXには回路Ⓒを通って電流が流れ，電磁リレーXは動作を継続する.

順序〔5〕：電磁リレーXが動作すると，回路Ⓓのメーク接点X-mが閉じる.

このように，図13·22の回路はブレーク接点Z-b「開」による**復帰命令**よりも，メーク接点Y-m「閉」による**動作命令**が優先しますので，**動作優先の自己保持回路**といいます.

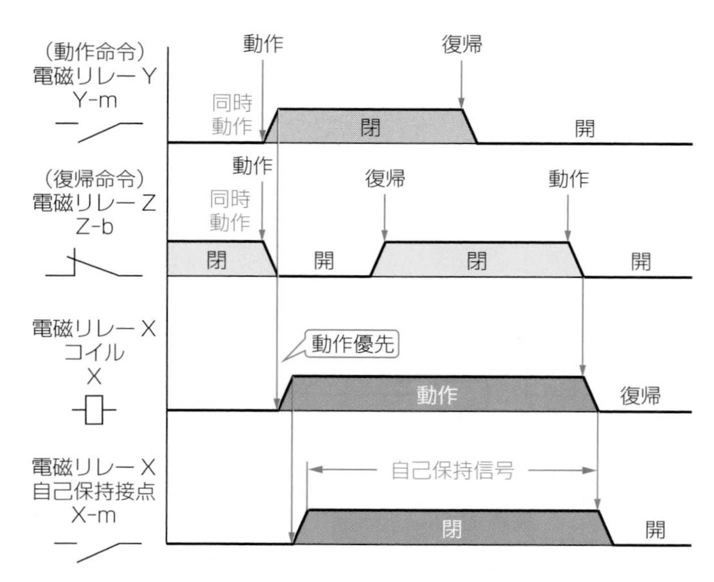

図 13・23　電磁リレー接点による動作優先の自己保持回路のタイムチャート〔例〕

動作優先の自己保持回路のタイムチャート

図 13･17（216 ページ参照）の押しボタンスイッチによる動作優先の自己保持回路のタイムチャートは，動作命令の押しボタンスイッチ $PBS_{入}$ と復帰命令の押しボタンスイッチ $PBS_{切}$ が別々に動作するときには，図 13･13（213 ページ参照）と同じです．

図 13･21 のように，入力接点として，電磁リレー Y のメーク接点 Y-m，電磁リレー Z のブレーク接点 Z-b を用いた場合，これらの接点が別々に動作するときは，図 13･13（213 ページ参照）と同じタイムチャートとなりますが，メーク接点 Y-m とブレーク接点 Z-b が同時に動作すると，**図 13･23** のように，メーク接点 Y-m の「閉」による動作が優先し，電磁リレーが動作します．

図 13･17（216 ページ参照）の押しボタンスイッチによる動作優先の自己保持回路でも $PBS_{入}$ と $PBS_{切}$ を同時に押すと，$PBS_{入}$ の動作命令が優先し電磁リレー X が動作します．

14章 インタロック回路の読み方

14・1 ボタンスイッチによるインタロック回路の読み方

インタロック回路とは

インタロック回路とは，おもに機器の保護と操作者の安全を目的とした回路

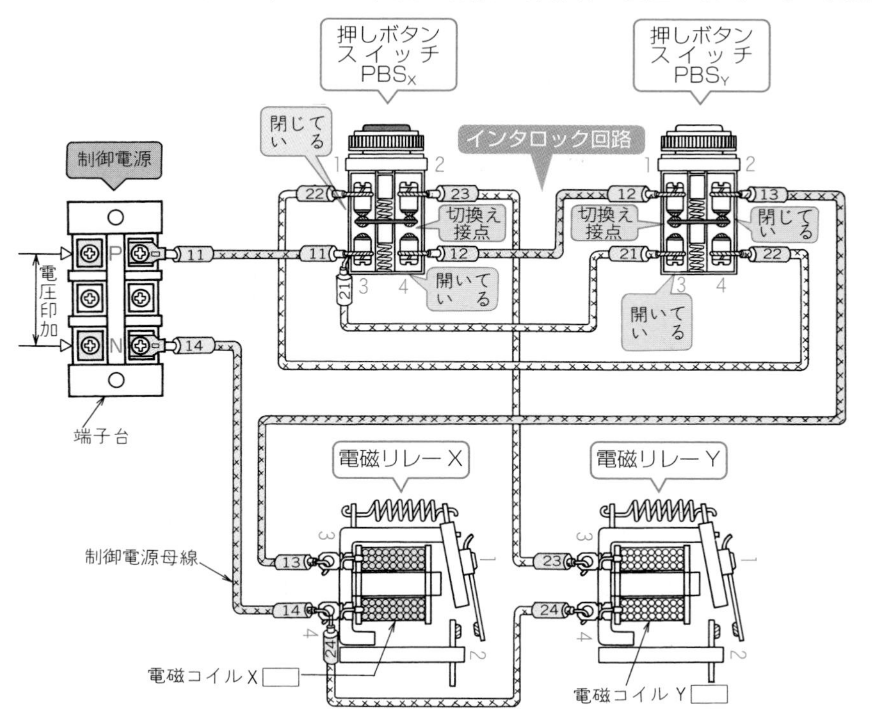

図 14・1　押しボタンスイッチによるインタロック回路の実際配線図〔例〕

で，機器の動作状態を表す接点を使って，互いに関連する機器の動作を拘束し合う回路をいい，別名，**相手動作禁止回路**または**先行動作優先回路**ともいいます．

C 押しボタンスイッチによるインタロック回路

図14·1は，電磁リレーXの操作回路に押しボタンスイッチPBS_Xのメーク接点と相手の押しボタンスイッチPBS_Yのブレーク接点を直列に**AND回路**として接続し，また，電磁リレーYの操作回路にPBS_Yのメーク接点と相手のPBS_Xのブレーク接点を直列に**AND回路**として接続した，押しボタンスイッチによるインタロック回路の実際配線図の一例を示した図です．

ここでいう押しボタンスイッチPBS_XとPBS_Yの接点構成は，両方ともメーク接点とブレーク接点を対にした切換え接点とし，ボタンを押せばブレーク接点は開き，メーク接点は閉じます．このように，相互の電磁リレーの操作回路に相手

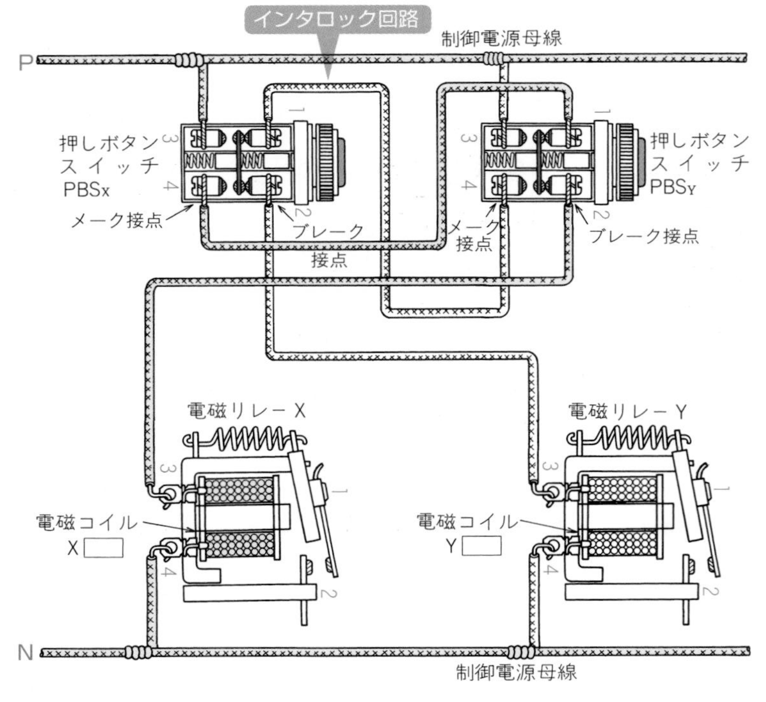

図14・2　押しボタンスイッチによるインタロック回路の実体配線図〔例〕

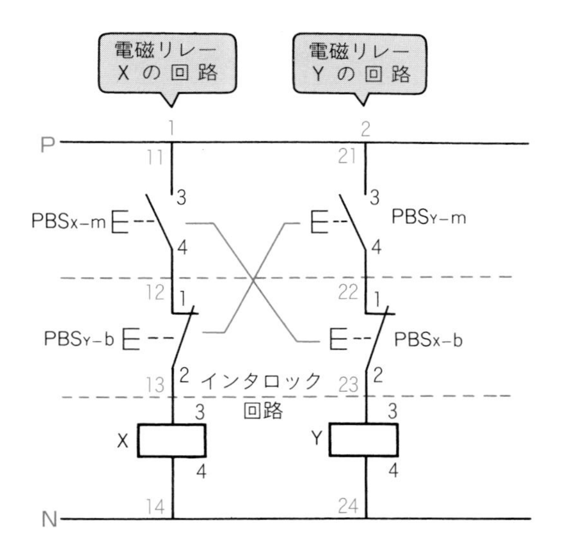

図 14・3　押しボタンスイッチによるインタロック回路のシーケンス図

方の押しボタンスイッチのブレーク接点を接続することを**押しボタンスイッチによるインタロック回路**といいます.

図 14･1 の実際配線図を上下の制御電源母線によるシーケンス図方式の実体配線図に書き替えたのが**図 14･2** です.

また, 図 14･2 をシーケンス図としたのが**図 14･3** です.

押しボタンスイッチ PBS_X を先に押したときの動作

図 14･4 は, 押しボタンスイッチによるインタロック回路において, 押しボタンスイッチ PBS_X を先に押したときの動作順序を示した図です.

《シーケンス動作順序（図 14･4)》

順序〔1〕: 切換え接点を有する押しボタンスイッチ PBS_X を押すと, 構造上先に回路 B のブレーク接点 PBS_X-b が開く.

順序〔2〕: ボタンを押し続けると, 構造上回路 A のメーク接点 PBS_X-m が後から閉じる.

順序〔3〕: PBS_X のメーク接点 PBS_X-m が閉じると, 回路 A の電磁コイル X

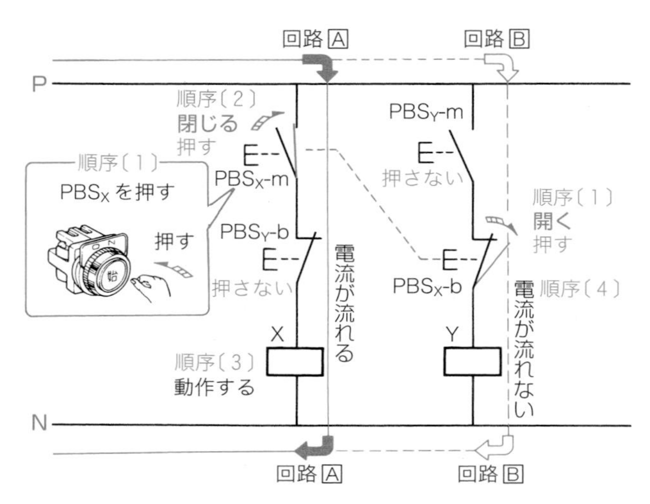

図 14・4　押しボタンスイッチ PBS_X を先に押したときの動作

に電流が流れ，電磁リレー X が動作する．

順序〔4〕：電磁リレー X が動作しているときは，押しボタンスイッチ PBS_Y をたとえ押したとしても，回路 B における PBS_X のブレーク接点 PBS_X-b が開いているので，電磁リレー Y は動作しない（電磁リレー X も回路 A の PBS_Y のブレーク接点 PBS_Y-b が開くので復帰する）．つまり，電磁リレー Y の動作が禁止されたことになる．

押しボタンスイッチ PBS_Y を先に押したときの動作

図 14·5 は，押しボタンスイッチ PBS_Y を先に押したときの動作順序を示した図です．

《シーケンス動作順序（図 14·5）》

順序〔1〕：切換え接点を有する押しボタンスイッチ PBS_Y を押すと，構造上先に回路 A のブレーク接点 PBS_Y-b が開く．

順序〔2〕：ボタンを押し続けると，構造上回路 B のメーク接点 PBS_Y-m が後から閉じる．

順序〔3〕：PBS_Y のメーク接点 PBS_Y-m が閉じると，回路 B の電磁コイル Y に電流が流れ，電磁リレー Y が動作する．

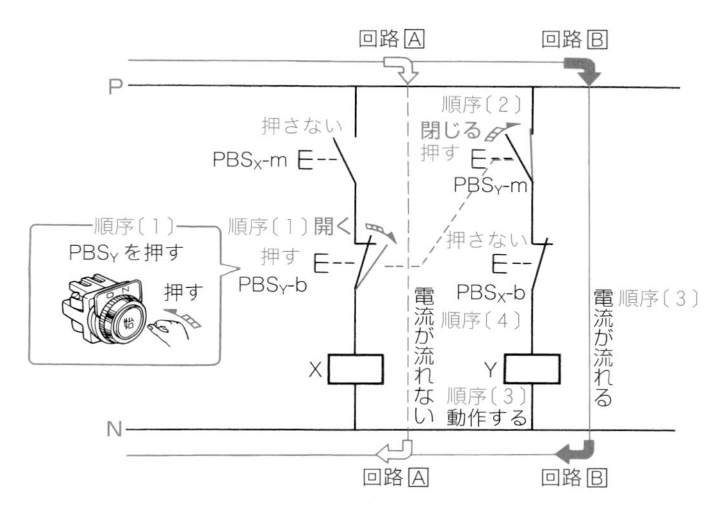

図 14・5 押しボタンスイッチ PBS_Y を先に押したときの動作

順序〔4〕：電磁リレーYが動作しているときは，押しボタンスイッチPBS_Xをたとえ押したとしても，回路ⒶにおけるPBS_Yのブレーク接点PBS_Y-bが開いているので，電磁リレーXは動作しない（電磁リレーYも回路ⒷのPBS_Xのブレーク接点PBS_X-bが開くので復帰する）．つまり，電磁リレーXの動作が禁止されたことになる．

いま，押しボタンスイッチPBS_XとPBS_Yを同時に押すと，**図 14·6** のように，電磁リレーXと電磁リレーYの操作回路である回路Ⓐと回路Ⓑは，両方ともメーク接点が閉じるより先に構造上相手の押しボタンスイッチのブレーク接点により開路されるので，両方の電磁リレーは動作しないことになります．

このように，相互の電磁リレーの操作回路に相手方の押しボタンスイッチのブレーク接点を接続すると，電磁リレーXおよび電磁リレーYのうち，どちらか一方の入力が先に与えられて動作しているときは，他方の操作回路は相手方の押しボタンスイッチのブレーク接点によって開放されているので，後から他方の入力が与えられても動作しません．

したがって，インタロック回路を別名**相手動作禁止回路**または**先行動作優先回路**というのです．

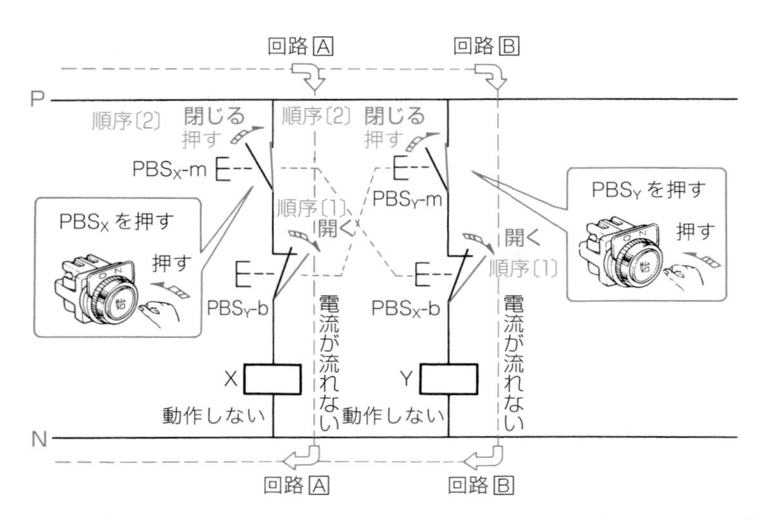

図 14・6　押しボタンスイッチ PBS_X と PBS_Y を両方同時に押したときの動作

14・2 電磁リレー接点によるインタロック回路の読み方

電磁リレー接点によるインタロック回路

電磁リレー接点によるインタロック回路としては，電磁リレー X の電磁コイル X と直列に電磁リレー Y のブレーク接点 Y-b を接続し，また，電磁リレー Y の電磁コイル Y と直列に電磁リレー X のブレーク接点 X-b を接続します．

そして，電磁リレー X および電磁リレー Y の入力接点として，押しボタンスイッチ PBS_X および PBS_Y を用います．

図 14･7 は，この電磁リレー接点によるインタロック回路の実際配線図の一例を示した図です．

図 14･7 の実際配線図を上下の制御電源母線によるシーケンス図方式の実体配線図に書き替えたのが**図 14･8** です．また，図 14･8 をシーケンス図としたのが**図 14･9** です．

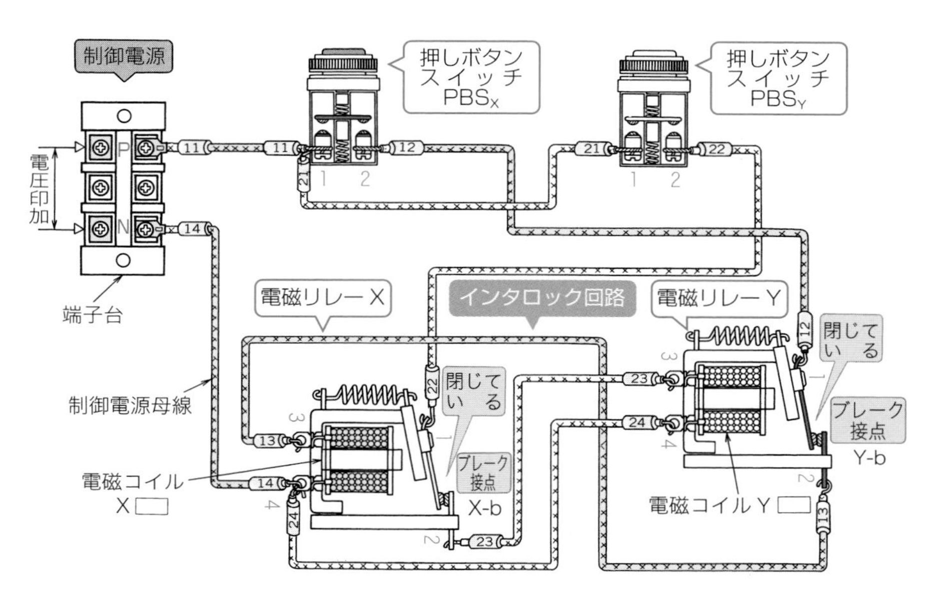

図 14・7　電磁リレー接点によるインタロック回路の実際配線図〔例〕

電磁リレー X の動作が先行したときの動作

図 14・10 は，電磁リレー X が先に動作したときの順序を示した図です．

《シーケンス動作順序（図 14・10）》

順序〔1〕: 回路 A の押しボタンスイッチ PBS_X を押すと，そのメーク接点が閉じる．

順序〔2〕: PBS_X が閉じると，回路 A の電磁コイル X に電流が流れ，電磁リレー X が動作する．

順序〔3〕: 電磁リレー X が動作すると，回路 B のブレーク接点 X-b が開く．

順序〔4〕: 回路 B の押しボタンスイッチ PBS_Y を押すと，そのメーク接点が閉じる．

順序〔5〕: 押しボタンスイッチ PBS_Y のメーク接点が閉じても，回路 B のブレーク接点 X-b が開いているので，電磁コイル Y に電流が流れず，電磁リレー Y は動作しない．つまり，電磁リレー Y の動作が禁止されたことになる．

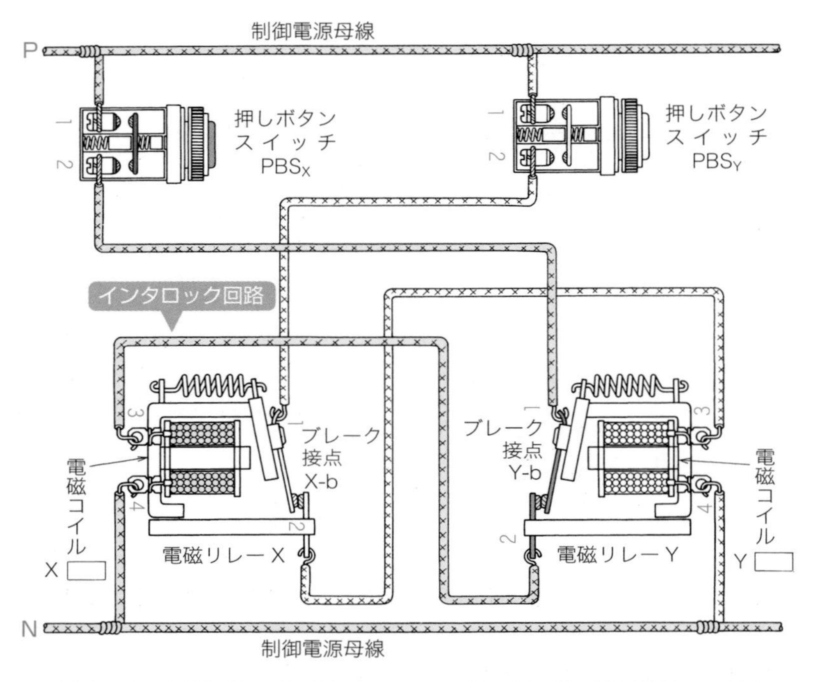

図 14・8　電磁リレー接点によるインタロック回路の実体配線図〔例〕

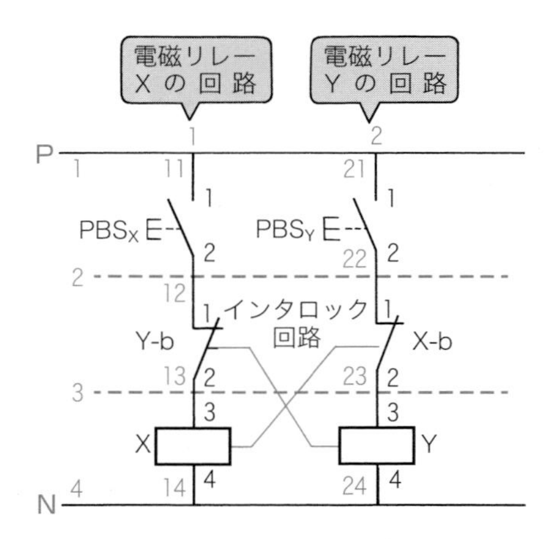

図 14・9　電磁リレー接点によるインタロック回路のシーケンス図

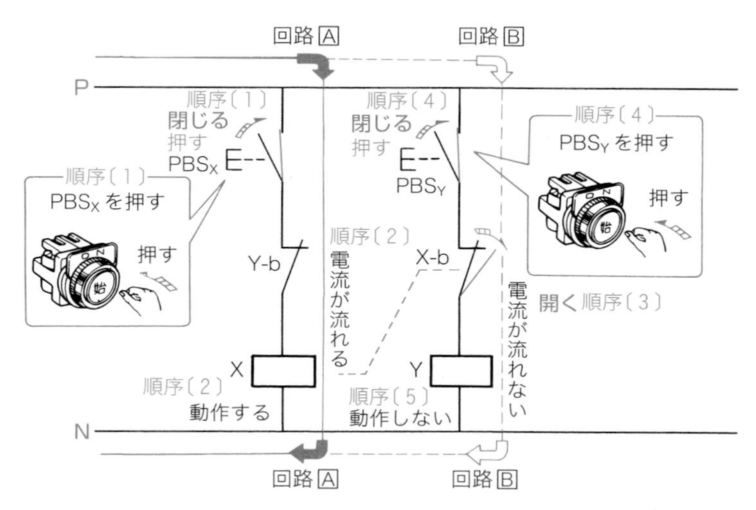

図 14・10　電磁リレー X が先に動作したときの動作順序

電磁リレー Y の動作が先行したときの動作

図 14・11 は，電磁リレー Y が先に動作したときのシーケンス動作順序を示した図です．

《シーケンス動作順序（図 14・11）》

順序〔1〕：回路 B の押しボタンスイッチ PBS_Y を押すと，そのメーク接点が閉じる．

順序〔2〕：PBS_Y のメーク接点が閉じると，回路 B の電磁コイル Y に電流が流れ，電磁リレー Y が動作する．

順序〔3〕：電磁リレー Y が動作すると，回路 A のブレーク接点 Y-b が開く．

順序〔4〕：回路 A の押しボタンスイッチ PBS_X を押すと，そのメーク接点が閉じる．

順序〔5〕：PBS_X のメーク接点が閉じても，回路 A のブレーク接点 Y-b が開いているので，電磁コイル X に電流が流れず，電磁リレー X は動作しない．つまり，電磁リレー X の動作が禁止されたことになる．

図 14・9（230 ページ参照）の回路では，押しボタンスイッチ PBS_X と PBS_Y を

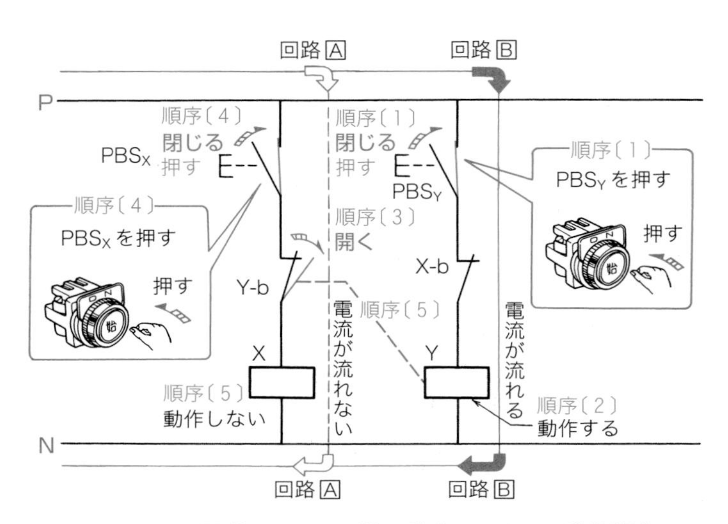

図 14・11　電磁リレー Y が先に動作したときの動作順序

別々に前後して押す場合は，電磁リレー X と電磁リレー Y が一緒に動作することはなく，必ず，先行している電磁リレーの動作の方が優先することになります．

以上のように，二つの電磁リレーの回路において，一方の電磁リレーが動作している間は，相手方の電磁リレーの動作を禁止するという二者択一の回路を構成することを**相互インタロックをとる**といって，電動機の正逆転制御（17 章参照）などには，ほとんど定石的に使用されています．

15章 時間差のはいった回路の読み方

シーケンス制御回路には，先に述べたタイマ（7章参照）を使用して動作に時限差をもたせた回路が多く用いられていますが，そのうちでも基本的な回路である**遅延動作回路**と**間隔動作回路**について説明しましょう．

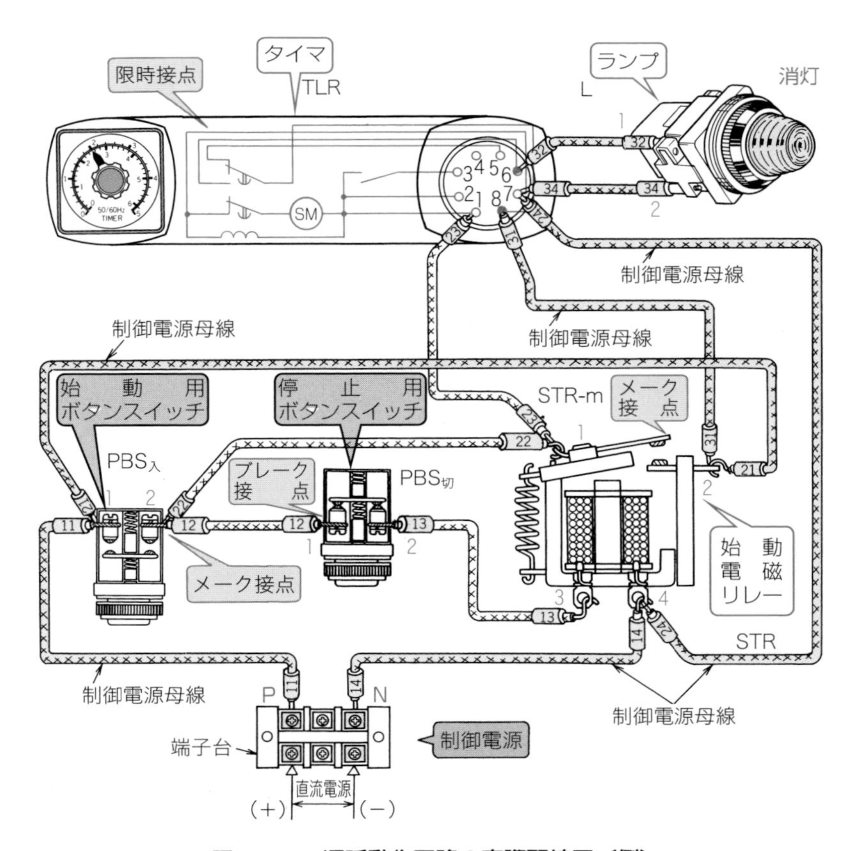

図 15・1　遅延動作回路の実際配線図〔例〕

15・1 遅延動作回路の読み方

遅延動作回路とは

遅延動作回路とは，タイマの出力側からみた動作状態で，継続した動作中の負荷を入力信号が与えられてから，一定時限（タイマの設定時限）後に，閉路または開路する回路をいいます．

図 15・1 は，入力信号を，押しボタンスイッチの開閉のように，パルス信号（短時限に急峻に変化する信号）によって与えられる遅延動作回路の実際配線図の一例を示した図です．

図 15・1 の回路では，始動用および停止用の 2 個の押しボタンスイッチ $PBS_{入}$，$PBS_{切}$ と始動電磁リレー STR および限時動作瞬時復帰メーク接点を有するタイマ TLR を用いて，始動用押しボタンスイッチを押してから 2 分後にランプ L を点灯させるようにした回路です．

図 15・1 の実際配線図を上下の制御電源母線によるシーケンス図方式の実体配

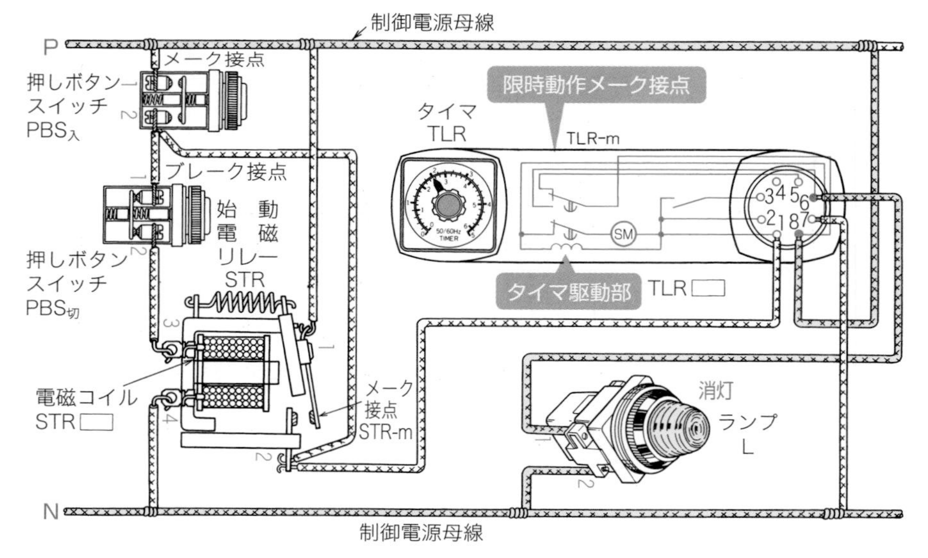

図 15・2 遅延動作回路の実体配線図〔例〕

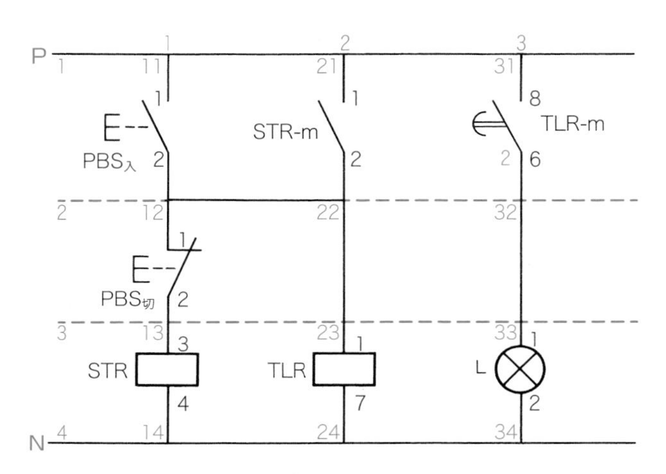

図 15・3　遅延動作回路のシーケンス図

線図に書き替えたのが，**図 15・2** です．また，図 15・2 をシーケンス図としたのが，**図 15・3** です．

限時動作のしかた

遅延動作回路の限時動作のしかたは，**図 15・4** のように，始動用押しボタンスイッチ PBS入 を押して，パルス始動入力信号をタイマに与えると，タイマ TLR の設定時限である 2 分後に，タイマが動作して限時動作瞬時復帰メーク接点 TLR-m を閉じ，ランプ L を点灯させます．

《シーケンス動作順序（図 15・4）》

順序〔1〕：回路 Ⓐ の始動用押しボタンスイッチ PBS入 を押すと，そのメーク接点が閉じる．

順序〔2〕：PBS入 のメーク接点が閉じると，回路 Ⓐ の電磁コイル STR に電流が流れ，始動電磁リレー STR が動作する．

順序〔3〕：PBS入 のメーク接点が閉じると，回路 Ⓑ のタイマ駆動部 TLR に電流が流れ，タイマ TLR が付勢される（タイマは付勢されても，すぐには限時動作瞬時復帰メーク接点 TLR-m は動作しない）．

順序〔4〕：始動電磁リレー STR が動作すると，回路 Ⓒ の自己保持メーク接

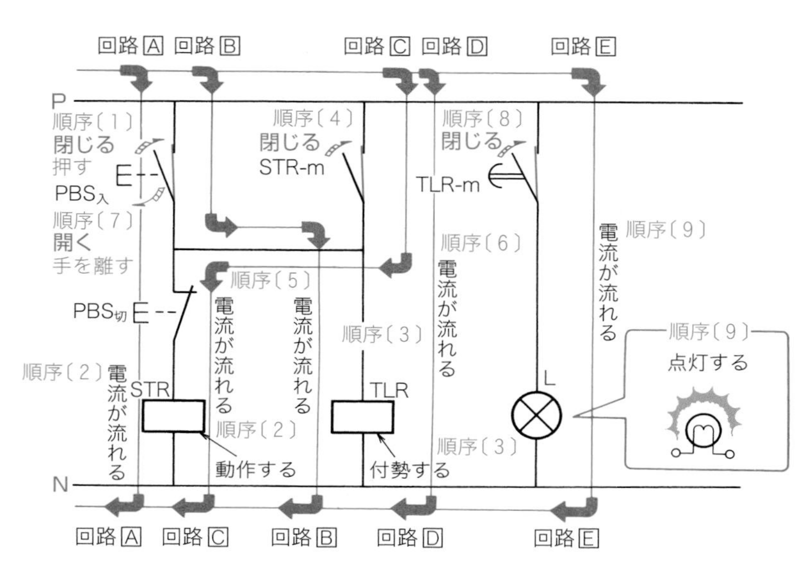

図 15・4 延遅動作回路の限時動作順序

点 STR-m が閉じる.

順序〔5〕: 自己保持メーク接点 STR-m が閉じると，回路 C を通って電磁コイル STR に電流が流れ，始動電磁リレー STR が自己保持する.

順序〔6〕: 自己保持メーク接点 STR-m が閉じると，回路 D を通ってタイマの駆動部 TLR に電流が流れる.

順序〔7〕: 回路 A の始動用押しボタンスイッチ PBS入 を押す手を離すと，そのメーク接点が開く.

PBS入 のメーク接点が開いても，回路 C および回路 D を通って電流が流れるので，電磁コイル STR およびタイマの駆動部 TLR は付勢され続ける.

順序〔8〕: PBS入 を押してから，タイマ TLR の設定時限である 2 分間が経過すると，タイマは動作して回路 E の限時動作瞬時復帰メーク接点 TLR-m が閉じる.

順序〔9〕: 限時動作瞬時復帰メーク接点 TLR-m が閉じると，回路 E のランプ L に電流が流れ，ランプは点灯する.

C 瞬時復帰のしかた

図 15·5 のように，タイマ TLR が動作している状態で，停止用押しボタンスイッチ PBS切 を押して，パルス停止入力信号をタイマに与えると，タイマ TLR は瞬時に復帰して，限時動作瞬時復帰メーク接点 TLR-m が開き，ランプ L は消灯します．

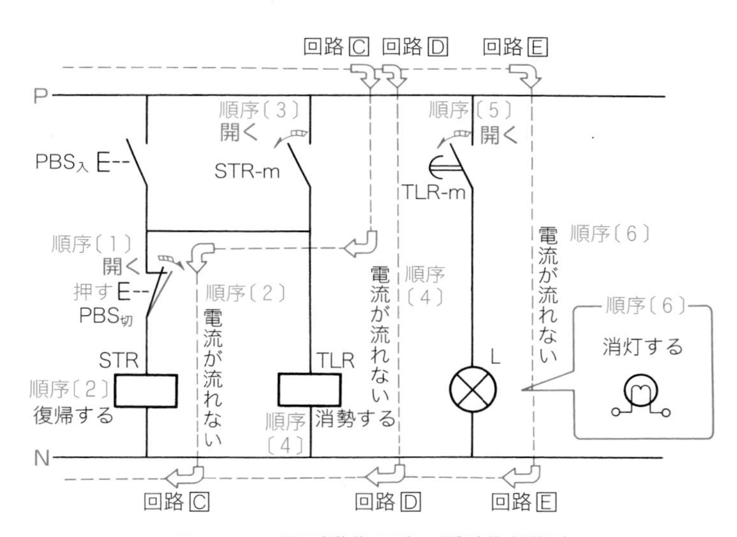

図 15・5 遅延動作回路の瞬時復帰順序

《シーケンス動作順序（図 **15·5**）》

順序〔**1**〕：回路 C の停止用押しボタンスイッチ PBS切 を押すと，そのブレーク接点が開く．

順序〔**2**〕：PBS切 のブレーク接点が開くと，回路 C の電磁コイル STR に電流が流れず，始動電磁リレー STR は復帰する．

順序〔**3**〕：始動電磁リレー STR が復帰すると，回路 C の自己保持メーク接点 STR-m が開き自己保存を解く．

順序〔**4**〕：自己保持メーク接点 STR-m が開くと，回路 D のタイマ駆動部 TLR に電流が流れず，タイマ TLR は消勢する．

順序〔**5**〕：タイマ TLR が消勢すると，瞬時に復帰して回路 E の限時動作瞬時復帰メーク接点 TLR-mが開く．

順序〔6〕：限時動作瞬時復帰メーク接点 TLR-m が開くと，回路 Ⓔ のランプ L に電流が流れず，ランプは消灯する．

Ⓒ 遅延動作回路のタイムチャート

このように，タイマの駆動部 TLR に電流が流れ，タイマ TLR が付勢されて

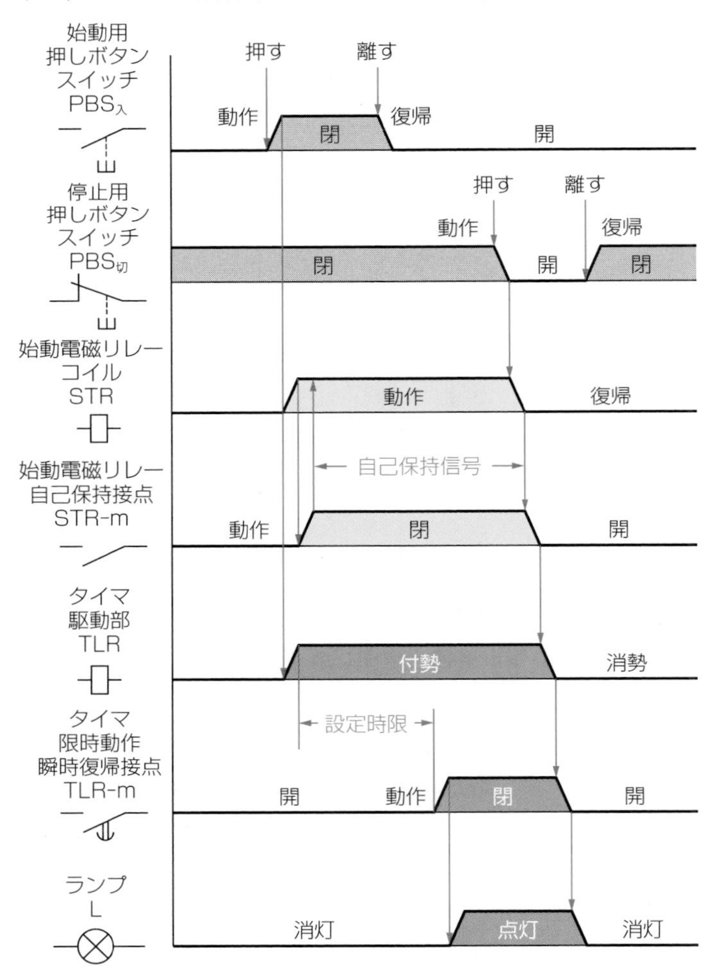

図 15・6　遅延動作回路のタイムチャート〔例〕

も，設定時限が経過したのちでないと，動作して接点を閉（メーク接点の場合）じず，また，駆動部 TLR に電流が流れなくなって，TLR が消勢すると，瞬時に復帰して開（メーク接点の場合）く接点を**限時動作瞬時復帰接点**といいます．

そこで，この限時動作瞬時復帰メーク接点 TLR-m による遅延動作回路のタイムチャートを示したのが，**図 15・6** です．

15・2 間隔動作回路の読み方

間隔動作回路とは

間隔動作回路とは，負荷が入力信号を与えられてから，一定時限（タイマの設定時限）だけ動作状態となった後，自動的に停止する回路で，**一定時間動作回路**ともいいます．

図 15・7 は，入力信号が押しボタンスイッチの開閉のようにパルス信号によって与えられる間隔動作回路の実際配線図の一例を示した図です．

この間隔動作回路は，始動用押しボタンスイッチ $PBS_{入}$ と始動電磁リレー STR および限時動作瞬時復帰ブレーク接点を有するタイマ TLR を用いて $PBS_{入}$ を押してから，2 分間だけランプ L を点灯させるようにした回路です．

図 15・7 の実際配線図を上下の制御電源母線によるシーケンス図方式の実体配線図に書き替えたのが，**図 15・8** です．また，図 15・8 をシーケンス図としたのが，**図 15・9** です．

限時動作のしかた

間隔動作回路の限時動作のしかたは，**図 15・10**（242 ページ参照）のように，始動用押しボタンスイッチ $PBS_{入}$ を押して，パルス始動入力信号をタイマ TLR に与えると付勢するとともに，始動電磁リレー STR が動作してランプ L に電流が流れ，点灯します．

《シーケンス動作順序（図 15・10）》

順序〔1〕：回路 Ⓐ の始動用押しボタンスイッチ $PBS_{入}$ を押すと，そのメーク接点が閉じる．

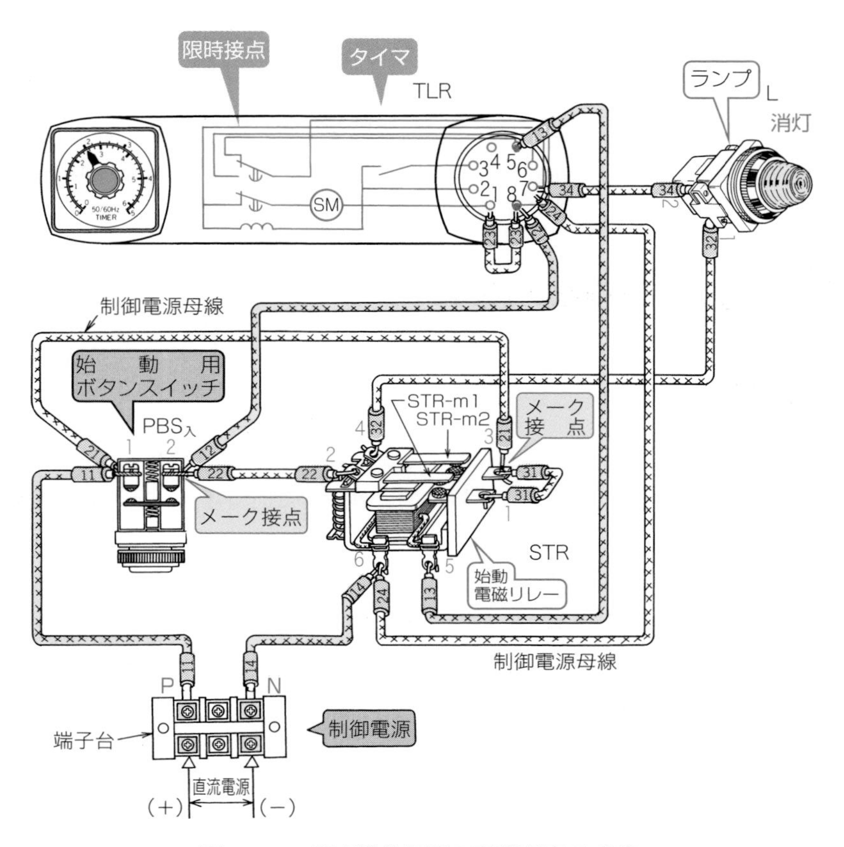

図 15・7　間隔動作回路の実際配線図〔例〕

順序〔2〕：PBS入のメーク接点が閉じると，回路 Ⓐ の電磁コイル STR に電流が流れ，始動電磁リレー STR が動作する．

順序〔3〕：PBS入のメーク接点が閉じると，回路 Ⓑ のタイマ駆動部 TLR に電流が流れ，タイマ TLR が付勢される（タイマは付勢されても，すぐに限時動作瞬時復帰ブレーク接点 TLR-b は動作しない）．

順序〔4〕：始動電磁リレー STR が動作すると，回路 Ⓒ の自己保持メーク接点 STR-m1 が閉じる．

順序〔5〕：自己保持メーク接点 STR-m1 が閉じると，回路 Ⓒ を通って電磁コイル STR に電流が流れ，始動電磁リレー STR が自己保持する．

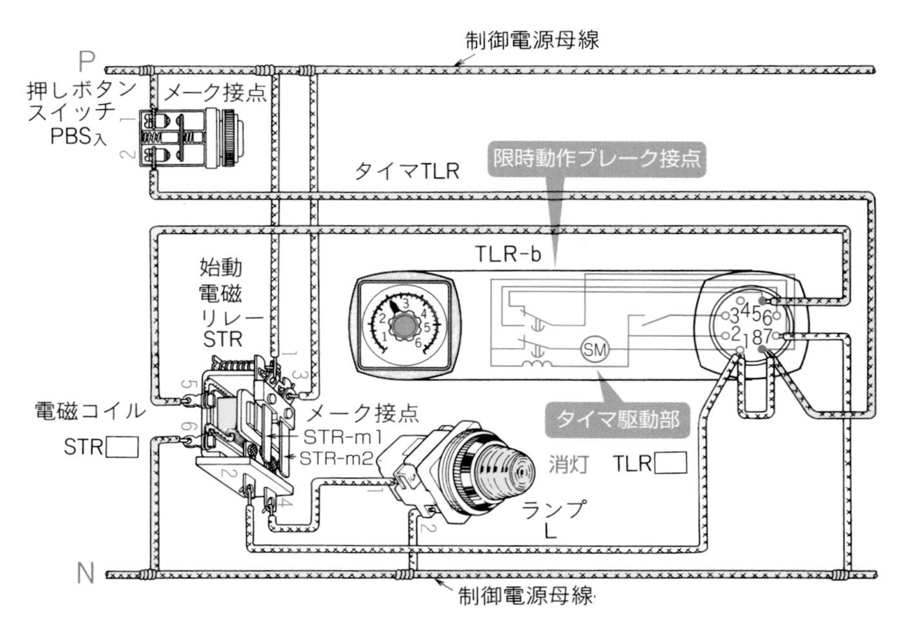

図 15・8　間隔動作回路の実体配線図〔例〕

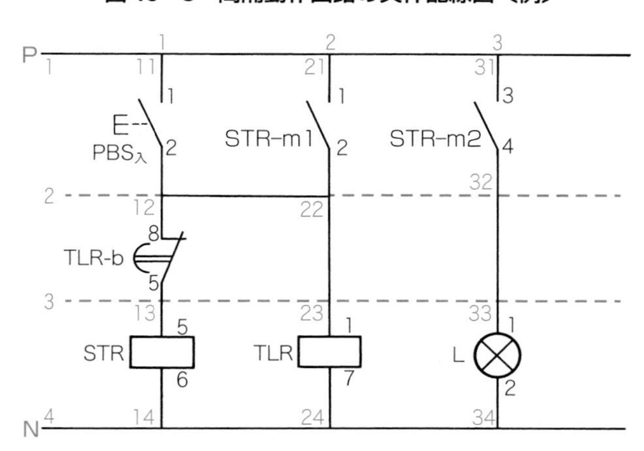

図 15・9　間隔動作回路のシーケンス図

順序〔6〕：自己保持メーク接点STR-m1が閉じると，回路 D を通ってタイマの駆動部TLRに電流が流れる．

順序〔7〕：始動電磁リレーSTRが動作すると，回路 E のメーク接点STR-

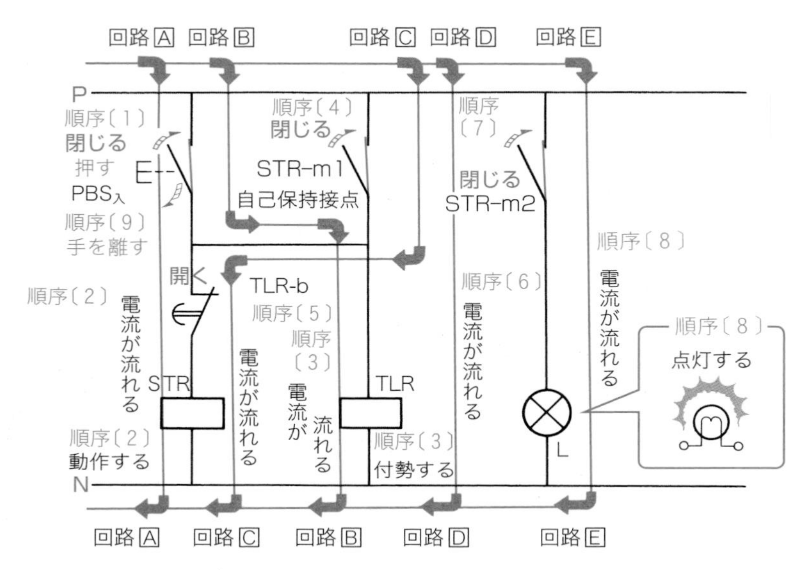

図 15・10 間隔動作回路の動作順序（1）

m2が閉じる．

順序〔8〕：メーク接点STR-m2が閉じると，回路Eのランプ L に電流が流れ，点灯する．

順序〔9〕：回路Aの$PBS_入$を押す手を離すと，そのメーク接点が開く．$PBS_入$のメーク接点が開いても，回路Cおよび回路Dを通って電流が流れ，電磁コイルSTRおよびタイマの駆動部TLRを付勢し続けるので，ランプ L も点灯したままとなる．

《タイマの設定時限経過後の動作》

タイマTLRの設定時限である2分間が経過しますと，**図15·11**のように，タイマが動作して限時動作瞬時復帰ブレーク接点TRL-bを開き，自動的にランプ L を消灯します．

順序〔10〕：タイマTLRの設定時限が経過すると，回路Cの限時動作瞬時復帰ブレーク接点TLR-bが動作して開く．

順序〔11〕：限時動作瞬時復帰ブレーク接点TRL-bが開くと，回路Cの電磁コイルSTRに電流が流れず，始動電磁リレーSTRは復帰する．

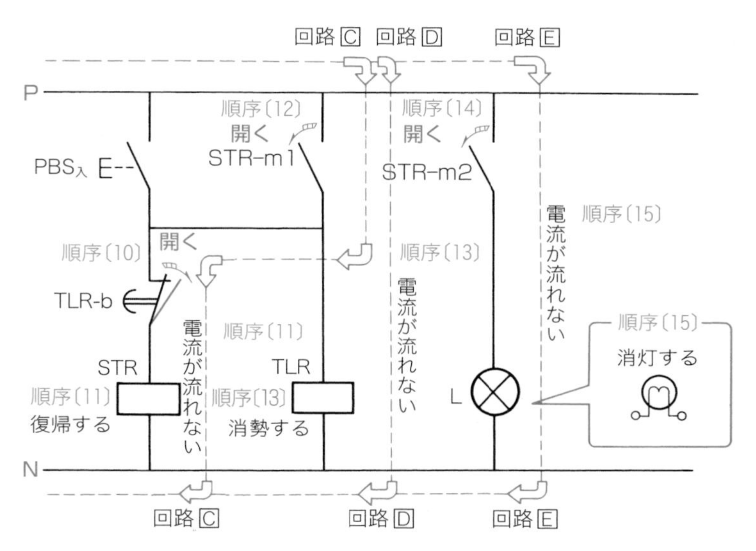

図 15・11　間隔動作回路の動作順序（2）

順序〔12〕：始動電磁リレー STR が復帰すると，回路 C の自己保持メーク接点 STR-m1 が開き自己保持を解く.

順序〔13〕：自己保持メーク接点 STR-m1 が開くと，回路 D のタイマ駆動部 TLR に電流が流れず，タイマ TLR は消勢する.

順序〔14〕：始動電磁リレー STR が復帰すると，回路 E のメーク接点 STR-m2 が開く.

順序〔15〕：メーク接点 STR-m2 が開くと，回路 E のランプ L に電流が流れず，ランプ L は消灯する.

C 間隔動作回路のタイムチャート

限時動作瞬時復帰ブレーク接点による間隔動作回路のタイムチャートを示したのが，**図 15・12** です.

始動用押しボタンスイッチ PBS入 を押せば，ランプ L が点灯し，タイマ TLR の設定時限が経過すると，自動的にランプ L が消灯します.

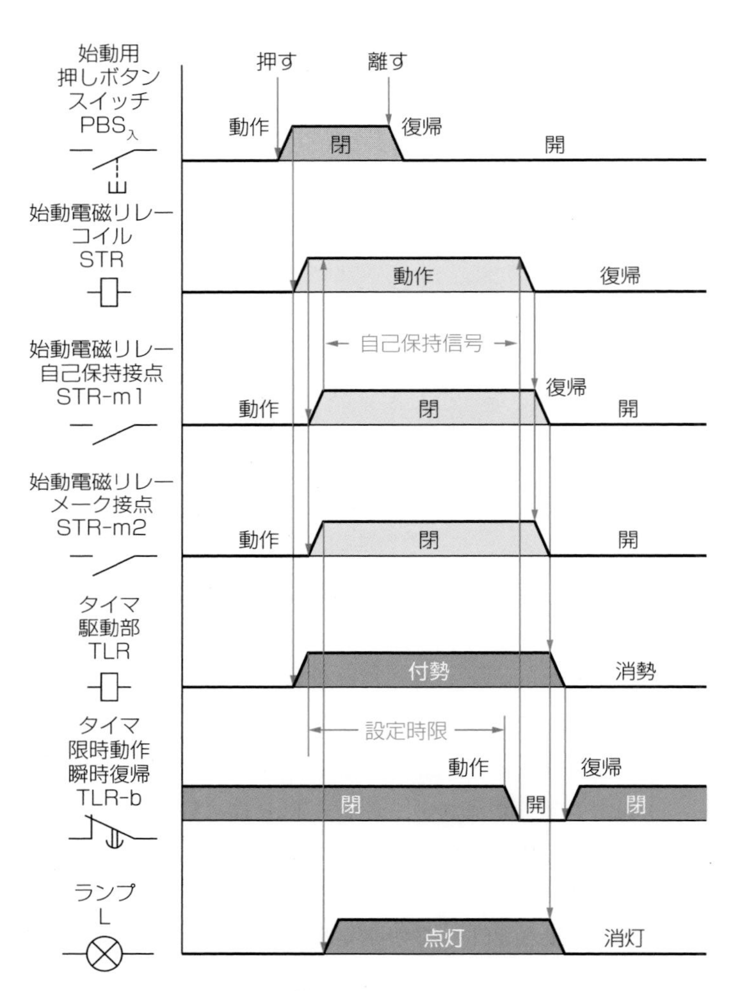

図 15・12　間隔動作回路のタイムチャート〔例〕

16章 電動機の始動制御回路の読み方

電動機は，電源からの電力の供給により機械動力を得ることができ，遠隔制御も比較的容易であることから，シーケンス制御系における物体の移動や加工などの動力源として，非常に多く採用されています．

そこで，ここでは電動機のうちでも，多く使用されている三相誘導電動機の始動制御回路について，説明することにしましょう．

16·1 電動機制御の主回路の構成のしかた

電動機を始動・停止するには

三相誘導電動機（以下電動機という）は，三相交流電圧を印加すると回転し，機械動力を発生します（2·9節参照）．

そこで，電源と電動機の間に，**図16·1**のように，ナイフスイッチ（3·1節参照）とヒューズを組みにして接続し，このナイフスイッチを手動で開いたり，閉じたりすれば，電動機に電源から電流が流れたり，流れなかったりしますので，電動機は始動，停止します．

このように，電動機の制御において，電源から開閉器を経由して，直接電動機に至る回路を**主回路**といいます．

さて，ここで電動機回路にヒューズ（2·5節参照）が取り付けてありますが，これは短絡（ショート），過電流（電動機の銘板に記入されている電流値以上の電流をいう）の保護として用いられていますが，ヒューズには次のような欠点があります．

① ヒューズが切れた場合，そのたびに取り替えなくてはならない．

② 三相回路では，ヒューズが一相だけ切れた場合，単相運転になり，電動機

が焼損してしまうことがある．

③ ヒューズだけでは，電動機の始動時に流れる大電流（始動時には銘板に記入されている6～7倍の電流が流れる）に耐え，しかも運転中の過負荷電流では溶断しなければならないという保護特性をもたせることがむずかしい．

そこで，最近ではこのナイフスイッチとヒューズの組合せの代わりに，**図**

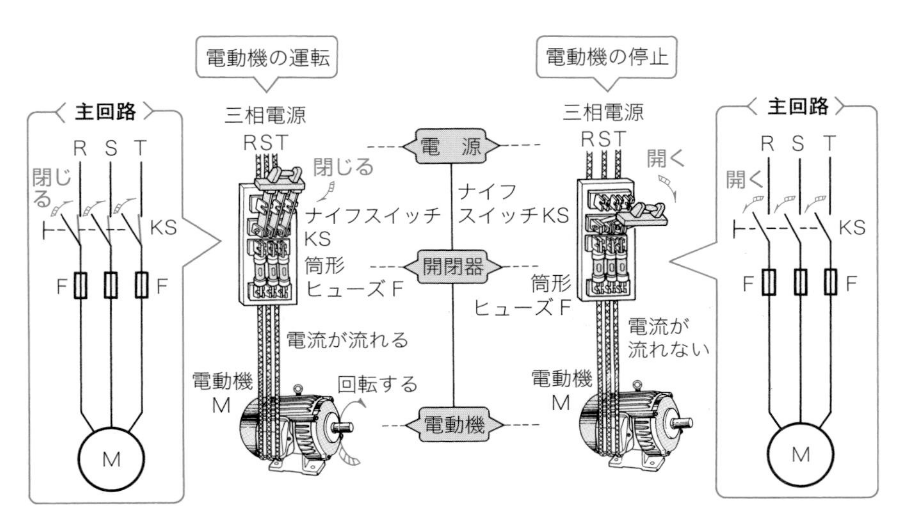

図16・1　電動機の主回路（ナイフスイッチを用いた場合）

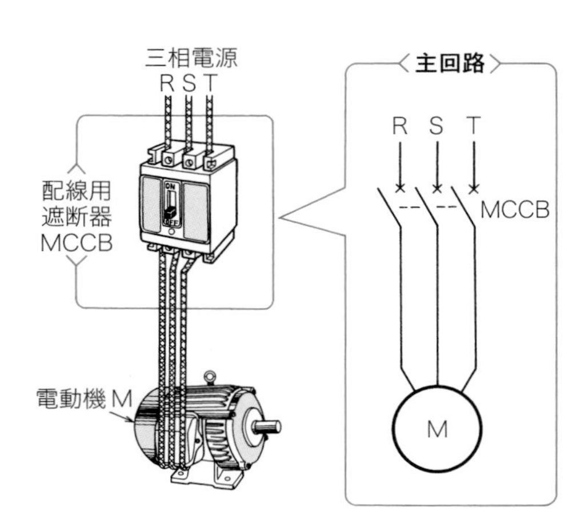

図16・2　電動機の主回路（配線用遮断器を用いた場合）

16·2 のように，熱動形あるいは電磁形の配線用遮断器（2·4 節参照）を取り付けて，遮断動作後，再投入の操作だけで，ヒューズを取り替えることなしに，再び電源回路が生きるようにしています．

このように，配線用遮断器などを手動で開閉操作を行うことにより，電動機の始動，停止を制御する方法を**直接的手動操作制御**といいます．

電動機を遠方制御するには

電動機の始動，停止の方法として，三相交流電源と電動機の間にナイフスイッチあるいは配線用遮断器のみを用いた直接的手動操作制御では

① 電動機を始動，停止するのに，開閉器の設置場所まで行かなくてはならないので，遠く離れたところからの遠方制御をするには不便である．

② 配線用遮断器は，電流を遮断するもので，頻繁な負荷の開閉には，構造的に不向きである．

③ ナイフスイッチは，運転中の負荷の開閉にはアークが出るなどし，適さない．

などの理由から，**図 16·3** のように，配線用遮断器と電動機の間に，さらに，電磁接触器（6 章参照）を接続して，遠方からの制御（間接的手動操作制御）ができるようにしています．

この方法が多用されているのは

① 配線用遮断器は，電源スイッチとして電源電圧の投入，遮断を行うとともに，過電流保護として用いる．

② 常時の負荷電流の開閉には，電磁接触器を用いる．

③ 押しボタンスイッチなど，電流容量の小さい小形の操作スイッチで，電流容量の大きい接点をもつ電磁接触器を開閉することができるので，大容量の電動機の制御も安全にできる．

④ 押しボタンスイッチなど小形の操作スイッチが使えるので，それらを 1 か所に集めて遠方から集中的に運転操作ができる．

ということから，この方法はあらゆる自動化手段の第一段階として，至るところに採用されていますので，ぜひ，マスターしなくてはならない制御といえます．

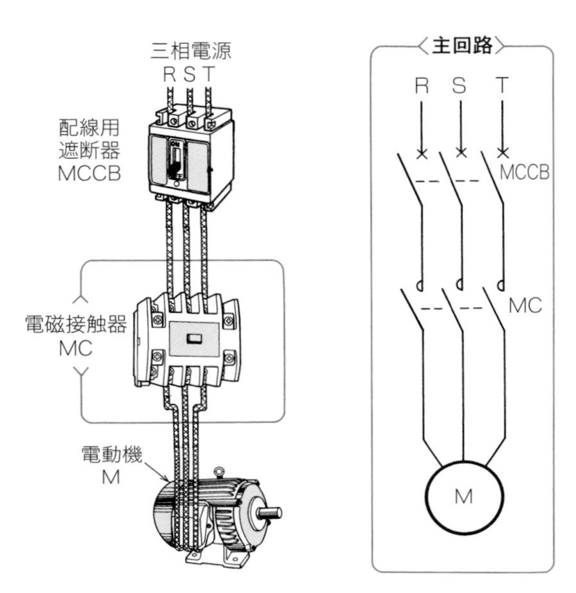

図 16・3　電動機の主回路（電磁接触器を用いた場合）

16･2 電動機の始動制御回路の動作のしかた

電動機始動制御回路の実際配線図

図 16･4 は，電源スイッチとして配線用遮断器を用い，電動機回路の開閉は，電磁接触器と熱動過電流リレー（6.5 節参照）を組み合わせた電磁開閉器（6.5 節参照）で行い，この電磁開閉器の開閉操作は始動および停止の 2 個の押しボタンスイッチ ST-BS，STP-BS で操作し，電動機の運転時には赤色ランプ（RL），停止時には緑色ランプ（GL）が点灯するようにした電動機の始動制御回路の配線，設置工事の施工例を示した図です．

図 16･5 は，電動機の始動制御回路の実際の配線系統をわかりやすく示した図で，多少，器具の配置は図 16･4 とは異なっていますが，実際に配線作業を行うには便利になっています．

また，図 16･5 の実際配線図をシーケンス図に書き替えたのが，**図 16･6** です．

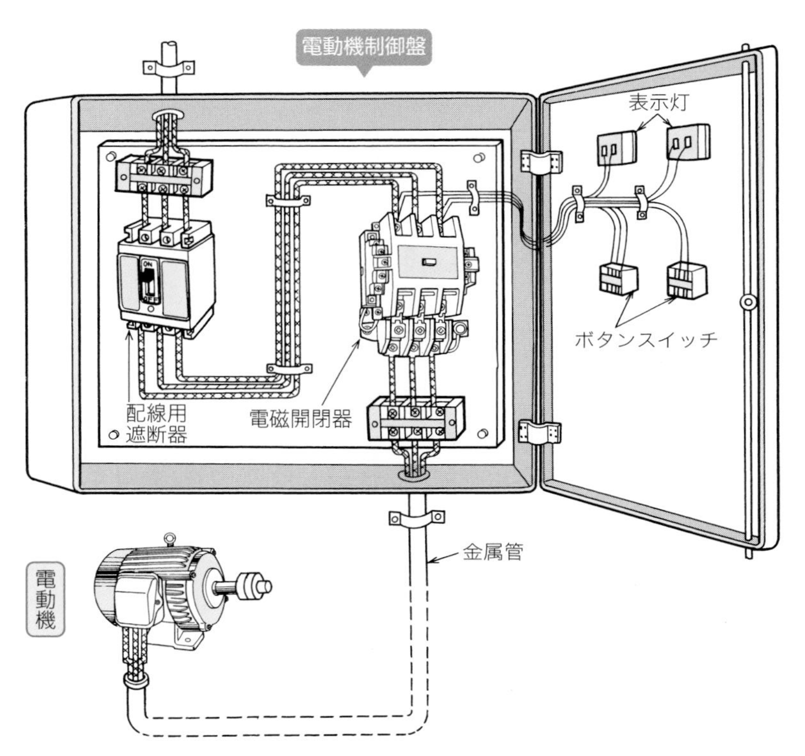

図 16・4　電動機の始動制御回路の配線・設置工事〔例〕

図 16･6 では，主回路の R，S 相からそれぞれ線を引き出して，制御回路の制御電源母線としています．

そして，この制御回路は自己保持回路（13 章参照）と 2 灯式の表示灯回路とからなります．

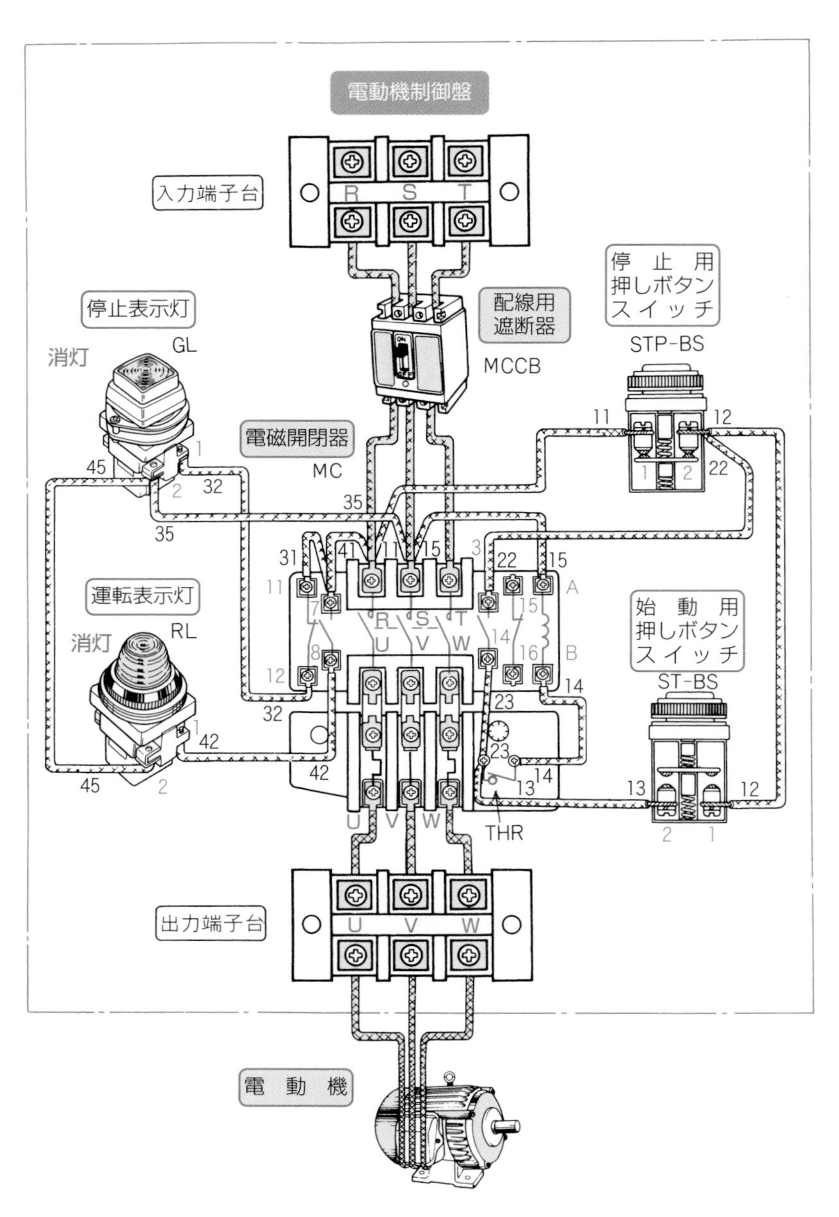

図 16・5 電動機の始動制御回路の実際配線図〔例〕

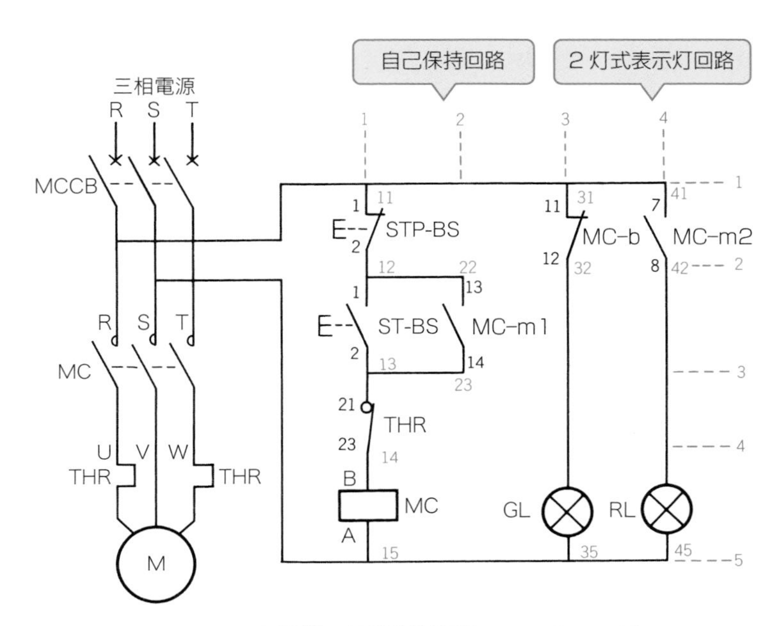

図 16・6 電動機の始動制御回路のシーケンス図

電動機の始動動作のしかた

図 16・7(254 ページ参照)において，始動用押しボタンスイッチ ST-BS を押すと，電磁接触器 MC が動作して，主接点 MC を閉じ，電動機 M が始動します.

《電動機の始動動作順序（図 16・7)》

順序〔1〕：主回路の電源スイッチである配線用遮断器 MCCB を投入する.

順序〔2〕：配線用遮断器 MCCB を投入すると，回路 Ⓒ の電磁接触器の補助ブレーク接点 MC-b が閉じているので，停止表示ランプ GL に電流が流れ点灯する（停止表示ランプ GL の点灯は電源が投入されていることを表示する).

順序〔3〕：回路 Ⓐ の始動用押しボタンスイッチ ST-BS を押すと，そのメーク接点が閉じる.

順序〔4〕：始動用押しボタンスイッチ ST-BS のメーク接点が閉じると，回路 Ⓐ の電磁コイル MC に電流が流れ電磁接触器 MC が動作する.

順序〔5〕：電磁接触器 MC が動作すると，回路 Ⓑ の自己保持メーク接点 MC-m1 が閉じる．

順序〔6〕：自己保持メーク接点 MC-m1 が閉じると，回路 Ⓑ を通って電磁コイル MC に電流が流れるので，電磁接触器 MC は自己保持する．

順序〔7〕：電磁接触器 MC が動作すると，主回路の主接点 MC が閉じる．

順序〔8〕：主接点 MC が閉じると，主回路の電動機 M に三相交流電圧が印加され，電動機は始動し回転する．

順序〔9〕：電磁接触器 MC が動作すると，回路 Ⓓ の補助メーク接点 MC-m2 が閉じる．

順序〔10〕：回路 Ⓓ の補助メーク接点 MC-m2 が閉じると，運転表示ランプ RL に電流が流れ，点灯する．

順序〔11〕：電磁接触器 MC が動作すると，回路 Ⓒ の補助ブレーク接点 MC-b が開く．

順序〔12〕：回路 Ⓒ の補助ブレーク接点 MC-b が開くと，停止表示ランプ GL に電流が流れず，消灯する．

順序〔13〕：回路 Ⓐ の始動用押しボタンスイッチ ST-BS を押す手を離す．

注：電磁接触器 MC が動作すると，順序〔5〕，順序〔7〕，順序〔9〕，順序〔11〕の動作が同時に行われる．

C 電動機の停止動作のしかた

図 16·8 において，停止用押しボタンスイッチ STP-BS を押すと，電磁接触器 MC が復帰して，主接点 MC が開き，電動機 M が停止します．

《電動機の停止動作順序（図 16·8）》

順序〔1〕：回路 Ⓑ の停止用押しボタンスイッチ STP-BS を押すと，そのブレーク接点が開く．

順序〔2〕：停止用押しボタンスイッチ STP-BS のブレーク接点が開くと，回路 Ⓑ の電磁コイル MC に電流が流れず，電磁接触器 MC が復帰する．

順序〔3〕：電磁接触器 MC が復帰すると，回路 Ⓑ の自己保持メーク接点 MC-m1 が開き，自己保持を解く．

順序〔4〕：電磁接触器 MC が復帰すると，主回路の主接点 MC が開く．

順序〔5〕：主接点 MC が開くと，主回路の電動機 M に三相交流電圧が印加されず，電動機は停止する．

順序〔6〕：電磁接触器 MC が復帰すると，回路 Ⓒ の補助ブレーク接点 MC-b が閉じる．

順序〔7〕：回路 Ⓒ の補助ブレーク接点 MC-b が閉じると，停止表示ランプ GL に電流が流れ，点灯する．

順序〔8〕：電磁接触器 MC が復帰すると，回路 Ⓓ の補助メーク接点 MC-m2 が開く．

順序〔9〕：回路 Ⓓ の補助メーク接点 MC-m2 が開くと，運転表示ランプ RL に電流が流れず，消灯する．

順序〔10〕：回路 Ⓑ の停止用押しボタンスイッチ STP-BS を押す手を離す．

注：電磁接触器 MC が復帰すると，順序〔3〕，順序〔4〕，順序〔6〕，順序〔8〕の動作が同時に行われる．

以上で，すべての動作は，始動用押しボタンスイッチ ST-BS を押す前の状態に戻ります．

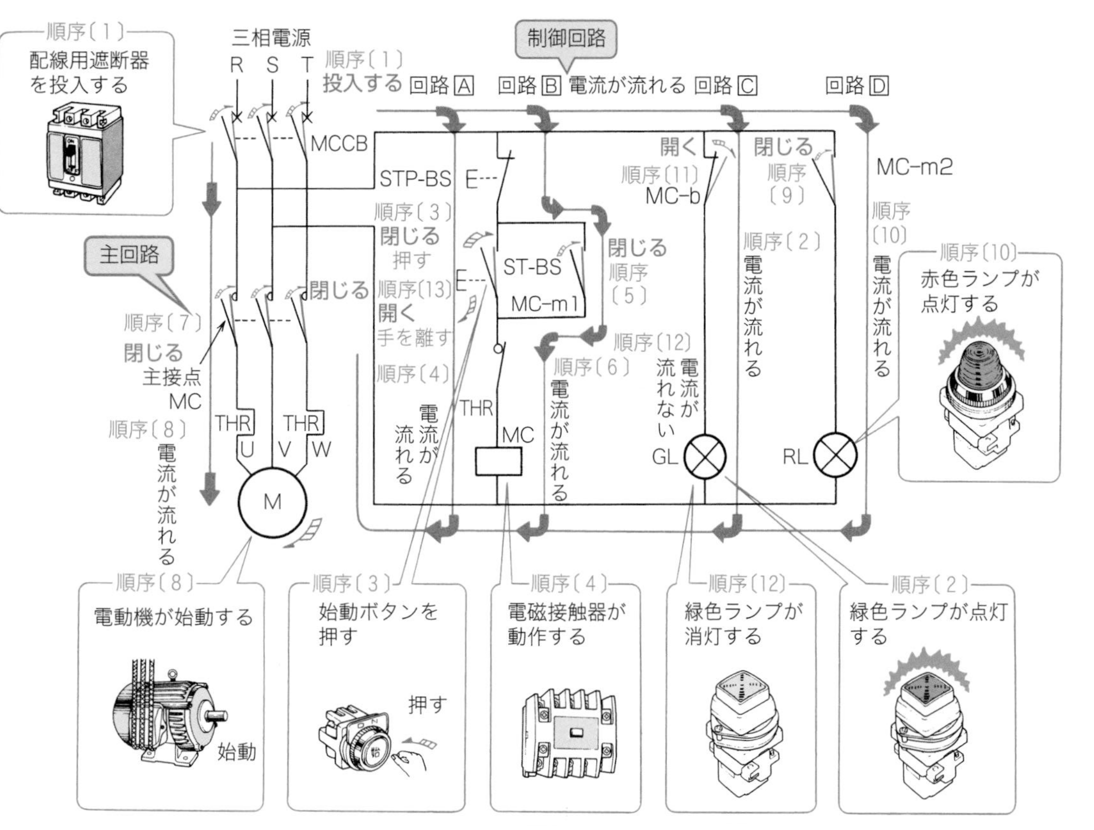

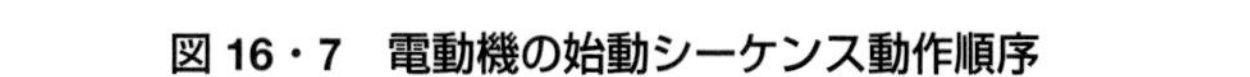
図 16・7　電動機の始動シーケンス動作順序

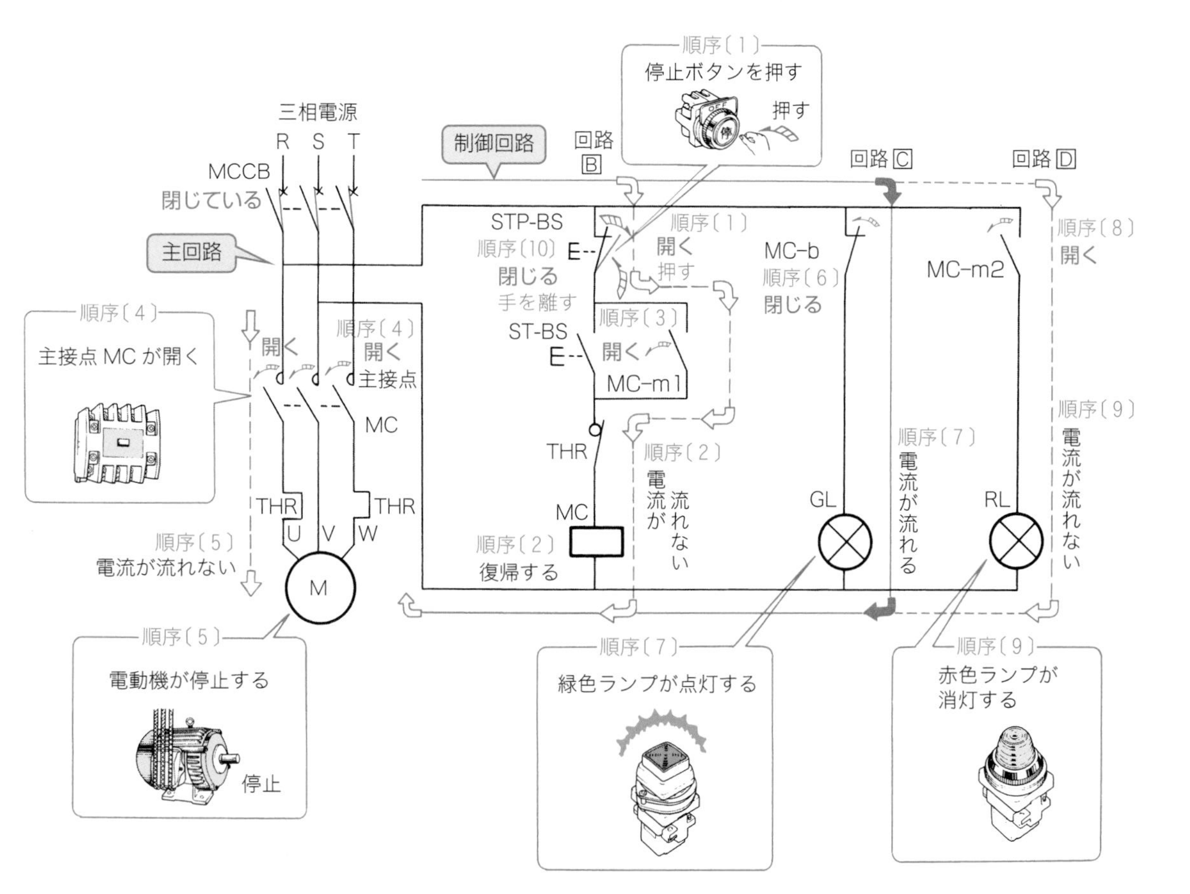

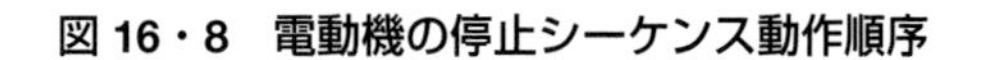
図16・8　電動機の停止シーケンス動作順序

17章 電動機の正逆転制御回路の読み方

17・1 電動機の回転方向の変え方

電動機の正転・逆転とは

シャッタの開閉動作，コンベアの右回り・左回り，リフトの上昇・下降などのために，送り方向を変えるにあたって，電動機の回転方向を変えることによって制御する方法が多く採用されています．

この電動機の回転方向を正方向から逆方向に，また逆方向から正方向に切り替えて運転制御する回路を**電動機の正逆転制御回路**といいます．

電動機の回転方向は，**図 17·1** のように，特に指定のない場合には，軸側（連結側）の反対側から見て，時計方向に回転する方向を**正転**といい，反時計方向に回転する方向を**逆転**といいます．

したがって，電動機の回転方向は軸側（連結側）から見れば，反時計方向が正転であり，時計方向が逆転となります．

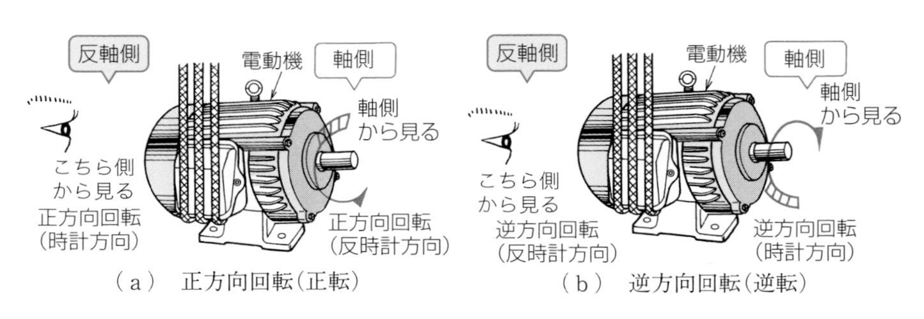

図 17・1　電動機の正転・逆転方向のみかた

C 電動機の正転・逆転のしかた

電動機（三相誘導電動機）において，その回転方向を変えるには，電動機の口出線3本のうち2本を入れ替えて，電源に接続すれば逆転させることができます．

図 17·2 のように，電動機のU，V，W相が三相交流電源のR，S，T相に対し，R相とU相，S相とV相，T相とW相のように接続したとき，電動機が正方向に回転したとします．

これを，**図 17·3** のように，たとえばR相とT相を入れ替えて，R相とW相，T相とU相というように，三相交流電源のR，S，T相のうち二相を入れ替えて，電動機の口出線に接続しますと，電動機は逆方向に回転します．

この電動機への電源電圧の相の切替えを，正転用および逆転用と2個の電磁接

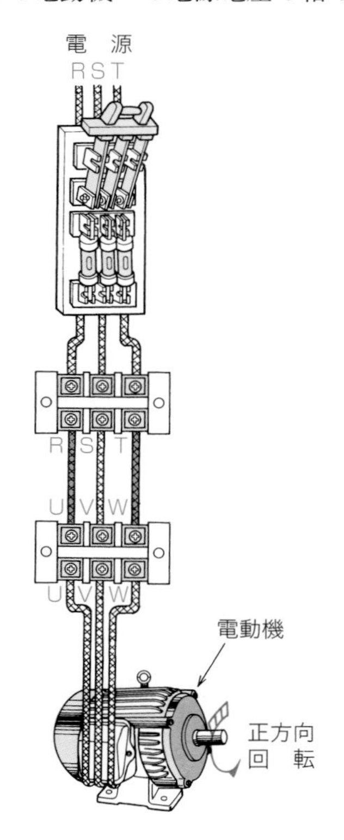

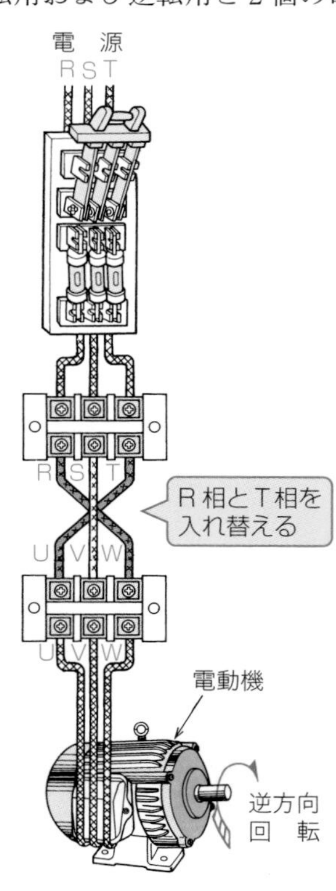

図 17・2　電動機の正方向回転のしかた　　図 17・3　電動機の逆方向回転のしかた

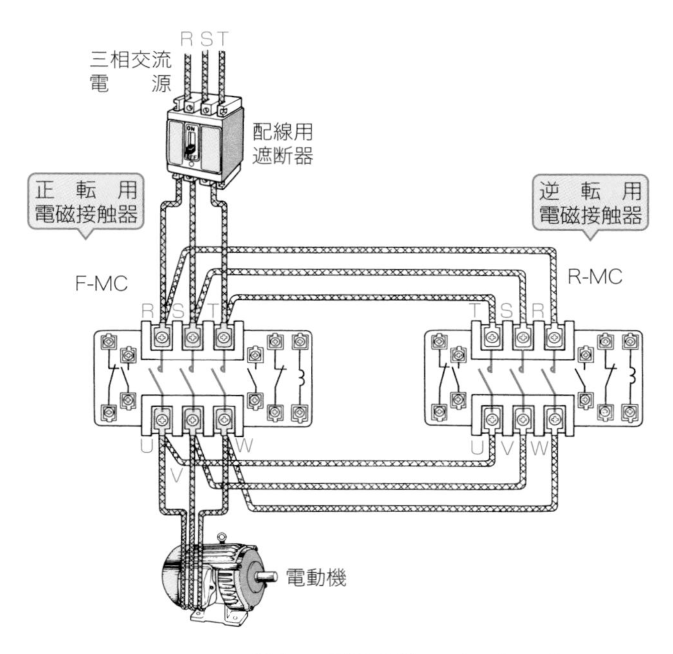

図 17・4　電動機の正逆転制御回路の主回路

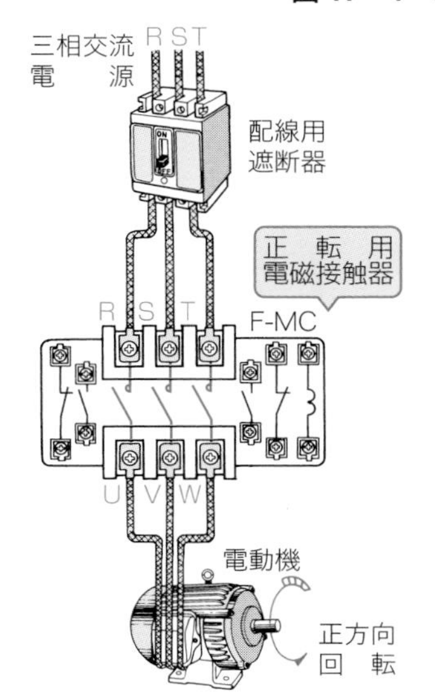

図 17・5　電動機の正転主回路

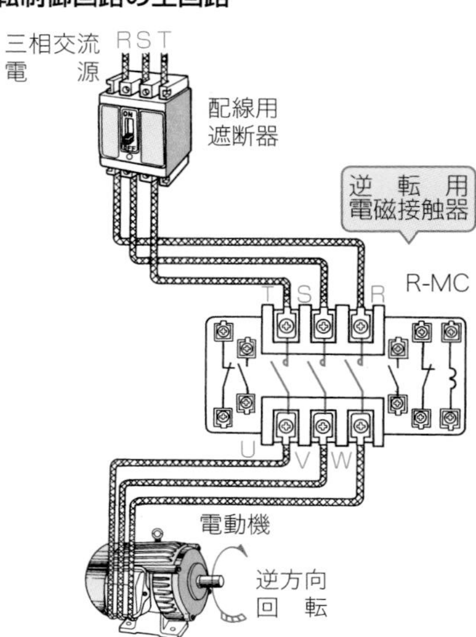

図 17・6　電動機の逆転主回路

触器を用いて行うようにしたのが，**図 17·4** です．

いま，正転用電磁接触器 F-MC が動作しますと，**図 17·5** のように，電源と電動機は主接点 F-MC を通して，R 相と U 相，S 相と V 相，T 相と W 相とが接続されますので，電動機は正方向に回転します．

次に，**図 17·6** のように，逆転用電磁接触器 R-MC が動作しますと，電源と電動機は主接点 R-MC を通じて，R 相と W 相，S 相と V 相，T 相と U 相とが接続され，R 相と T 相とが入れ替わりますので，電動機は逆方向に回転します．

C 正逆転制御のインタロックのとり方

電動機の正逆転制御の操作中に，**図 17·7** のように，誤って正転用電磁接触器 F-MC と逆転用電磁接触器 R-MC が，同時に動作して閉路したとしたらどうなるでしょう．

三相電源の R 相と T 相の線間電圧が，逆転用電磁接触器の主接点 $R\text{-}MC_R$ と

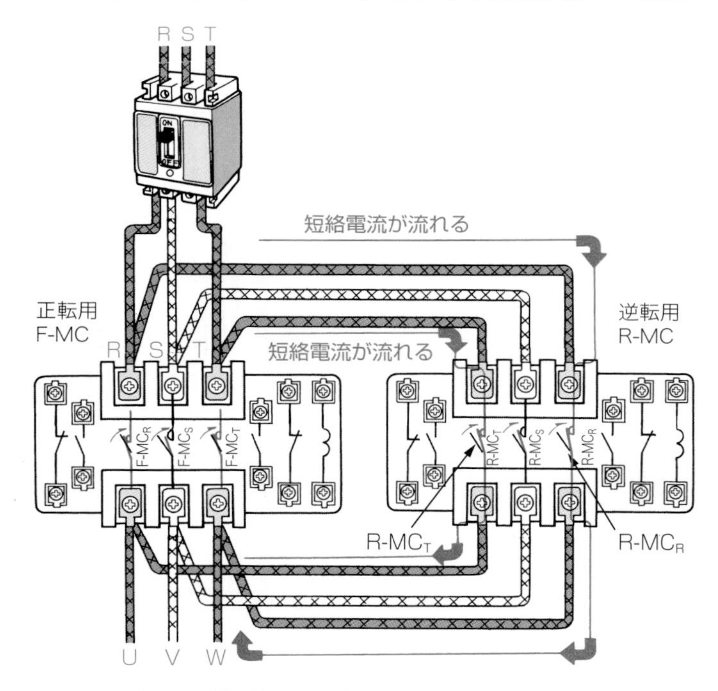

図 17・7　正転用電磁接触器と逆転用電磁接触器が同時に動作した場合

R-MC$_T$とで，完全な短絡（ショート）状態となりますので，大きな短絡電流が流れ焼損事故となります．

このため，主接点F-MCと主接点R-MCとが，同時に投入されないように，相互にインタロックをとる必要があります．

そこで，14章で説明した相手側の回路に，自分のブレーク接点を入れる押しボタンスイッチによるインタロック回路（14·1節参照）と電磁リレー接点によるインタロック回路（14·2節参照）とを用いて，正転用電磁接触器F-MCと逆転用電磁接触器R-MCとが，同時に動作しないようにしたのが，**図17·8**です．

この相互インタロック回路が電動機の正逆転制御回路では，ほとんど定石的に使用されています．

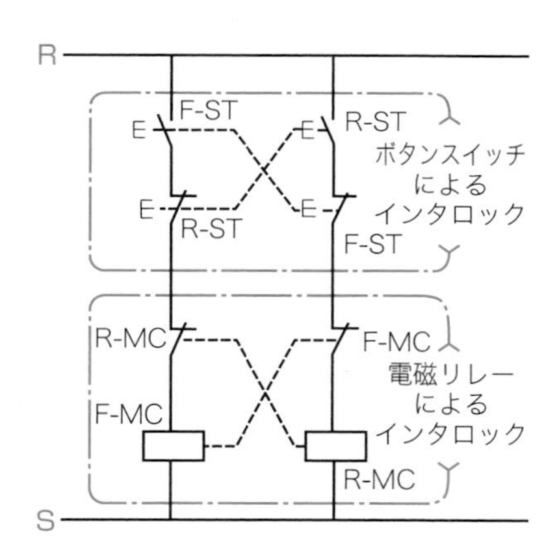

図17・8　電動機の正逆転制御回路のインタロック回路

17·2 電動機の正逆転制御回路の動作のしかた

電動機の正逆転制御回路の実際配線図

図17·9は，電動機の正転・逆転の回路の切替えに，正転用および逆転用と2個の電磁接触器を用い，おのおのの押しボタンスイッチで，正転，逆転および停

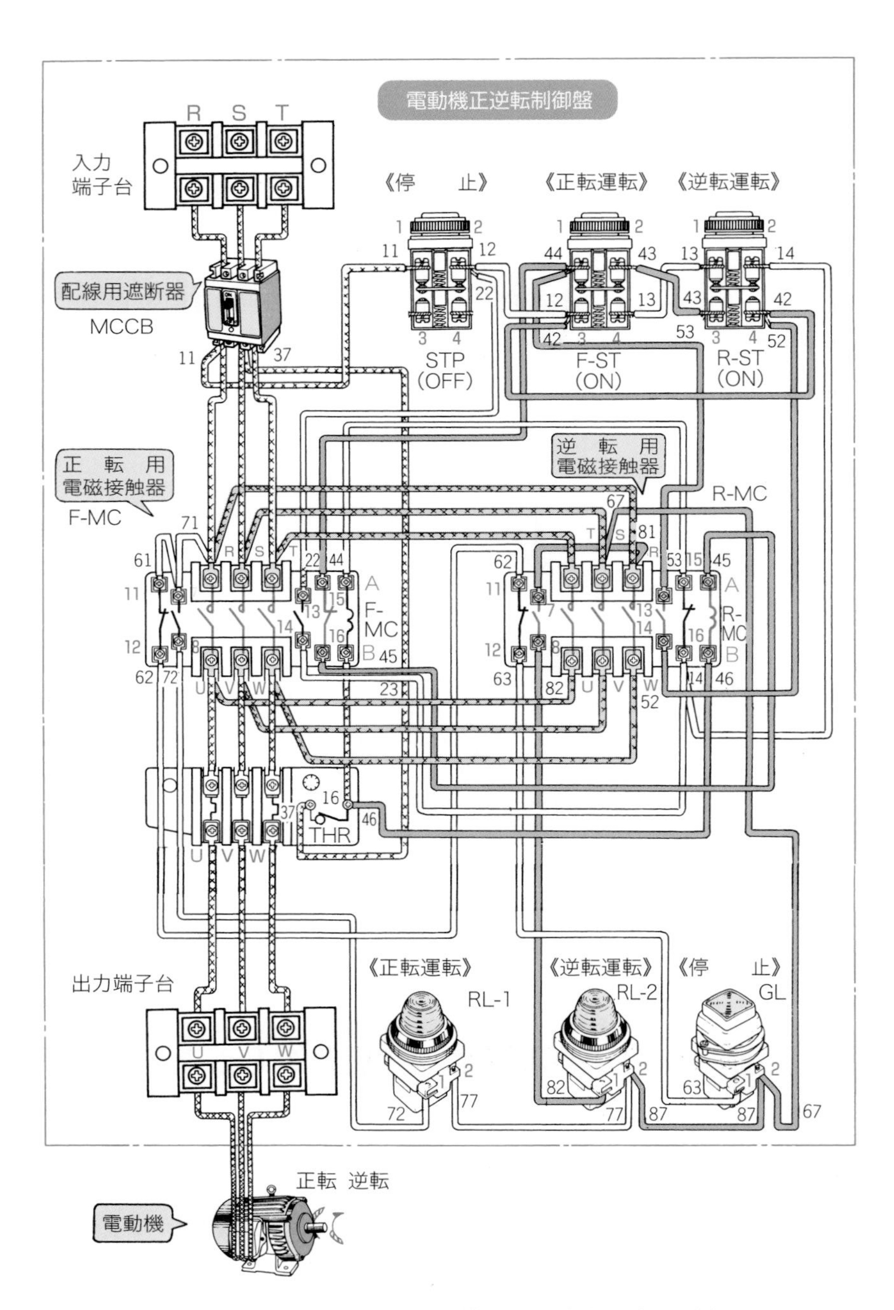

図 17・9　電動機の正逆転制御回路の実際配線図〔例〕

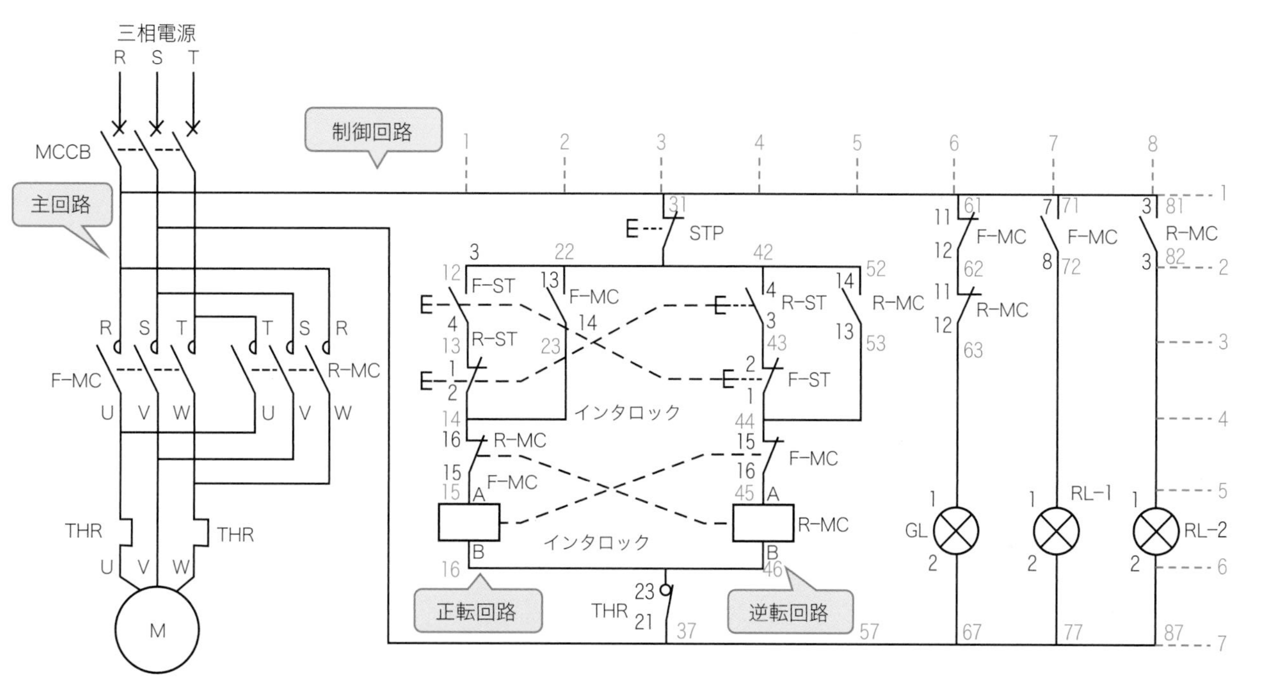

図 17・10　電動機の正逆転制御回路のシーケンス図

止の操作ができるようにした電動機の正逆転制御回路の実際配線図の一例を示した図です.

また, 図17·9の実際配線図をシーケンス図に書き替えたのが, **図17·10**です.

図17·10では, 主回路のR相とS相から, それぞれ別の線を引き出して, 制御回路の制御電源母線としています.

そして, 制御回路としては, 正転, 逆転の始動用の押しボタンスイッチF-ST, R-STおよび停止用の押しボタンスイッチSTPと正転, 逆転の電磁接触器F-MC, R-MCとで, 自己保持回路を形成しています (13章参照).

また, 正転用の電磁コイルF-MCと直列に逆転用の押しボタンスイッチR-STのブレーク接点, ならびに逆転用電磁接触器の補助ブレーク接点R-MCを直列に接続して, インタロック回路 (14章参照) を形成しています.

同様に, 逆転用の電磁コイルR-MCと直列に正転用の押しボタンスイッチF-STのブレーク接点, ならびに正転用電磁接触器の補助ブレーク接点F-MCを直列に接続して, インタロック回路としています.

このように, 電動機の正逆転制御回路は, 今までに学んできた知識の組合せに他ならないことがおわかりになるでしょう.

C 電動機の正転始動動作のしかた

図17·11のように, 正転用始動押しボタンスイッチF-STを押すと, 正転用電磁接触器F-MCが動作して, 主接点F-MCを閉じますので, 電動機Mは正方向に回転し, 始動します.

《正転始動の動作順序 (図17·11)》

順序〔1〕: 主回路の電源スイッチである配線用遮断器MCCBを投入する.

順序〔2〕: MCCBを投入すると, 回路Ⓔのブレーク接点F-MCとR-MCが閉じているので電流が流れ, 停止ランプGLが点灯する (この停止ランプGLの点灯は, 電源が投入されていることを表示する).

順序〔3〕: 正転用始動押しボタンスイッチF-STを押すと, 回路Ⓒのブレーク接点F-STが開き, 逆転回路を開路し, 押しボタンスイッチによるインタロックをとる.

順序〔4〕: 正転用始動押しボタンスイッチF-STを押すと, 回路Ⓐのメーク

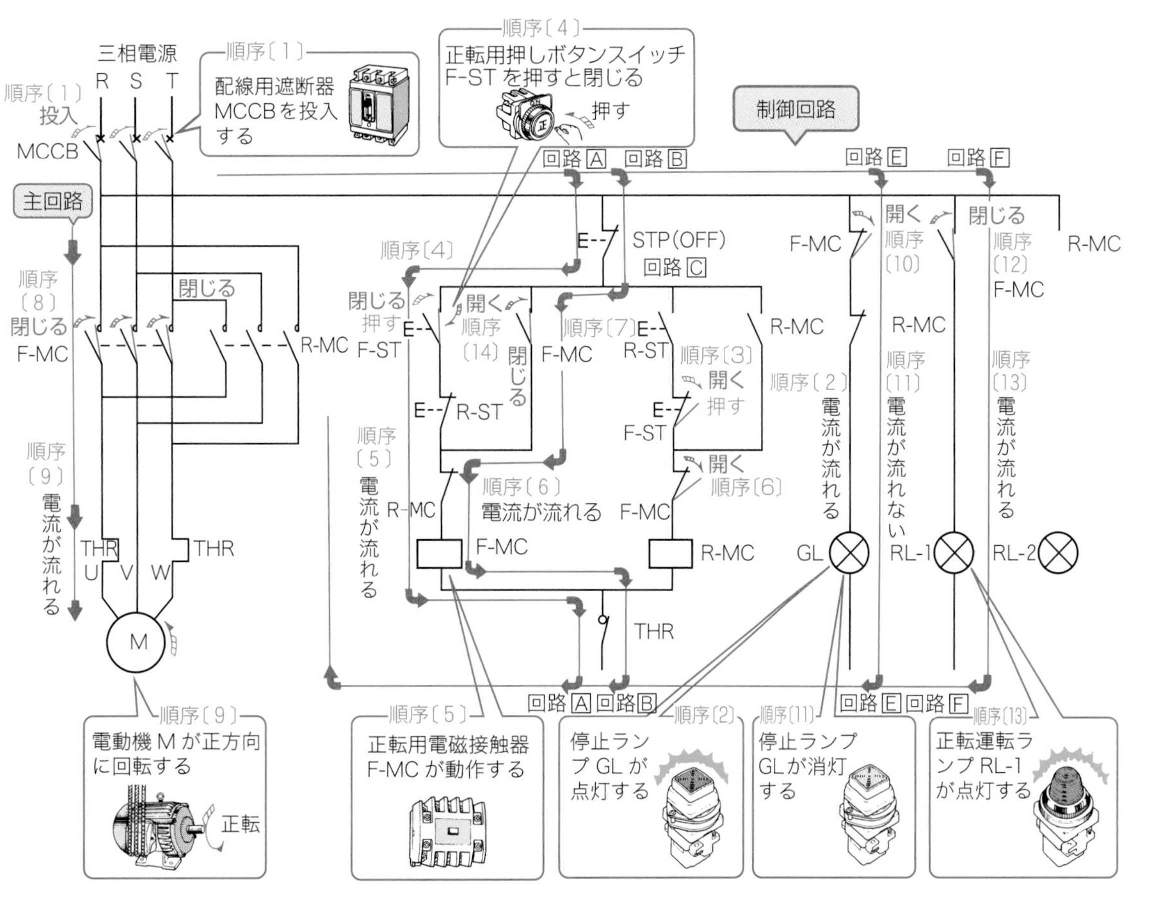

図17・11 電動機の正転始動シーケンス動作順序

接点 F-ST が閉じる.

順序〔5〕：回路 Ⓐ の正転用始動押しボタンスイッチのメーク接点 F-ST が閉じると，電磁コイル F-MC に電流が流れ，正転用電磁接触器 F-MC が動作する.

順序〔6〕：正転用電磁接触器 F-MC が動作すると，回路 Ⓒ のブレーク接点 F-MC が開き，逆転回路を開路して，電磁接触器接点によるインタロックをとる.

順序〔7〕：正転用電磁接触器 F-MC が動作すると，回路 Ⓑ の自己保持メーク接点 F-MC が閉じ，電磁コイル F-MC には，回路 Ⓑ を通って電流が流れ，正転用電磁接触器 F-MC は自己保持する.

順序〔8〕：正転用電磁接触器 F-MC が動作すると，主回路の主接点 F-MC が閉路する.

順序〔9〕：主接点 F-MC が閉路すると，主回路の電動機 M に電流が流れ，電動機は正方向に回転する.

順序〔10〕：正転用電磁接触器 F-MC が動作すると，回路 Ⓔ の補助ブレーク接点 F-MC が開く.

順序〔11〕：回路 Ⓔ の補助ブレーク接点 F-MC が開くと，停止ランプ GL に電流が流れず，消灯する.

順序〔12〕：正転用電磁接触器 F-MC が動作すると，回路 Ⓕ の補助メーク接点 F-MC が閉じる.

順序〔13〕：回路 Ⓕ の補助メーク接点 F-MC が閉じると正転運転ランプ RL-1 が点灯し，電動機が正方向に回転し運転されていることを表示する.

順序〔14〕：回路 Ⓐ および回路 Ⓒ の F-ST を押す手を離す.

電動機の正転停止動作のしかた

図 17·12 のように，停止用押しボタンスイッチ STP を押すと，正転用電磁接触器 F-MC が復帰して主接点 F-MC を開きますので，電動機 M は停止します.

《正転停止の動作順序（図 17·12）》

順序〔1〕：回路 Ⓑ の停止用押しボタンスイッチ STP を押すと，そのブレーク接点が開く.

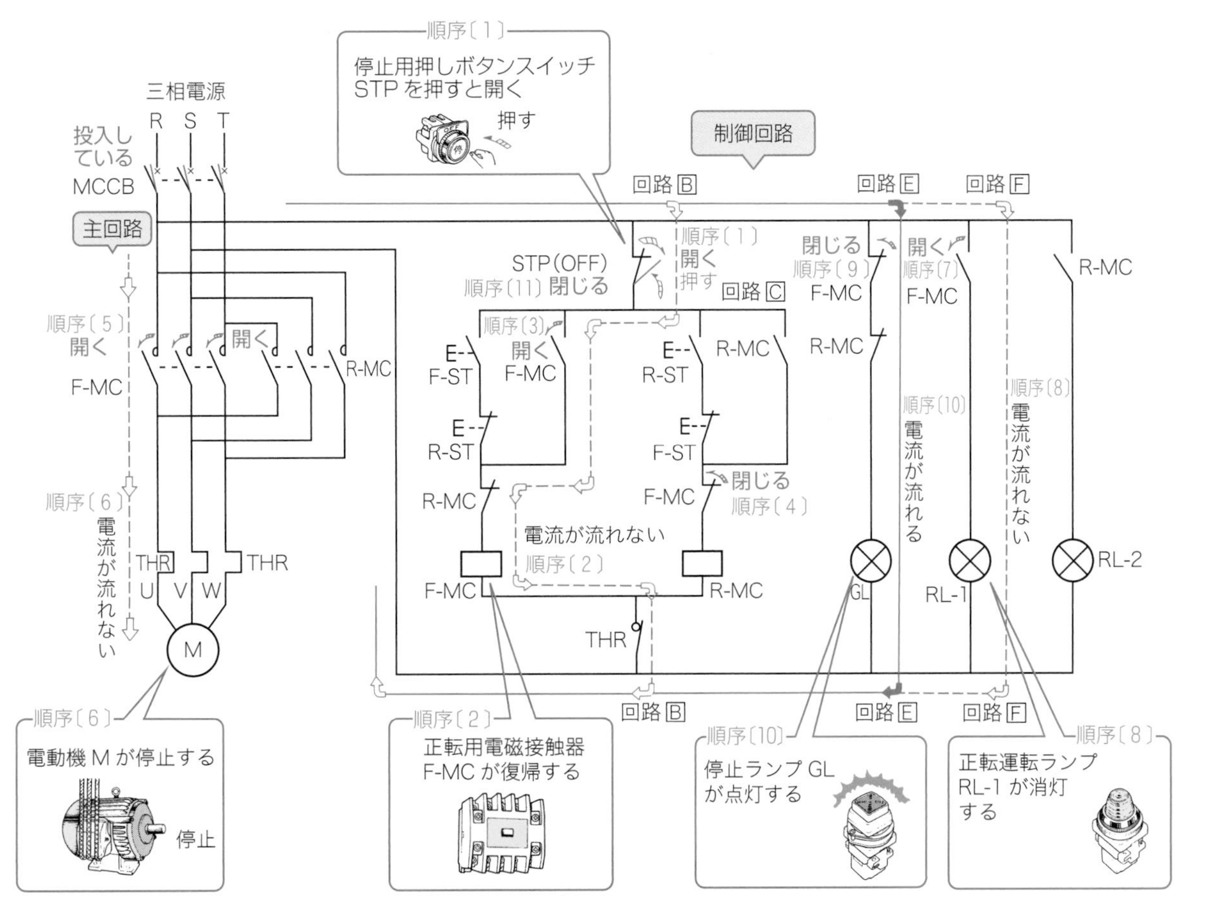

図 17・12　電動機の正転停止シーケンス動作順序

順序〔2〕：回路 B のブレーク接点 STP が開くと，電磁コイル F-MC に電流が流れず，正転用電磁接触器 F-MC は復帰する．

順序〔3〕：正転用電磁接触器 F-MC が復帰すると，回路 B の自己保持メーク接点 F-MC が開き自己保持を解く．

順序〔4〕：正転用電磁接触器 F-MC が復帰すると，回路 C のブレーク接点 F-MC が閉じ，逆転回路の電磁接触器接点によるインタロックを解く．

順序〔5〕：正転用電磁接触器 F-MC が復帰すると，主回路の主接点 F-MC が開路する．

順序〔6〕：主接点 F-MC が開路すると，主回路の電動機 M に電流が流れず，電動機は停止する．

順序〔7〕：正転用電磁接触器 F-MC が復帰すると，回路 F の補助メーク接点 F-MC が開く．

順序〔8〕：回路 F の補助メーク接点 F-MC が開くと，正転運転ランプ RL-1 に電流が流れず消灯する．

順序〔9〕：正転用電磁接触器 F-MC が復帰すると回路 E の補助ブレーク接点 F-MC が閉じる．

順序〔10〕：回路 E の補助ブレーク接点 F-MC が閉じると，停止ランプ GL に電流が流れて点灯し，電動機 M が停止したことを表示する．

順序〔11〕：回路 B の停止用押しボタンスイッチ STP を押す手を離す．

C 電動機の逆転始動動作のしかた

図 17·13 のように，逆転用始動押しボタンスイッチ R-ST を押すと，逆転用電磁接触器 R-MC が動作して，主接点 R-MC を閉じますので，電動機 M は逆方向に回転し，始動します．

《逆転始動の動作順序（図 17·13）》

順序〔1〕：主回路の電源スイッチである配線用遮断用 MCCB を投入する．

順序〔2〕：MCCB を投入すると，回路 E のブレーク接点 F-MC と R-MC が閉じているので，電流が流れ，停止ランプ GL が点灯する（この停止ランプ GL の点灯は，電源が投入されていることを表示する）．

順序〔3〕：逆転用始動押しボタンスイッ R-ST を押すと，回路 A のブレーク

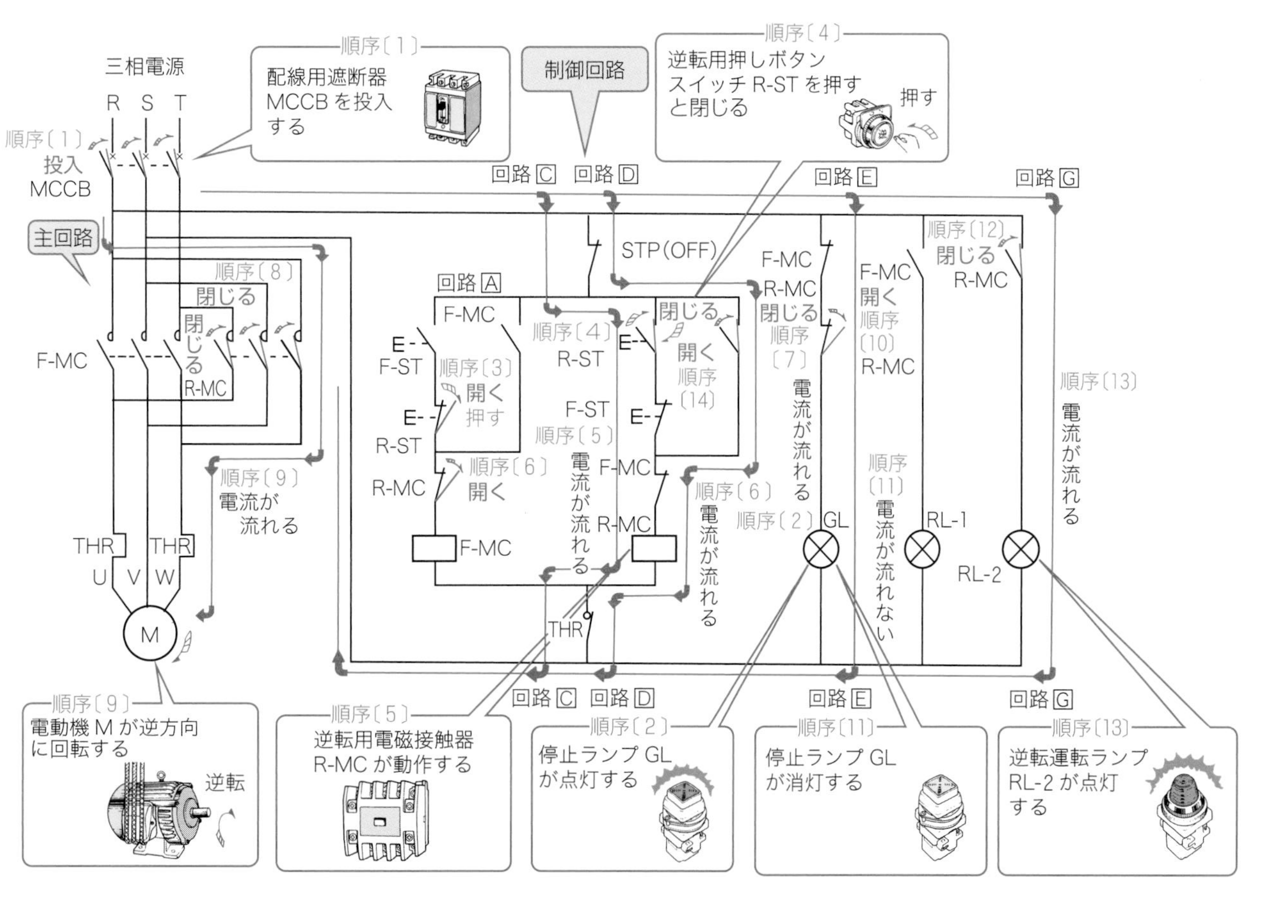

図 17・13　電動機の逆転始動シーケンス動作順序

接点 R-ST が開き，正転回路を開路し，ボタンスイッチによるインタロックをとる．

順序〔4〕：逆転用始動押しボタンスイッ R-ST を押すと，回路 Ⓒ のメーク接点 R-ST が閉じる．

順序〔5〕：回路 Ⓒ の逆転用始動押しボタンスイッチのメーク接点 R-ST が閉じると，電磁コイル R-MC に電流が流れ，逆転用電磁接触器 R-MC が動作する．

順序〔6〕：逆転用電磁接触器 R-MC が動作すると，回路 Ⓐ の補助ブレーク接点 R-MC が開き，正転回路を開路して，電磁接触器接点によるインタロックをとる．

順序〔7〕：逆転用電磁接触器 R-MC が動作すると，回路 Ⓓ の自己保持メーク接点 R-MC が閉じ，電磁コイル R-MC には回路 Ⓓ を通って電流が流れ逆転用電磁接触器 R-MC は自己保持する．

順序〔8〕：逆転用電磁接触器 R-MC が動作すると，主回路の主接点 R-MC が閉路する．

順序〔9〕：主接点 R-MC が閉路すると，主回路の電動機 M に電流が流れ，電動機は逆方向に回転する．

順序〔10〕：逆転用電磁接触器 R-MC が動作すると，回路 Ⓔ の補助ブレーク接点 R-MC が開く．

順序〔11〕：回路 Ⓔ の補助ブレーク接点 R-MC が開くと，停止ランプ GL に電流が流れず，消灯する．

順序〔12〕：逆転用電磁接触器 R-MC が動作すると，回路 Ⓖ の補助メーク接点 R-MC が閉じる．

順序〔13〕：回路 Ⓖ の補助メーク接点 R-MC が閉じると，逆転運転ランプ RL-2 に電流が流れ点灯し，電動機が逆方向に回転し，運転されていることを表示する．

順序〔14〕：回路 Ⓒ および回路 Ⓐ の逆転用始動押しボタンスイッチ R-ST を押す手を離す．

電動機の逆転運転の停止動作は，正転運転の停止動作を参考にしてください．

18章 ガレージシャッタ設備の制御回路の読み方

18・1 ガレージシャッタの自動開閉制御

ガレージシャッタの自動制御の制御素子として，最近では半導体が多く用いられているが，ここでは開閉接点を用いた回路により，シャッタの自動開閉制御のしくみを説明します．

ガレージシャッタの自動開閉制御は，駆動電動機の正逆転制御を基本としています．駆動電動機としては，単相のコンデンサモータとします．

コンデンサモータを正方向，逆方向に回転するには，コンデンサが接続してある補助コイルの相を電源に対して入れ換えて行います．

図 18·1 の光電スイッチによるガレージシャッタ自動開閉制御は，外から車がガレージに近づくと，光電スイッチの光を遮断し，自動的にシャッタが開き，車が通過して次の光電スイッチの光を遮断すると，自動的にシャッタは閉じます．

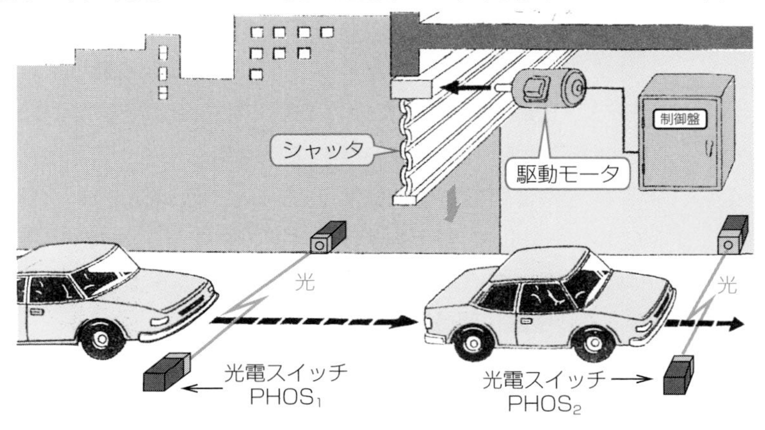

図 18・1　光電スイッチを用いたガレージシャッタ設備〔例〕

18・2 ガレージシャッタの自動開閉制御回路の動作

ガレージシャッタの開（上昇）動作

図 18・2 において，車がシャッタの前に設置してある光電スイッチ $PHOS_1$ の光を遮断すると，上昇用電磁接触器 U-MC が動作して，駆動電動機 M が正方向に回転し，シャッタを上昇させて自動的に開きます．

《シャッタの開（上昇）動作順序（図 18・2）》

順序〔1〕：主回路1の配線用遮断器 MCCB のレバーを「ON」にして，電源を投入すると，回路13に電流が流れ，緑ランプ GL（停止表示）が点灯する．この状態では，シャッタは閉じているので，回路10の下限用リミットスイッチのブレーク接点 D-LS-b は動作して開いている（図中の順序1～3参照）．

※注：本文中・図中の色付き番号□は電流が流れている回路を示す．

順序〔2〕：車が光電スイッチ $PHOS_1$ の光を遮断すると動作して，回路3のメーク接点 $PHOS_1$-m が閉じ，回路3の補助リレー X_1 が動作し，回路6のメーク接点 X_1-m1 が閉じ，回路10のメーク接点 X_1-m2 が閉じる（図中の順序4～7参照）．

順序〔3〕：回路6のメーク接点 X_1-m1 が閉じると，上昇用電磁接触器 U-MC のコイルに電流が流れ動作する．回路8の上昇始動ボタンスイッチ U-ST-BS を手動操作で押しても，同様に上昇用電磁接触器 U-MC は動作する（図中の順序6・8参照）．

順序〔4〕：上昇用電磁接触器 U-MC が動作すると，回路5のメーク接点 U-MC-m1 が閉じて自己保持し，回路10のブレーク接点 U-MC-b1 が動作し開いて，下降用電磁接触器 D-MC をインタロックする（図中の順序9～10参照）．

順序〔5〕：上昇用電磁接触器 U-MC が動作すると，回路1の主接点 U-MC が閉じ，駆動電動機 M に電流が流れ正方向に回転し，シャッタは上昇して開く（図中の順序11～13参照）．

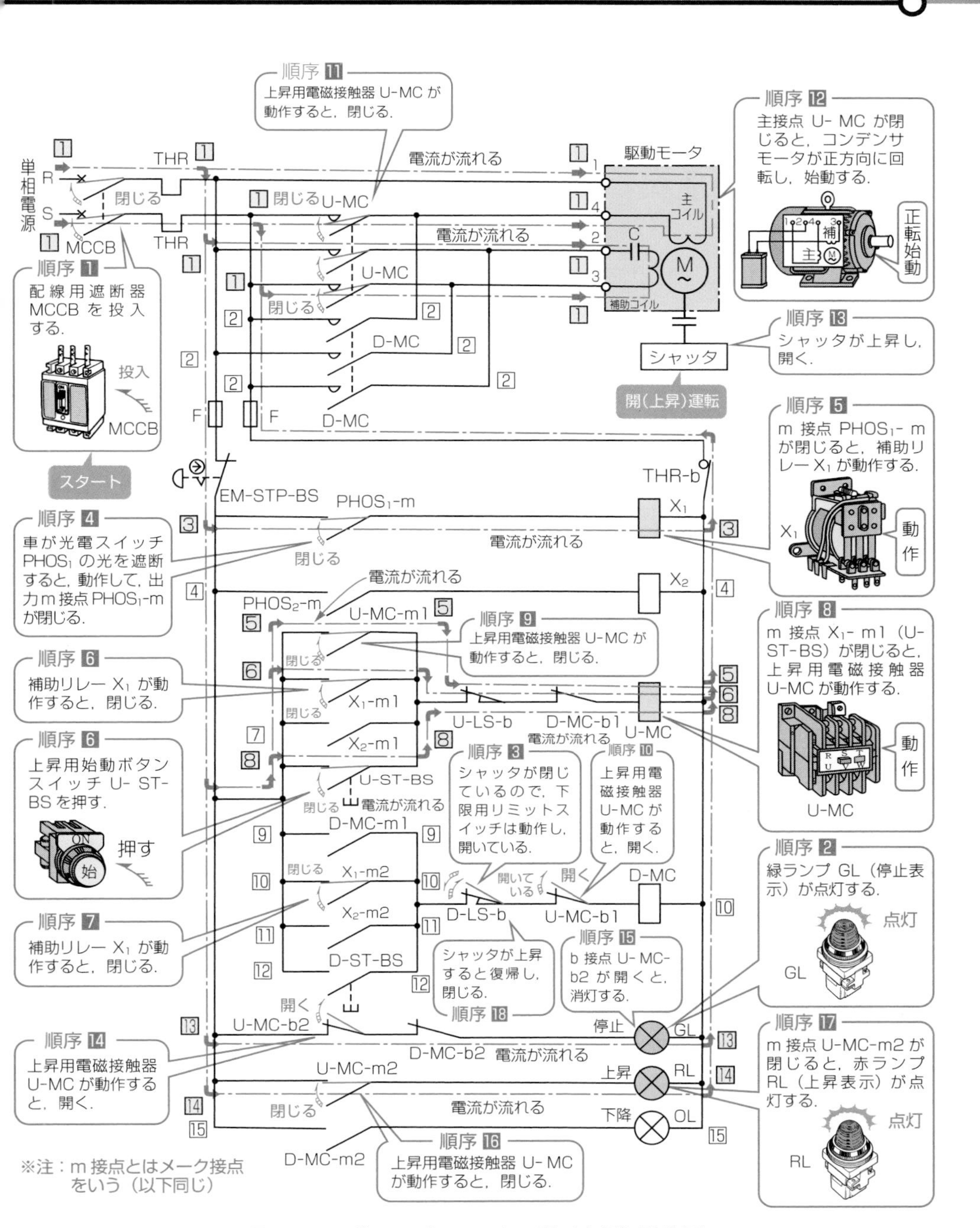

図18・2　ガレージシャッタの開（上昇）動作図

順序〔6〕：上昇用電磁接触器U-MCが動作すると回路⑬のブレーク接点U-MC-b2が開き回路⑬の緑ランプGL（停止表示）に電流が流れず消灯し，回路⑭のメーク接点U-MC-m2が閉じ回路⑭の赤ランプRL（上昇表示）に電流が流れ点灯する（図中の順序⑭～⑰参照）．

順序〔7〕：シャッタが上昇すると，回路⑩の下限用リミットスイッチのブレーク接点D-LS-bが復帰して閉じる（図中の順序⑱参照）．

C ガレージシャッタ開（上限）停止動作順序

図18·3において，車が光電スイッチ$PHOS_1$を通り過ぎると，上昇用電磁接触器U-MCが復帰して，駆動電動機Mが停止するので，シャッタは上限位置で自動的に停止します．

《シャッタの開（上限）停止動作順序（図18·3）》

順序〔1〕：車が光電スイッチ$PHOS_1$を通り過ぎると，回路③のメーク接点$PHOS_1$-mが復帰し開いて，補助リレーX_1のコイルに電流が流れず復帰し，回路⑥メーク接点X_1-m1が開き，回路⑩のメーク接点X_1-m2も開く（図中の順序⑲～㉒参照）．

順序〔2〕：シャッタが上昇し上限位置に達すると，回路⑤の上限用リミットスイッチのブレーク接点U-LS-bが動作して開き，上昇用電磁接触器U-MCのコイルに電流が流れず復帰する（図中の順序㉓～㉔参照）．

順序〔3〕：上昇用電磁接触器U-MCが復帰すると，回路⑤のメーク接点U-MC-m1が開いて自己保持を解き，回路⑩のブレーク接点U-MC-b1が閉じ，下降用電磁接触器D-MCのインタロックを解く（図中の順序㉕～㉖参照）．

順序〔4〕：上昇用電磁接触器U-MCが復帰すると，回路①の主接点U-MCが開き駆動電動機Mに電流が流れず停止し，シャッタは上限位置に自動的に停止する（図中の順序㉗～㉙参照）．

順序〔5〕：上昇用電磁接触器U-MCが復帰すると，回路⑭のメーク接点U-MC-m2が開いて，赤ランプRL（上昇表示）に電流が流れず消灯し，回路⑬のブレーク接点U-MC-b2が閉じて，緑ランプGL（停

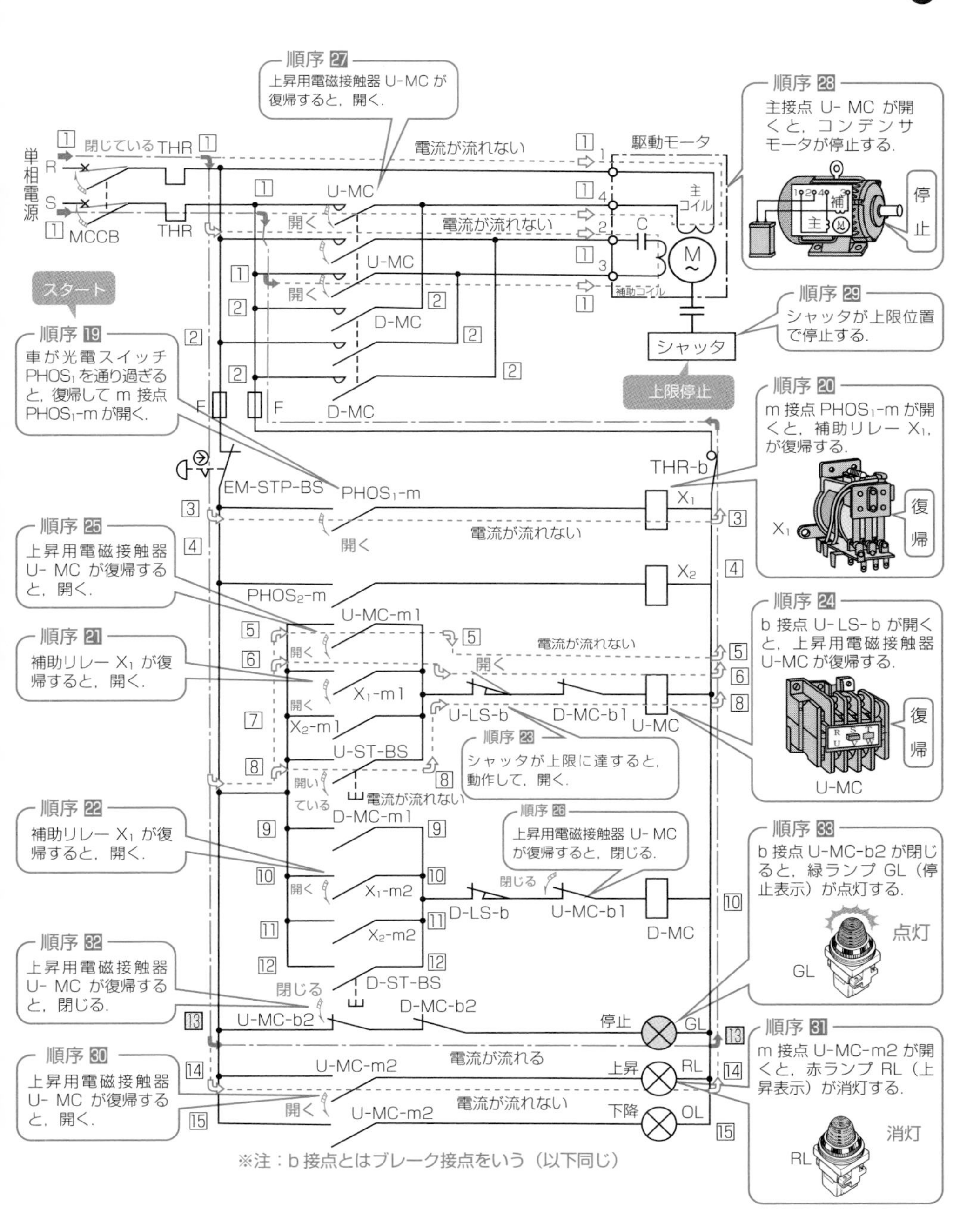

図 18・3　ガレージシャッタの開（上限）停止動作図

止表示）に電流が流れ点灯する（図中の順序30～33参照）.

C ガレージシャッタ閉（下降）動作順序

図18·4において，車が光電スイッチ $PHOS_2$ の光を遮断すると，下降用電磁接触器D-MCが動作し，駆動電動機が逆方向に回転し，シャッタは下降し，自動的に閉じます.

《シャッタの閉（下降）動作順序（図18·4）》

順序〔1〕：車が光電スイッチ $PHOS_2$ の光を遮断すると，回路4のメーク接点 $PHOS_2$-m が動作して閉じ，補助リレー X_2 のコイルに電流が流れ動作して，回路7のメーク接点 X_2-m1 が閉じ，回路11のメーク接点 X_2-m2 も閉じる（図中の順序34～37参照）.

順序〔2〕：回路11のメーク接点 X_2-m2 が閉じると，下降用電磁接触器D-MCのコイルに電流が流れ動作する．回路12の下降用始動ボタンスイッチD-ST-BSを手動操作で押しても，同様に下降用電磁接触器D-MCは動作する（図中の順序37～38参照）.

順序〔3〕：下降用電磁接触器D-MCが動作すると，回路9のメーク接点D-MC-m1が閉じて自己保持し，回路7のブレーク接点D-MC-b1が開いて，上昇用電磁接触器U-MCをインタロックする（図中の順序39～40参照）.

順序〔4〕：下降用電磁接触器D-MCが動作すると，回路2の主接点D-MCが閉じ，駆動電動機Mに電流が流れ，逆方向に回転してシャッタを下降し閉じる（図中の順序41～43参照）.

順序〔5〕：下降用電磁接触器D-MCが動作すると，回路13のブレーク接点D-MC-b2が開き，緑ランプGL（停止表示）に電流が流れず消灯し，回路15のメーク接点D-MC-m2が閉じ，橙ランプOL（下降表示）に電流が流れ点灯する（図中の順序44～47参照）.

順序〔6〕：シャッタが下降すると，回路7の上限用リミットスイッチのブレーク接点U-LS-bが復帰して閉じる（図中の順序48参照）.

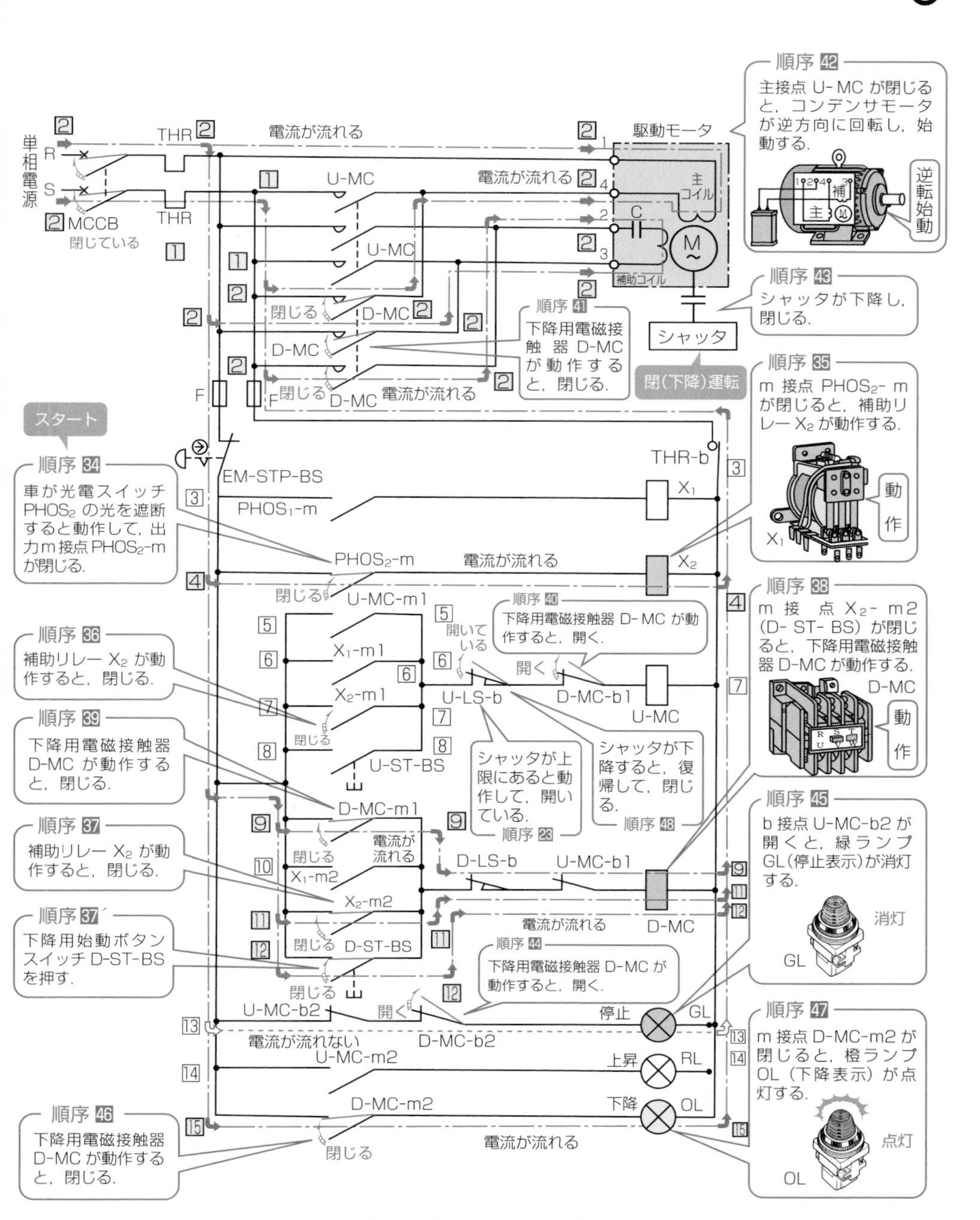

図 18・4　ガレージシャッタの閉（下降）動作図

C ガレージシャッタ閉（下限）停止動作順序

図18·5において，車が光電スイッチ$PHOS_2$を通り過ぎると，下降用電磁接触器D-MCが復帰して駆動電動機Mを停止し，シャッタは下限位置で自動的に停止します．

《シャッタの閉（下限）停止動作順序（図18·5）》

順序〔1〕：車が光電スイッチ$PHOS_2$を通り過ぎると，回路4のメーク接点$PHOS_2$-mが復帰し開いて，補助リレーX_2のコイルに電流が流れず復帰し，回路11のメーク接点X_2-m2が開き，回路7のメーク接点X_2-m1も開く（図中の順序49～52参照）．

順序〔2〕：シャッタが下降し下限位置に達すると，回路9の下限用リミットスイッチのブレーク接点D-LS-bが動作して開き，下降用電磁接触器D-MCのコイルに電流が流れず復帰し，回路9のメーク接点D-MC-m1が開いて自己保持を解き，回路7のブレーク接点D-MC-b1が閉じて，上昇用電磁接触器U-MCのインタロックを解く（図中の順序53～56参照）．

順序〔3〕：下降用電磁接触器D-MCが復帰すると，回路2の主接点D-MCが開き，駆動電動機Mに電流が流れず停止するので，シャッタは下限位置に自動的に停止する（図中の順序57～59）．

順序〔4〕：下降用電磁接触器D-MCが復帰すると，回路15のメーク接点D-MC-m2が開いて，橙ランプOL（下降表示）に電流が流れず消灯し，回路13のブレーク接点D-MC-b2が閉じて緑ランプGL（停止表示）が点灯する（図中の順序60～63参照）．

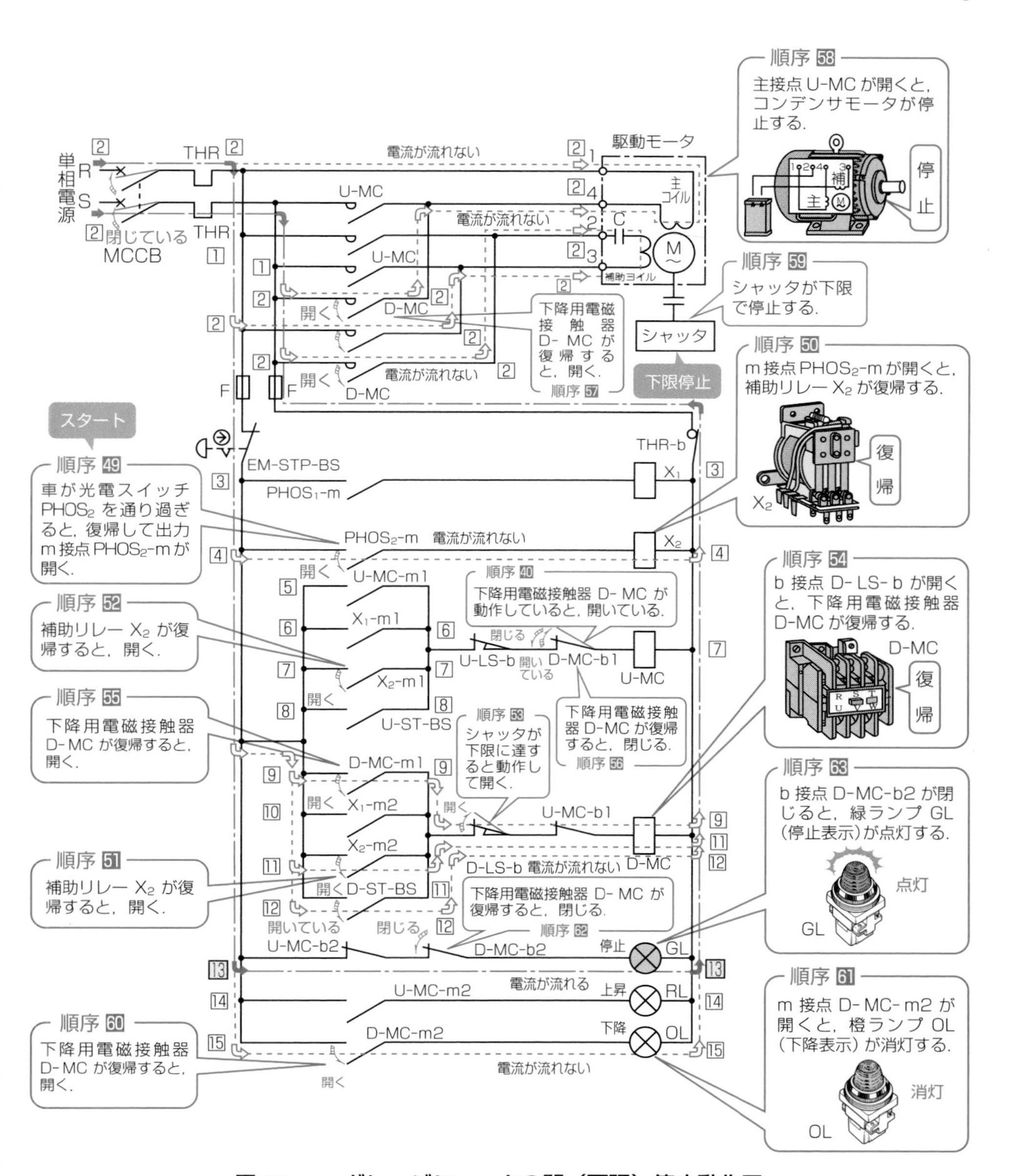

図 18・5　ガレージシャッタの閉（下限）停止動作図

19章 給水設備の制御回路の読み方

19・1 高置水槽方式による給水制御

ビル・工場における給水設備の給水方式には，いろいろな方式があるが，本章では，高置水槽方式による給水制御について記します．

高置水槽方式とは，水道事業者の水道本管より上水を一度，受水槽に貯水した後，建物内の最高位の給水栓を含む衛生器具で必要とする水圧が得られる高さに設置した高置水槽へ，電動ポンプで揚水し，高置水槽から重力により建物内の必要な箇所に再給水する方式をいいます．

図 19・1 は，フロートレス液面スイッチによる高置水槽方式給水設備を示した図です．

フロートレス液面スイッチとは，フロート（浮子）を使わず，水中に電流（微小電流）を流して，その変化で水位を制御する器具で，電極間に流れる電流を検出して，電磁リレーを動作させます．

給水設備における高置水槽の水が使用されて，水位が電極 E_2 より低下し下限水位（これ以上水が使用されると断水する水位）になると，電動ポンプが運転し，高置水槽に給水します．

電動ポンプは，水位が高置水槽の上限水位（これ以上給水するとあふれてしまう水位）に達するまで運転し給水します．

電動ポンプの運転により，水位が電極 E_1 より上昇して上限水位になると，電動ポンプは停止して給水をやめ，水の使用により下限水位になるまで続きます．

高置水槽の水が使用されても，上限および下限の水位を検出して，自動的に高置水槽に給水し，常にある一定量の水を蓄えることができるようにする制御を**水位制御**といいます．

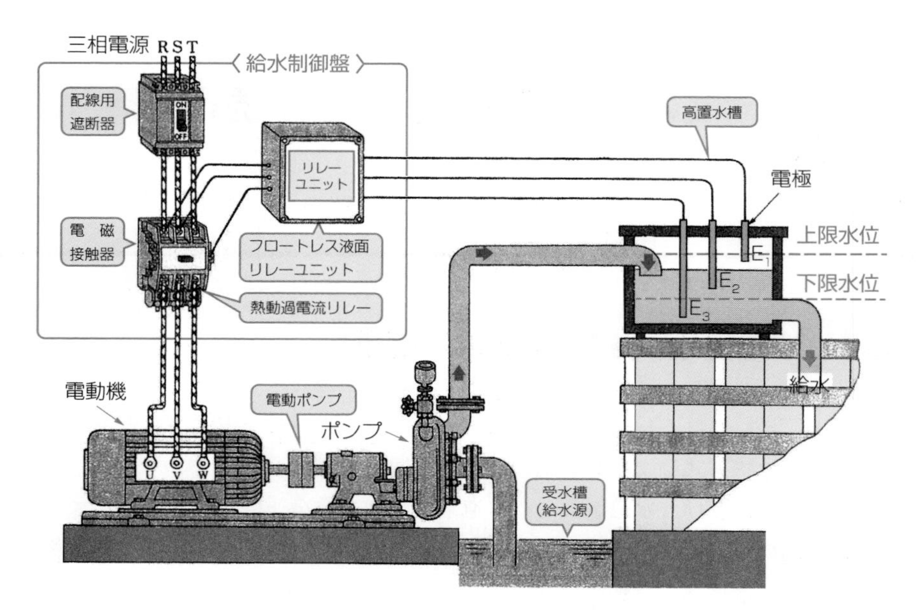

図 19・1　フロートレス液面スイッチ高置水槽方式給水設備

19・2　高置水槽下限水位による電動ポンプの運転動作

図 19・2 において，給水設備の高置水槽の水位が，下限水位まで下がると，電極 E_2 と E_3 の間の水による導通がなくなることから，電流が流れず電磁リレー X が復帰し，そのブレーク接点 X-b が閉じ，電磁接触器 MC が動作して，電動ポンプ MP が運転し，受水槽から水を高置水槽に汲み上げます．

《電動ポンプの運転動作順序（図 19・2）》

順序〔1〕：主回路1の配線用遮断器 MCCB のレバーを「ON」にして投入する．

順序〔2〕：配線用遮断器 MCCB を投入すると，変圧器の一次側回路3に，電流が流れる．

順序〔3〕：高置水槽の水位が，電極 E_2 より下がって下限水位になると，電極 E_2 と E_3 の間に水がなくなるので，水による導通がないため電流が流れず，変圧器 T の二次側 8 V 回路4に，電流が流れなくなる．

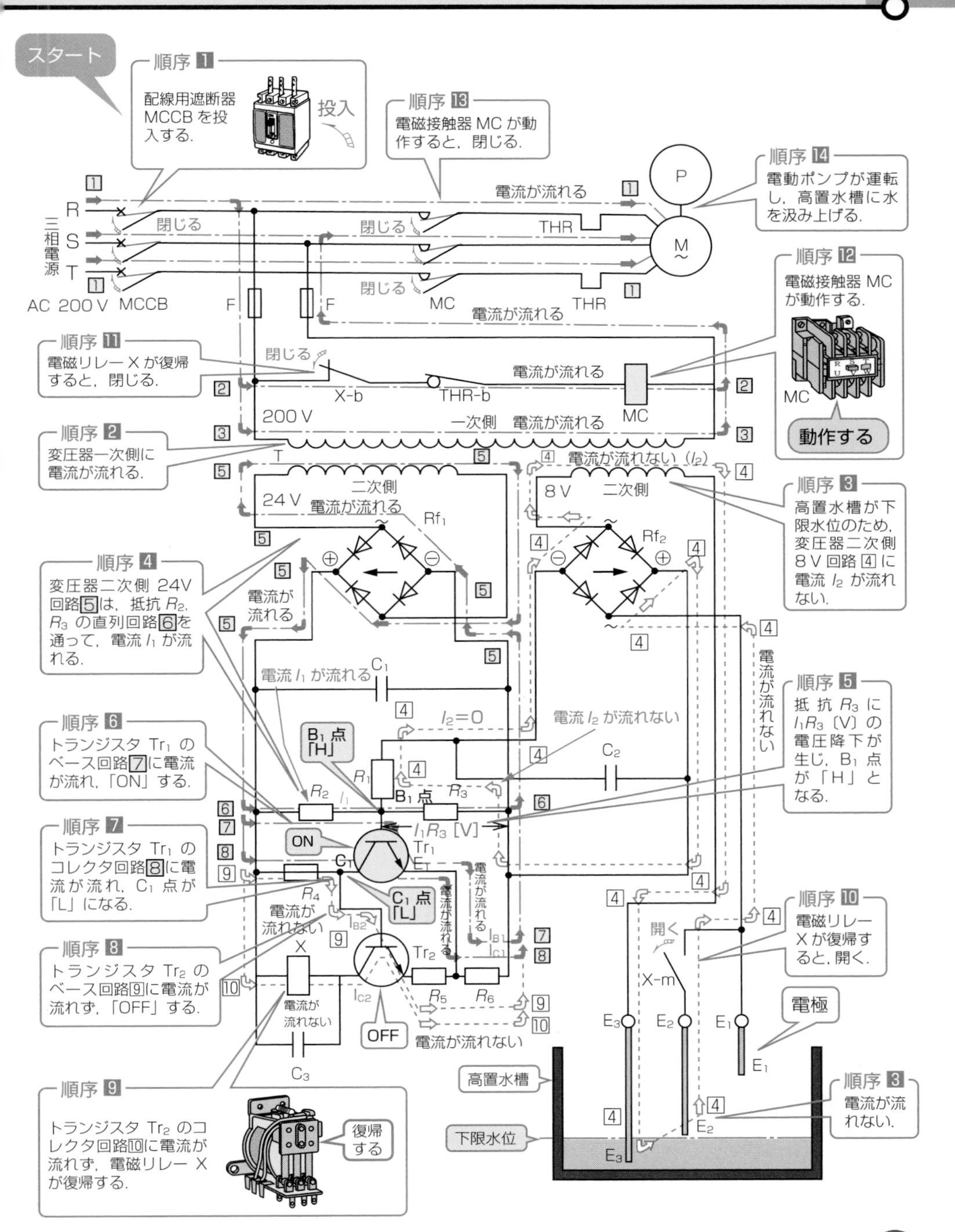

図 19・2 高置水槽下限水位による電動ポンプ運転の動作図

順序〔4〕：変圧器 T の一次側回路3に電流が流れると，変圧器二次側 24 V 回路5に，抵抗 R_2，R_3 の直列回路6を通って，電流 I_1 が流れる．

順序〔5〕：回路6の抵抗 R_3 に電流 I_1 が流れると，抵抗 R_3 に R_3I_1〔V〕の電圧降下が生じ，B_1 点の電位が「H（ハイ）」になる（「H」になるよう設計）．

順序〔6〕：B_1 点が「H（ハイ）」になると，トランジスタ Tr_1 のベース回路7に，ベース電流 I_{B1} が流れる．

順序〔7〕：トランジスタ Tr_1 にベース電流 I_{B1} が流れると，コレクタ回路8にコレクタ電流 I_{C1} が流れ Tr_1 は「ON」して，抵抗 R_6 に電圧降下 $R_6(I_{B1}+I_{C1})$〔V〕が生じ，C_1 点の電位が「L（ロー）」になる（「L」になるよう設計）．

順序〔8〕：C_1 点が「L（ロー）」になると，トランジスタ Tr_2 のベース回路9に，ベース電流 I_{B2} が流れない．

順序〔9〕：トランジスタ Tr_2 にベース電流 I_{B2} が流れないと，コレクタ回路10にコレクタ電流 I_{C2} が流れなくなるので Tr_2 は「OFF」して，電磁リレー X のコイルに電流が流れず，電磁リレー X は復帰する．

順序〔10〕：電磁リレー X が復帰すると，回路4の電極 E_2 に接続してあるメーク接点 X-m が開く．

順序〔11〕：電磁リレー X が復帰すると，回路2のブレーク接点 X-b が閉じる．

順序〔12〕：回路2のブレーク接点 X-b が閉じると，電磁接触器 MC のコイルに電流が流れ，電磁接触器 MC は動作する．

順序〔13〕：電磁接触器 MC が動作すると，主回路1の主接点 MC が閉じる．

順序〔14〕：主回路1の主接点 MC が閉じると，電流が流れるので，電動ポンプ MP が始動，運転して受水槽から高置水槽に水を汲み上げる．

注：電動ポンプは，上限水位になるまで，運転を継続する．

19·3 電動ポンプの停止動作のしかた

図 19·3 において，給水設備の高置水槽の水位が，上限水位まで上がると，電極 E_1 と E_3 の間が水により導通して電流が流れるので，電磁リレー X が動作し，そのブレーク接点 X-b が開いて，電磁接触器 MC が復帰し，電動ポンプを停止

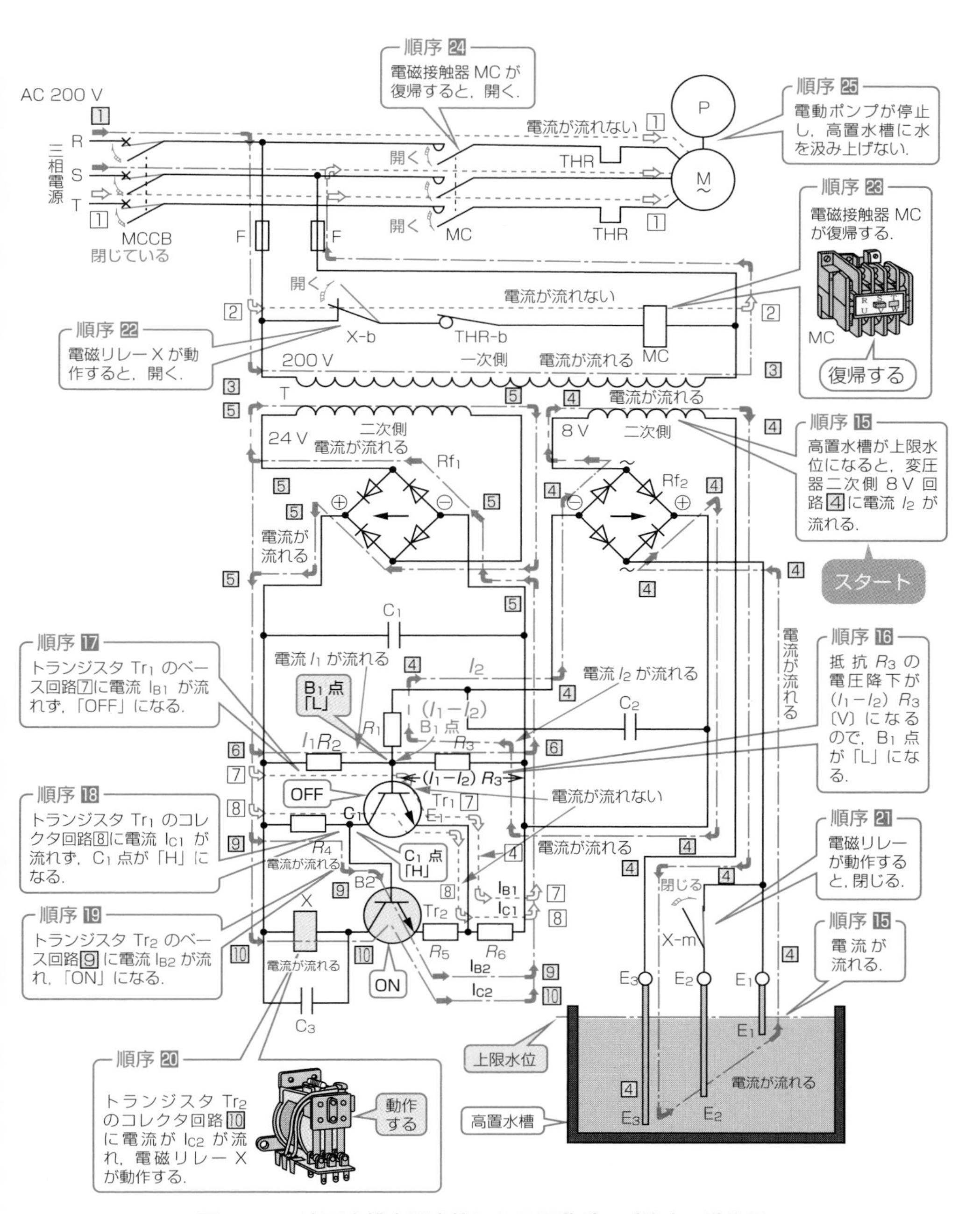

図 19・3　高置水槽上限水位による電動ポンプ停止の動作図

して，受水槽から水を高置水槽に汲み上げなくなります。

《電動ポンプの停止動作順序（図 19･3）》

順序〔15〕：高置水槽の水位が，電極 E_1 より上昇して，上限水位になると，電極 E_1 と E_3 の間に水が満たされるので，水による導通により電流が流れ，変圧器 T の二次側 8 V 回路④に電流 I_2 が流れる．

順序〔16〕：回路⑥の抵抗 R_3 には，電流 I_1（順序〔4〕）が流れており，回路④から逆方向の電流 I_2 が流れるので，抵抗 R_3 には $R_3(I_1-I_2)$ の電圧降下を生じ，B_1 点電位が「L（ロー）」になる（「L」になるよう設計）．

順序〔17〕：B_1 点が「L（ロー）」になると，トランジスタ Tr_1 のベース回路⑦にベース電流 I_{B1} が流れなくなる．

順序〔18〕：トランジスタ Tr_1 にベース電流 I_{B1} が流れないと，回路⑧のコレクタ電流 I_{C1} が流れないため，コレクタ C_1 とエミッタ E_1 間の導通がなくなるので，「OFF」して C_1 点の電位が「H（ハイ）」になる（「H」になるよう設計）．

順序〔19〕：C_1 点が「H（ハイ）」になると，トランジスタ Tr_2 のベース B_2 に動作電圧が印加するので，ベース回路⑨にベース電流 I_{B2} が流れる．

順序〔20〕：トランジスタ Tr_2 にベース電流 I_{B2} が流れると，コレクタ回路⑩にコレクタ電流 I_{C2} が流れ，Tr_2 は「ON」して，電磁コイル X に電流が流れ，電磁リレー X は動作する．

順序〔21〕：電磁リレー X が動作すると，回路④の電極 E_2 に接続しているメーク接点 X-m が閉じる．

順序〔22〕：電磁リレー X が動作すると，回路②のブレーク接点 X-b が開く．

順序〔23〕：回路②の電磁リレーのブレーク接点 X-b が開くと，電磁接触器のコイル MC に電流が流れず，電磁接触器 MC は復帰する．

順序〔24〕：電磁接触器 MC が復帰すると，主回路①の主接点 MC が開く．

順序〔25〕：主回路①の電磁接触器の主接点 MC が開くと，電流が流れなくなり，電動ポンプ MP が停止し，受水槽から高置水槽に水を汲み上げなくなる．

注：電動ポンプの停止は，高置水槽の水位が下限になるまで継続し，下限水位を下まわると，電動ポンプ MP は運転し，以後これを繰り返す．

索　引

ア　行

カ　行

サ　行

タ　行

ナ　行

ハ　行

マ　行

ヤ　行

ラ　行

英数字

〈著者略歴〉

大浜　庄司（おおはま　しょうじ）

1957年　東京電機大学工学部電気工学科卒業

現　在　・オーエス総合技術研究所・所長

・認証機関・JIA-QAセンター主任審査

資　格　・IRCA登録プリンシパル審査員（英国）

〈主な著書〉

絵とき シーケンス制御読本—入門編—（改訂４版）

絵とき シーケンス制御読本（実用編）（改訂４版）

完全図解 シーケンス制御のすべて

図解 シーケンス制御入門

完全図解 電気理論と電気回路の基礎知識早わかり

現場技術者のための 図解 電気の基礎知識早わかり

絵とき 自家用電気技術者実務知識早わかり（改訂２版）

絵とき 自家用電気技術者実務読本（第５版）

完全図解 自家用電気設備の実務と保守早わかり

完全図解 発電・送配電・屋内配線設備早わかり

完全図解 空調･給排水衛生設備の基礎知識早わかり

絵で学ぶ ビルメンテナンス入門（改訂２版）

完全図解 ビル電気設備の基礎知識早わかり

完全イラスト版 ISO9001 早わかり

完全イラスト版 ISO14001 早わかり

（以上，オーム社）

• 本書の内容に関する質問は、オーム社ホームページの「サポート」から、「お問合せ」の「書籍に関するお問合せ」をご参照いただくか、または書状にてオーム社編集局宛にお願いします。お受けできる質問は本書で紹介した内容に限らせていただきます。なお、電話での質問にはお答えできませんので、あらかじめご了承ください。
• 万一、落丁・乱丁の場合は、送料当社負担でお取替えいたします。当社販売課宛にお送りください。
• 本書の一部の複写複製を希望される場合は、本書扉裏を参照してください。

JCOPY ＜出版者著作権管理機構 委託出版物＞

図解 シーケンス図を学ぶ人のために（改訂2版）

2001年７月20日　第１版第１刷発行
2022年10月20日　改訂２版第１刷発行

著　者　大浜庄司
発行者　村上和夫
発行所　株式会社 オーム社
郵便番号　101-8460
東京都千代田区神田錦町3-1
電話　03（3233）0641（代表）
URL　https://www.ohmsha.co.jp/

© 大浜庄司 *2022*

印刷　中央印刷　　製本　牧製本印刷
ISBN978-4-274-22955-8　Printed in Japan

本書の感想募集　https://www.ohmsha.co.jp/kansou/

本書をお読みになった感想を上記サイトまでお寄せください．
お寄せいただいた方には，抽選でプレゼントを差し上げます．

関連書籍のご案内

完全図解
ビル電気設備の基礎知識早わかり
大浜庄司 著
A5判・196頁・定価（本体2400円【税別】）

改訂2版

完全図解
発電・送配電・屋内配線設備早わかり
大浜庄司 著
A5判・164頁・定価（本体2200円【税別】）

完全図解
電気理論と電気回路の基礎知識早わかり
大浜庄司 著
A5判・190頁・定価（本体2400円【税別】）

完全図解
シーケンス制御のすべて
大浜庄司 著
A5判・344頁・定価（本体3600円【税別】）

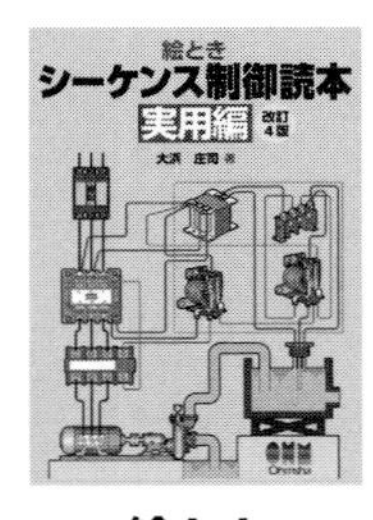

改訂4版

絵とき
シーケンス制御読本 —実用編—
大浜庄司 著
A5判・248頁・定価（本体3000円【税別】）

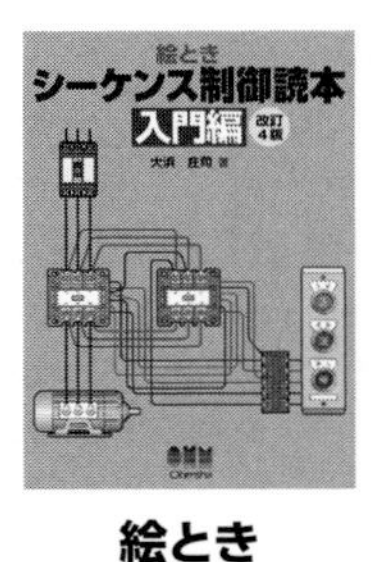

改訂4版

絵とき
シーケンス制御読本 —入門編—
大浜庄司 著
A5判・256頁・定価（本体3000円【税別】）

もっと詳しい情報をお届けできます．
◎書店に商品がない場合または直接ご注文の場合も右記宛にご連絡ください．

ホームページ https://www.ohmsha.co.jp/
TEL／FAX TEL.03-3233-0643 FAX.03-3233-3440

（定価は変更される場合があります）

A-2210-174